EINFÜHRUNG IN DIE LINEARE UND NICHTLINEARE OPTIMIERUNG FÜR INGENIEURE

VON

DR. WERNER KRABS

PROFESSOR AN DER TECHNISCHEN HOCHSCHULE DARMSTADT

MIT 25 ABBILDUNGEN

B. G. TEUBNER STUTTGART 1983

Prof. Dr. rer. nat. Werner Krabs

Geboren 1934 in Hamburg-Altona. 1954 bis 1959 Studium an der Universität Hamburg, Abschluß als Diplom-Mathematiker. 1963 Promotion an der Universität Hamburg. 1967/68 Visiting Assistant Professor an der University of Washington in Seattle. 1968 Habilitation. 1970–1972 Wissenschaftlicher Rat und Professor an der Technischen Hochschule Aachen. 1971 Visiting Associate Professor an der Michigan State University in East Lansing. Seit 1972 Professor an der TH Darmstadt. 1977 Visiting Professor an der Oregon State University in Corvallis.

CIP-Kurztitelaufnahme der Deutschen Bibliothek

Krabs, Werner:
Einführung in die lineare und nichtlineare
Optimierung für Ingenieure / Werner Krabs.–
Stuttgart: Teubner, 1983.
ISBN 978-3-519-02952-6   ISBN 978-3-322-99812-5 (eBook)
DOI 10.1007/978-3-322-99812-5

Gesamtherstellung: Grafische Werke Zwickau III/29/1

Vorwort

Dieses Buch ist aus Vorlesungen hervorgegangen, die ich mehrfach an der
Technischen Hochschule Darmstadt gehalten habe, um dem zunehmenden Inter-
esse der Ingenieurwissenschaften an dem Einsatz von Optimierungsmethoden
Rechnung zu tragen. Diese Vorlesungen richteten sich an Ingenieurstuden-
ten im Hauptstudium nach einer viersemestrigen mathematischen Grundausbil-
dung, so daß Kenntnisse in linearer Algebra und Analysis vorausgesetzt
werden konnten.

Das Ziel war eine Einführung in die mathematischen Grundlagen der linearen
und nichtlinearen Optimierung. Daraus ergab sich auch der bewußt mathematische Stil dieses Buches, wenngleich versucht wurde, durch zahlreiche
Zahlenbeispiele der mehr intuitiven Denkweise des Ingenieurs entgegenzu-
kommen.

Die Hauptaufgabe wird aber darin gesehen, die Ideen und Grundkonzepte in
mathematisch sauberer Form darzustellen und keine bloßen Rezepte zur Lösung von Optimierungsproblemen anzubieten, welche oft schon nach einigen
Jahren überholt sind. Es wurden daher die meisten mathematischen Sätze
auch mit Beweisen versehen, und erst mit zunehmendem Schwierigkeitsgrad
gegen Ende des Buches wurden die Beweise weggelassen. Aus den Beweisen ergeben sich nämlich oft die Grundgedanken für Lösungsmethoden. Von diesen
gibt es inzwischen eine derartige Vielzahl, daß eine Auswahl getroffen
werden mußte.

Die Darstellung der Lösungsmethoden beschränkt sich auf ihre Grundkonzep-
tion, die anhand numerischer Beispiele zusätzlich erläutert wird, und verzichtet auf Details, die bei einer Computer-Implementierung berücksichtigt
werden müßten. Derartige Details sind ohnehin eine Frage der praktischen
Erfahrung und können kaum schulmäßig vermittelt werden. Ebenfalls wurde
auf die umfangreiche Darstellung der Konvergenztheorie verzichtet, obwohl
sich aus ihr Anhaltspunkte für die Bewertung von Lösungsalgorithmen gewinnen lassen.

Eine allgemeine Bewertung der Lösungsmethoden ist sicher wünschenswert,
aber zweifellos auch sehr problematisch, weil die Wirksamkeit einer Methode stark von der Problemstellung abhängt. Auch hier spielt die Erfahrung
eine große Rolle.

Der Aufbau dieses Buches vollzieht sich mit wachsendem Schwierigkeitsgrad.
Es beginnt mit einer Einführung in die lineare Optimierung, deren Problemstellung nach meinen Erfahrungen in den Ingenieurwissenschaften zwar nicht
sehr stark vertreten ist, die aber als Hilfsmittel in der nichtlinearen
Optimierung häufig vorkommt. Sie wurde daher auch nur insoweit dargestellt,

wie es dazu nötig ist. Die sich anschließende Minimierung von Funktionen ohne Nebenbedingungen kommt im Ingenieurbereich recht oft vor und dient darüber hinaus ebenfalls als Hilfsmittel zur Lösung nichtlinearer Optimierungsprobleme mit Nebenbedingungen. Diese wurden unterteilt nach linearen und nichtlinearen Nebenbedingungen und letztere nach Gleichungen, Ungleichungen und einer Mischung von Gleichungen und Ungleichungen.

Im letzten Kapitel wird auf einige Optimierungsprobleme aus dem Ingenieurwesen und der chemischen Verfahrenstechnik eingegangen, von denen zwei aus Ingenieurfachbereichen der Technischen Hochschule Darmstadt stammen. Diese Probleme fügen sich teilweise erst nach einer geeigneten Aufbereitung in den Rahmen dieses Buches ein und sind - wie z.B. das Optimierungsproblem in der Nachrichtentechnik - mathematisch sehr anspruchsvoll, so daß sie nicht in allen Einzelheiten rigoros dargestellt werden konnten. Anhand dieser Probleme wird auch versucht zu verdeutlichen, daß die zuvor dargestellten Lösungsmethoden nicht immer ohne zusätzliche Manipulationen erfolgreich angewendet werden können.

Als Literatur wurden mit einigen Ausnahmen nur Bücher angegeben und in Form von bibliographischen Bemerkungen zitiert, soweit sie in direktem Bezug zum Stoff dieses Buches stehen. Das Gleiche gilt für gelegentliche Zitate im Text. Die getroffene Auswahl ist sicher nicht vollständig und besteht auch überwiegend aus Büchern mit mathematischer Ausprägung im Sinne der Zielsetzung dieses Buches. Mathematische Zeitschriftenartikel wurden allgemein nicht aufgenommen, weil erstens ihre immense Zahl große Informationsschwierigkeiten bereitet und zweitens die meisten wirklich relevanten Arbeiten in die Lehrbuchliteratur aufgenommen werden oder worden sind. Zur Ergänzung dieses Buches reicht daher die Lektüre weiterer Lehrbücher im allgemeinen aus.

Herrn Dr. J. Jahn danke ich für die kritische Durchsicht eines Teils des Manuskriptes, Frau G. Oelschlägel für das Schreiben der ersten beiden und Frau T. Ridder für das Schreiben der letzten drei Kapitel des Buches.

Darmstadt, im August 1982   W. Krabs

Inhalt

1. Einführung in die lineare Optimierung

Die Theorie der linearen Optimierung läßt sich direkt nicht sehr oft auf
Ingenieurprobleme anwenden. Sie wurde primär für die Anwendung auf Probleme der Produktionsplanung entwickelt und hat zahlreiche Anwendungen
auch in anderen Gebieten, wie z.B. in der Theorie der Zweipersonenspiele,
der gleichmäßigen Approximation von Funktionen, der Transport-, Diät- und
Mischungsprobleme.

Gleichwohl entstammt eines der historisch ersten linearen Optimierungsprobleme den Ingenieurwissenschaften. Es handelt sich dabei um eine Aufgabe aus dem Bereich der Baustatik, bei der es um die maximale Punktbela-
stung einer viereckigen Platte unter Gleichgewichtsbedingungen geht. Diese
Aufgabe wird im Abschnitt 5.4 des Kapitels I im Buch [9] von L. Collatz
und W.Wetterling behandelt und wurde dort dem Zeitschriftenartikel [35]
von W.Prager entnommen. Tatsächlich geht sie aber auf Untersuchungen von
Fourier in der ersten Hälfte des 19. Jahrhunderts zurück.

Jedem Problem der linearen Optimierung läßt sich auf natürliche Weise ein
duales Problem zuordnen, welches mit dem Ausgangsproblem in einem außer-
ordentlich fruchtbaren Zusammenhang steht, der sowohl theoretisch wie auch
praktisch sehr nützlich ist. Bei zahlreichen Anwendungsproblemen hat das
duale Problem auch eine inhaltliche Bedeutung. Das trifft ebenfalls für
das oben genannte Problem aus der Baustatik zu, wie z.B. bei Collatz und
Wetterling a.a.O. nachzulesen ist.

Wir wollen in diesem Buch auf den Begriff der Dualität bei linearer Optimierung nicht eingehen, obwohl aus ihr ein wichtiger Satz, das sog. Farkas-
Lemma, gewonnen werden kann, welcher auch in der nichtlinearen Optimierung
eine große Rolle spielt. Wir werden diesen Satz in Abschnitt 3.2. jedoch
direkt herleiten.

Wir wollen uns hauptsächlich deshalb mit der linearen Optimierung befassen,
weil bei der Lösung nichtlinearer Optimierungsprobleme oft lineare Optimierungsprobleme als Hilfsprobleme auftreten. Wir werden uns daher auf die
Simplexmethode als das grundlegende und bewährte Lösungsverfahren in der
linearen Optimierung konzentrieren. Auf seine zahlreichen Varianten werden
wir nicht eingehen und verweisen zu dem Zweck, wie überhaupt für eine ausführliche Darstellung, auf die Bücher [6] von G.Bol, [9] von L.Collatz
und W.Wetterling, [20] von P.Kall und [36] von E.Seiffart und K.Manteuffel,
die Nicht-Mathematikern besonders zu empfehlen sind.

1.1. Beispiele linearer Optimierungsprobleme und eine graphische Lösungsmethode bei Problemen mit zwei Variablen

Wir beginnen mit einem Produktionsmodell. In einer Fabrik werden in n Arbeitsprozessen $P_1,\dots,P_n$ etwa m Güter $G_1,\dots,G_m$ erzeugt. Bezeichnet a_{ij} die Menge von G_i, die beim Arbeitsprozeß P_j hergestellt wird, wenn man diesen mit der Intensität 1 betreibt, so läßt sich der Produktionsplan in Form der folgenden Matrix wiedergeben:

$$\begin{array}{c|ccc} & P_1 & \cdots & P_n \\ \hline G_1 & a_{11} & \cdots & a_{1n} \\ \vdots & & & \\ G_m & a_{m1} & \cdots & a_{mn} \end{array} \tag{1.1.1}$$

Die Zielsetzung besteht zunächst darin, vom Produkt G_i mindestens b_i Einheiten herzustellen. Bezeichnet x_j die Intensität, mit der der Arbeitsprozeß P_j betrieben wird, so ergeben sich aus dieser Zielsetzung die Bedingungen

$$\begin{aligned} a_{11}x_1+a_{12}x_2+\dots+a_{1n}x_n &\geq b_1, \\ a_{21}x_1+a_{22}x_2+\dots+a_{2n}x_n &\geq b_2, \\ &\ \ \vdots \\ a_{m1}x_1+a_{m2}x_2+\dots+a_{mn}x_n &\geq b_m; \end{aligned} \tag{1.1.2}$$

denn für jedes $i=1,\dots,m$ ist offensichtlich

$$a_{i1}x_1+a_{i2}x_2+\dots+a_{in}x_n$$

die Menge von G_i, die durch die Arbeitsprozesse $P_1,\dots,P_n$ erzeugt wird, wenn man den Prozeß P_j mit der Intensität x_j betreibt.

Nimmt man an, daß beim Betreiben von Prozeß P_j mit der Intensität 1 Kosten in Höhe von c_j entstehen, dann ergeben sich die Gesamtkosten beim Betreiben von $P_1,\dots,P_n$ mit den Intensitäten $x_1,\dots,x_n$ in der Form

$$c(x_1,\dots,x_n)=c_1x_1+\dots+c_nx_n. \tag{1.1.3}$$

Die endgültige Zielsetzung besteht darin, die Intensitäten $x_1\geq 0,\dots,x_n\geq 0$ so zu wählen, daß die Bedingungen (1.1.2) erfüllt sind und die durch (1.1.3) gegebenen Gesamtkosten $c(x_1,\dots,x_n)$ so gering wie möglich ausfallen. Zur Erläuterung betrachten wir das folgende

Zahlenbeispiel: Sei m=2, n=3, und die Produktionsplanmatrix (1.1.1) sei gegeben durch

$$
\begin{array}{c|ccc}
 & P_1 & P_2 & P_3 \\
\hline
G_1 & 2 & 6 & 1o \\
G_2 & 1o & 6 & 5
\end{array}
\tag{1.1.1'}
$$

Ferner seien $b_1=45, b_2=3o, c_1=c_2=6o$ und $c_3=85$. Das Problem besteht dann darin, unter den Nebenbedingungen

$$
\begin{aligned}
2x_1+6x_2+1ox_3 &\geq 45, \\
1ox_1+6x_2+\ 5x_3 &\geq 3o, \\
x_1 \geq o, x_2 \geq o, x_3 &\geq o,
\end{aligned}
\tag{1.1.2'}
$$

die Kostenfunktion

$$
c(x_1,x_2,x_3)=6ox_1+6ox_2+85x_3
\tag{1.1.3'}
$$

zum Minimum zu machen.

Wir denken uns die Intensitäten $x_1 \geq o$, $x_2 \geq o$, $x_3 \geq o$ so gewählt, daß die Ungleichungen (1.1.2') als Gleichungen erfüllt sind, d.h., daß die geforderten Mindestmengen $b_1=45$ und $b_2=3o$ an G_1 und G_2 gerade noch produziert werden. Dann ergibt sich durch Subtraktion der unteren von der oberen Gleichung notwendig

$$
-8x_1+5x_3=15 \text{ oder } 5x_3-15=8x_1 .
$$

Die kleinstmöglichen Intensitäten $x_1 \geq o$, $x_3 \geq o$, die der letzten Gleichung genügen, sind offenbar gegeben durch $x_1=o$ und $x_3=3$. Diese führen im Falle der Gleichheit in (1.1.2'), d.h. im Falle bedarfsdeckender Produktion, zu der Wahl $x_2=2.5$. Für diese drei Werte von x_1,x_2,x_3 ergibt sich $c(x_1,x_2,x_3)=4o5$. Auf Grund der Herleitung ist zu vermuten, daß $x_1=o$, $x_2=2.5, x_3=3$ eine Lösung des Problems und $4o5$ der Minimalwert der Gesamtkosten ist. Das werden wir später bestätigen.

Um ein weiteres charakteristisches lineares Optimierungsmodell zu beschreiben, nehmen wir an, daß bei den n Arbeitsprozessen $P_1,\ldots,P_n$ etwa m Materialien $M_1,\ldots,M_m$ verbraucht werden, und bezeichnen mit a_{ij} die Menge von M_i, die beim Arbeitsprozeß P_j verbraucht wird, wenn man diesen mit der Intensität 1 betreibt. Wir nehmen weiterhin an, daß von dem Material M_i höchstens b_i Einheiten vorhanden sind und der mit der Intensität 1 betriebene Prozeß P_j den Gewinn g_j einbringt. Die Zielsetzung besteht jetzt darin, die Arbeitsprozesse $P_1,\ldots,P_n$ mit Intensitäten $x_1 \geq o,\ldots,x_n \geq o$ derart zu betreiben, daß vom i-ten Material M_i nicht mehr als b_i Einheiten verbraucht werden, d.h., daß die Bedingungen

$$a_{11}x_1 + a_{12}x_2 + \ldots + a_{1n}x_n \leq b_1,$$

$$\cdot \; \cdot \; \cdot \; \cdot \; \cdot \; \cdot \; \cdot \; \cdot \; \cdot \; \cdot \; \cdot \; \cdot \; \cdot \qquad\qquad (1.1.4)$$

$$a_{m1}x_1 + a_{m2}x_2 + \ldots + a_{mn}x_n \leq b_m$$

eingehalten werden und der Gesamtgewinn

$$g(x_1,\ldots,x_n) = g_1 x_1 + \ldots + g_n x_n \qquad\qquad (1.1.5)$$

maximal ausfällt. Wir betrachten auch hier zur Erläuterung ein

<u>Zahlenbeispiel:</u> Sei m=3, n=2, und die Verbrauchsmatrix (für die Intensitäten 1) sei gegeben durch

	P_1	P_2
M_1	5	12
M_2	2o	1o
M_3	2o	2o

Ferner seien b_1=3o, b_2=5o, b_3=6o, g_1=2, g_2=3. Das Problem besteht dann darin, unter den Nebenbedingungen

$$\begin{aligned}
5x_1 + 12x_2 &\leq 3o, \\
2ox_1 + 1ox_2 &\leq 5o, \qquad\qquad (1.1.4') \\
2ox_1 + 2ox_2 &\leq 6o,
\end{aligned}$$

die Gewinnfunktion

$$g(x_1,x_2) = 2x_1 + 3x_2 \qquad\qquad (1.1.5')$$

zum Maximum zu machen.

Dieses Problem kann man auf einfache Weise graphisch lösen. Durch die Nebenbedingungen (1.1.4') wird in der x_1-x_2-Ebene der Durchschnitt der Halbebenen beschrieben, die durch die Geraden

$$\begin{aligned}
5x_1 + 12x_2 - 3o &= o, \qquad &\text{(I)} \\
2ox_1 + 1ox_2 - 5o &= o, \qquad &\text{(II)} \\
2ox_1 + 2ox_2 - 6o &= o \qquad &\text{(III)}
\end{aligned}$$

begrenzt werden und den Nullpunkt (o,o) enthalten. Nimmt man noch die Bedingungen $x_1 \geq o$, $x_2 \geq o$ hinzu, so ergibt sich der schraffierte Bereich der folgenden Abbildung 1.1.

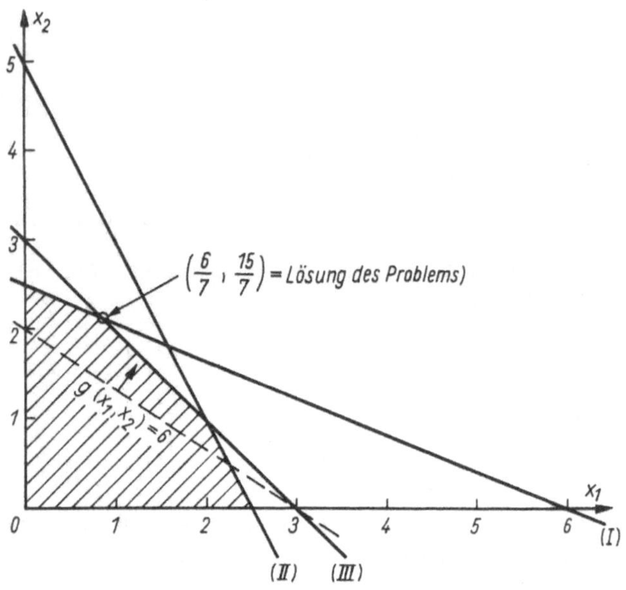

Abbildung 1.1

Alle zu der gestrichelten Geraden $g(x_1,x_2)=2x_1+3x_2=6$ parallel verlaufen-
den Geraden haben die Gleichung $g(x_1,x_2)=\alpha$, wobei α in Richtung des Pfei-
les wächst. Daraus ergibt sich, daß der Schnittpunkt der beiden Geraden
(I) und (III) derjenige Punkt mit den Koordinaten $x_1 \geqq 0$, $x_2 \geqq 0$ ist, der den
Nebenbedingungen (1.1.4') genügt und die Gewinnfunktion $g(x_1,x_2)$ zum Maximum macht. Aus (I) und (III) erhält man für diesen Punkt

$$x_1=\frac{6}{7}, \quad x_2=\frac{15}{7} \quad \text{und} \quad g(x_1,x_2)=\frac{57}{7}.$$

Offenbar kann man allgemein so verfahren wie bei diesem Beispiel, wenn ein
lineares Optimierungsproblem mit nur zwei Variablen x_1,x_2 in der folgenden
Form vorliegt:
Gesucht sind $x_1 \geqq 0$, $x_2 \geqq 0$ derart, daß unter den Nebenbedingungen

$$a_{i1}x_1+a_{i2}x_2 \geqq b_i \quad \text{bzw.} \quad a_{i1}x_1+a_{i2}x_2 \leqq b_i \tag{1.1.6}$$

für $i=1,\dots,m$ die lineare Funktion $c(x_1,x_2)=c_1x_1+c_2x_2$ zum Minimum bzw.zum
Maximum zu machen ist. Durch jede der Ungleichungen (1.1.6) wird nämlich
eine Halbebene beschrieben, die durch die Gerade

$$a_{i1}x_1+a_{i2}x_2-b_i=o \tag{1.1.7}$$

begrenzt wird und diese enthält. Ist $b_i \neq o$, so läßt sich leicht entscheiden,
auf welcher Seite der Geraden (1.1.7) die jeweilige Halbebene liegt, in-

dem man überprüft, ob der Nullpunkt (o,o) die betreffende Ungleichung erfüllt oder nicht. Ist b_i=o, so verläuft die Gerade (1.1.7) durch den Nullpunkt, so daß der Test mit irgendeinem anderen Punkt ausgeführt werden
muß. Insgesamt erhält man also für den zulässigen Bereich aller Punkte
(x_1,x_2) mit x_1≥o,x_2≥o, die den Nebenbedingungen (1.1.6) genügen, einen
Durchschnitt von m Halbebenen mit der Viertelebene $\{(x_1,x_2)|x_1$≥o,x_2≥o$\}$.
Diesen zulässigen Bereich hat man dann mit derjenigen Geraden $c(x_1,x_2)$=α
zu schneiden, für die α minimal bzw. maximal ausfällt. Jeder Schnittpunkt,
den man auf diese Weise erhält, ist dann eine Lösung des zugrundeliegenden
linearen Optimierungsproblems mit zwei Variablen.

1.2. <u>Das allgemeine lineare Optimierungsproblem</u>

1.2.1. <u>Problemstellung und einfache Umformungen</u>

Das allgemeine lineare Optimierungsproblem läßt sich wie folgt formulieren:
Gesucht sind (reelle) Zahlen

$$x_1 ≥ o,\ldots,x_s ≥ o,\ x_{s+1},\ldots,x_n,$$

die unter den Nebenbedingungen

$$\sum_{j=1}^{n} a_{ij}x_j ≥ b_i,\ i=1,\ldots,r, \tag{1.2.1a}$$

$$\sum_{j=1}^{n} a_{ij}x_j = b_i,\ i=r+1,\ldots,m, \tag{1.2.1b}$$

die lineare Funktion $\sum_{j=1}^{n} c_j x_j$ zum Minimum machen.

Dabei sind r,m,s,n vorgegebene natürliche Zahlen. Für r und s ist auch der
Wert o zugelassen und bedeutet im Falle r=o, daß keine Ungleichungen
(1.2.1a) auftreten, und im Falle s=o, daß alle Variablen $x_1,\ldots,x_n$ belie-
bige (reelle) Zahlen sein dürfen. Im Falle r=m kommen nur Ungleichungen
und im Falle s=n nur nicht-negative Variable vor. Die Zahlen a_{ij},b_i und c_j
sind ebenfalls fest vorgegeben und heißen die Daten des Problems.

Die Minimierung von $\sum_{j=1}^{n} c_j x_j$ ist gleichbedeutend mit der Maximierung von

$$- \sum_{j=1}^{n} c_j x_j = \sum_{j=1}^{n} (-c_j) x_j,$$

und jede Ungleichung (1.2.1a) ist gleichwertig mit

$$\sum_{j=1}^{n} (-a_{ij}) x_j ≤ -b_i,$$

so daß sich Maximierungsprobleme mit Ungleichungen der Art

$$\sum_{j=1}^{n} \tilde{a}_{ij} x_j \leq \tilde{b}_i$$

durch äquivalente Minimierungsprobleme mit Ungleichungen der Art (1.2.1a) ersetzen lassen.

Das obige allgemeine lineare Optimierungsproblem läßt sich nun seinerseits in eine äquivalente Standardform umschreiben, wie sie in Abschnitt 1.1. beim ersten Problem bereits aufgetreten ist.

Dazu bemerken wir zunächst, daß jede (reelle) Variable $x_{s+1},\ldots,x_n$ darstellbar ist als Differenz zweier nichtnegativer reeller Variabler x_j^+ und x_j^-, d.h. $x_j = x_j^+ - x_j^-$ für $j=s+1,\ldots,n$ (z.B. mit $x_j^+ = \max(x_j,o)$ und $x_j^- = \max(-x_j,o)$). Weiter ist jede Gleichung in (1.2.1b) gleichwertig mit dem Bestehen der beiden Ungleichungen

$$\sum_{j=1}^{n} a_{ij} x_j \geq b_i \quad \text{und} \quad \sum_{j=1}^{n} (-a_{ij}) x_j \geq -b_i.$$

Das obige allgemeine lineare Optimierungsproblem ist daher gleichbedeutend mit dem folgenden (Standard-) Problem: Gesucht sind (reelle) Zahlen

$$x_1 \geq o,\ldots,x_s \geq o, x_{s+1}^+ \geq o, x_{s+1}^- \geq o,\ldots,x_n^+ \geq o, x_n^- \geq o,$$

die unter den Nebenbedingungen

$$\sum_{j=1}^{s} a_{ij} x_j + \sum_{j=s+1}^{n} a_{ij} x_j^+ + \sum_{j=s+1}^{n} (-a_{ij}) x_j^- \geq b_i, \qquad i=1,\ldots,m,$$

$$\sum_{j=1}^{s} (-a_{ij}) x_j + \sum_{j=s+1}^{n} (-a_{ij}) x_j^+ + \sum_{j=s+1}^{n} a_{ij} x_j^- \geq -b_i, \quad i=r+1,\ldots,m,$$

die lineare Funktion

$$\sum_{j=1}^{s} c_j x_j + \sum_{j=s+1}^{n} c_j x_j^+ + \sum_{j=s+1}^{n} (-c_j) x_j^-$$

zum Minimum machen.

Wir können also das allgemeine lineare Optimierungsproblem nach geeigneter Umnumerierung und Umbenennung seiner Daten und Variablen ohne Beschränkung der Allgemeinheit stets in der folgenden Standardform annehmen: Gesucht sind Zahlen

$$x_1 \geq o,\ldots,x_n \geq o, \tag{1.2.2}$$

die unter den Nebenbedingungen

$$\sum_{j=1}^{n} a_{ij} x_j \geq b_i, \quad i=1,\ldots,m, \tag{1.2.3}$$

die lineare Funktion $\sum_{j=1}^{n} c_j x_j$ zum Minimum machen. Diese Standardform läßt

sich nun noch weiter durch eine sog. Normalform ersetzen, bei der nur

Gleichungen auftreten. Zu dem Zweck bemerken wir, daß jede Ungleichung
(1.2.3) gleichwertig ist mit dem Bestehen der beiden Beziehungen

$$y_i = \sum_{j=1}^{n} a_{ij} x_j - b_i \quad \text{und} \quad y_i \geq o.$$

Durch Einführung sog. <u>Schlupfvariabler</u> $y_i \geq o$ läßt sich daher das Problem in
Standardform in ein äquivalentes Problem (in Normalform) überführen, welches folgendermaßen lautet: Gesucht sind Zahlen

$$x_1 \geq o, \ldots, x_n \geq o, \; y_1 \geq o, \ldots, y_m \geq o,$$

die unter den Nebenbedingungen

$$\sum_{j=1}^{n} a_{ij} x_j - y_i = b_i, \quad i=1, \ldots, m,$$

die lineare Funktion $\sum_{j=1}^{n} c_j x_j + \sum_{i=1}^{m} o \cdot y_i$ zum Minimum machen. Nach abermaliger

Umnumerierung und Umbenennung von Daten und Variablen können wir ohne Beschränkung der Allgemeinheit das allgemeine lineare Optimierungsproblem
auch in der folgenden <u>Normalform</u> annehmen: Gesucht sind Zahlen

$$x_1 \geq o, \ldots, x_n \geq o, \tag{1.2.2}$$

die unter den Nebenbedingungen

$$\sum_{j=1}^{n} a_{ij} x_j = b_i, \quad i=1, \ldots, m, \tag{1.2.4}$$

die.lineare Funktion $\sum_{j=1}^{n} c_j x_j$ zum Minimum machen.

<u>Aufgabe:</u> Man leite eine Normalform direkt aus dem allgemeinen linearen Op-
timierungsproblem her.

Umgekehrt sind die Standardformen bzw. Normalformen Spezialfälle des allgemeinen linearen Optimierungsproblems für s=n und r=m bzw. r=o. Wir werden
im folgenden zeigen, daß sich die Normalform eines linearen Optimierungsproblems sehr gut für die Gewinnung einer Lösungsmethode eignet. In
Matrix-Vektor-Schreibweise lautet sie folgendermaßen: Gesucht ist ein
Vektor $x=(x_1, \ldots, x_n)^T$, der unter den Bedingungen

$$x \geq \Theta_n, \; Ax = b \tag{1.2.5}$$

die lineare Funktion $c^T x$ zum Minimum macht. Dabei ist Θ_n der n-dimensiona-
le Nullvektor $(o, \ldots, o)^T$ und $x \geq \Theta_n$ bedeutet $x_i \geq o$ für alle $i=1, \ldots, n$.
Weiter ist

$$A = \begin{bmatrix} a_{11} \cdots a_{1n} \\ \cdot \\ \cdot \\ a_{m1} \cdots a_{mn} \end{bmatrix}, \quad b = \begin{bmatrix} b_1 \\ \cdot \\ \cdot \\ b_m \end{bmatrix}, \quad c = \begin{bmatrix} c_1 \\ \cdot \\ \cdot \\ c_n \end{bmatrix},$$

$$(Ax)_i = \sum_{j=1}^{n} a_{ij}x_j, \quad i=1,\ldots,m.$$

Das hochgestellte T bedeutet Transponieren eines Vektors (oder einer Matrix), und $c^T x$ bezeichnet das Skalarprodukt $\sum_{j=1}^{n} c_j x_j$.

Ein Vektor $x=(x_1,\ldots,x_n)^T \in \mathbb{R}^n$ heißt <u>zulässig</u>,wenn er den Bedingungen (1.2.5) (oder äquivalent den Bedingungen (1.2.2),(1.2.4)) genügt. Wir bezeichnen die <u>Menge der zulässigen Lösungen</u> mit Z. Sie lautet explizit

$$Z=\{x \in \mathbb{R}^n \mid x \geq \Theta_n, \; Ax=b\}. \tag{1.2.6}$$

Ein Vektor $\hat{x} \in Z$ heißt <u>optimal</u>, wenn gilt

$$c^T\hat{x} \leq c^T x \text{ für alle } x \in Z. \tag{1.2.7}$$

Wir bezeichnen die <u>Menge der optimalen</u> (zulässigen) <u>Lösungen</u> mit O. Ist O nichtleer, so besteht O aus allen $\tilde{x} \in Z$ mit

$$c^T\tilde{x}=\alpha=\min\{c^T x \mid x \in Z\}$$

und ist somit darstellbar in der Form

$$O=\{x \in \mathbb{R}^n \mid x \geq \Theta_n, \; \tilde{A}\tilde{x}=\tilde{b}\}, \tag{1.2.8}$$

wobei

$$\tilde{A} = \begin{bmatrix} a_{11}\cdots a_{1n} \\ \vdots \\ a_{m1}\cdots a_{mn} \\ c_1 \ldots c_n \end{bmatrix} \quad , \quad \tilde{b} = \begin{bmatrix} b_1 \\ \\ b_m \\ \alpha \end{bmatrix}$$

und

$$\alpha=\min\{c^T x \mid x \in Z\}.$$

Die Menge Z der zulässigen und die Menge O der optimalen Lösungen haben also die gleiche Bauart, nämlich sie sind beide von der Form

$$P=\{x \in \mathbb{R}^n \mid x \geq \Theta_n, \; Bx=d\}, \tag{1.2.9}$$

wobei B eine $l \times n$-Matrix (bestehend aus l Zeilen und n Spalten) ist und $d \in \mathbb{R}^l$.

1.2.2. <u>Eigenschaften der Mengen der zulässigen und optimalen Lösungen</u>

Die durch (1.2.6) bzw. (1.2.8) definierten Mengen der zulässigen bzw. optimalen Lösungen haben Eigenschaften, aus denen sich ein Algorithmus zur Gewinnung optimaler Lösungen herleiten läßt. Um diese Eigenschaften zu beschreiben, benötigen wir den Begriff der konvexen Menge und des Extremalpunktes.

<u>Definition:</u> Eine Teilmenge M des $\mathbb{R}^n$ heißt <u>konvex</u>, wenn für je zwei Punkte $x^1,x^2 \in M$ und jede Zahl $\lambda \in [o,1]$ gilt $\lambda x^1+(1-\lambda)x^2 \in M$.

Anschaulich bedeutet dieses, daß mit je zwei Punkten $x^1, x^2 \in M$ auch deren Verbindungsstrecke

$$[x^1, x^2] = \{\lambda x^2 + (1-\lambda) x^2 \mid \lambda \in [o,1]\} \qquad (1.2.1o)$$

zu M gehört.

Definitionsgemäß ist auch die leere Menge konvex.

Satz 1.2.1: Jede Menge P der Form (1.2.9) ist konvex.

Beweis: Seien $x^1, x^2 \in P$ und $\lambda \in [o,1]$ vorgegeben. Dann gilt

$$x^i \geq \Theta_n \text{ und } Bx^i = d \text{ für } i=1,2.$$

Daraus folgt

$$\lambda x^i \geq \Theta_n, (1-\lambda) x^i \geq \Theta_n \Rightarrow \lambda x^i + (1-\lambda) x^i \geq \Theta_n$$

und

$$B(\lambda x^1 + (1-\lambda) x^2) = \lambda Bx^1 + (1-\lambda) Bx^2$$
$$= \lambda d + (1-\lambda) d = d,$$

mithin $\lambda x^1 + (1-\lambda) x^2 \in P$.

Folgerung: Die durch (1.2.6) bzw. (1.2.8) definierten Mengen Z bzw. O sind konvex.

Definition: Ein Punkt x einer konvexen Menge M heißt <u>Extremalpunkt</u> von M, wenn es keine zwei verschiedenen Punkte $x^1, x^2 \in M$ und dazu eine Zahl $\lambda \in (o,1)$ gibt mit $x = \lambda x^1 + (1-\lambda) x^2$. Anschaulich bedeutet dies, daß ein Extremalpunkt einer konvexen Menge kein "innerer Punkt" einer Strecke von Punkten sein kann, die ganz in der Menge verläuft. Man könnte auch sagen, daß Extremalpunkte Eckpunkte sind.

Bezeichnet man die Spaltenvektoren der Matrix B in (1.2.9) mit $b^1, \ldots, b^n (\in \mathbb{R}^1)$, so kann man für $Bx = d$ auch schreiben

$$\sum_{k=1}^{n} b^k x_k = d. \qquad (1.2.11)$$

Ist $x \in P$, so erfüllen die Komponenten x_k von x diese Gleichung.

Satz 1.2.2: Ist P durch (1.2.9) definiert, so ist ein Punkt $x \in P$ genau dann ein Extremalpunkt, wenn die zu positiven Komponenten x_k gehörigen Spaltenvektoren b^k von B linear unabhängig sind.

Beweis: 1) $x \in P$ sei ein Extremalpunkt von P, und ohne Beschränkung der Allgemeinheit seien die ersten r Komponenten x_k, $k=1, \ldots, r$, von x positiv. Für $r=o$ ist die Menge der positiven Komponenten von x leer und damit auch die Menge der zugehörigen Spaltenvektoren von B. Die leere Menge von Vektoren ist definitionsgemäß linear unabhängig. Für $r > o$ ergibt sich mit

(1.2.11)

$$\sum_{k=1}^{r} b^k x_k = d. \tag{$*$}$$

Wir nehmen an, $b^1,\ldots,b^r$ seien linear abhängig. Dann gibt es Zahlen $\xi_1,\ldots,\xi_r$, die nicht alle verschwinden, mit

$$\sum_{k=1}^{r} b^k \, \xi_k = \Theta_1. \tag{$**$}$$

Wegen $x_k > o$ wird für genügend kleines $\delta > o$

$$x_k \pm \delta \xi_k > o \quad \text{für } k=1,\ldots,r.$$

Ferner folgt aus ($*$) und ($**$)

$$\sum_{k=1}^{r} b^k (x_k \pm \delta \xi_k) = d.$$

Definiert man Vektoren x^1, x^2 mit den Komponenten

$$x_k^1 = x_k + \delta \xi_k,\, x_k^2 = x_k - \delta \xi_k \quad \text{für } k=1,\ldots,r$$

$$\text{und } x_k^1 = x_k^2 = o \quad \text{für } k=r+1,\ldots,n,$$

so folgt $x^1, x^2 \in P$, $x^1 \neq x^2$ und $x = \frac{1}{2}x^1 + \frac{1}{2}x^2$, ein Widerspruch dagegen, daß x ein Extremalpunkt von P ist. Damit sind $b^1,\ldots,b^r$ linear unabhängig.

2) Es sei $x \in P$ vorgegeben, und wieder seien die ersten r Komponenten x_k positiv. Die zugehörigen Spalten b^k, $k=1,\ldots,r$, von B seien linear unabhängig. Wir nehmen an, x sei kein Extremalpunkt von P. Dann ist x darstellbar in der Form

$$x = \lambda x^1 + (1-\lambda) x^2$$

für zwei verschiedene Punkte $x^1, x^2 \in P$ und ein $\lambda \in (o,1)$. Wegen $x_k = o$, $x_k^1 \geq o$, $x_k^2 \geq o$ für $k=r+1,\ldots,n$ und $x_k = \lambda x_k^1 + (1-\lambda) x_k^2$ folgt notwendig $x_k^1 = x_k^2 = o$ für $k=r+1,\ldots,n$ und somit

$$\sum_{k=1}^{r} b^k (x_k^1 - x_k^2) = \Theta_1.$$

Da $b^1,\ldots,b^r$ linear unabhängig sind, folgt

$$x_k^1 = x_k^2 \quad \text{für } k=1,\ldots,r$$

und somit $x^1 = x^2$, ein Widerspruch. Damit ist x ein Extremalpunkt und der Beweis beendet.

<u>Folgerung:</u> Ist x ein Extremalpunkt der durch (1.2.9) definierten Menge P, so hat x höchstens 1 positive Komponenten. Die übrigen sind gleich Null.

Diese Folgerung ergibt sich daraus, daß im $\mathbb{R}^1$ höchstens 1 Vektoren linear unabhängig sein können.

Wir wollen den Satz 1.2.2 benutzen, um die Menge der Extremalpunkte von

$$Q = \{ (x_1,x_2)^T \in \mathbb{R}^2 \mid x_1 \geq 0, x_2 \geq 0, \begin{array}{l} -5x_1+x_2 \leq 0 \\ x_1-2x_2 \leq 2 \\ -5x_1+2x_2 \leq 8 \end{array} \}$$

zu bestimmen.

Dazu betrachten wir die Menge

$$Z = \{ x \in \mathbb{R}^5 \mid x \geq \Theta_5, Ax=b \}$$

mit

$$A = \begin{bmatrix} -5 & 1 & 1 & 0 & 0 \\ 1 & -2 & 0 & 1 & 0 \\ -5 & 2 & 0 & 0 & 1 \end{bmatrix} \quad , \quad b = \begin{bmatrix} 0 \\ 2 \\ 8 \end{bmatrix} .$$

Offensichtlich geht die Menge Q aus der Menge Z durch die Projektion $(x_1,x_2,x_3,x_4,x_5)^T \to (x_1,x_2)^T$ des $\mathbb{R}^5$ auf die Ebene $\mathbb{R}^2$ hervor, bei der Extremalpunkte von Q Extremalpunkte von Z als Urbilder haben. Man erhält also die Extremalpunkte von Q durch Projektion der Extremalpunkte von Z.
Auf Grund der Folgerung zu Satz 1.2.2 haben diese höchstens 3 positive Komponenten. Man macht sich leicht klar, daß nur solche mit mindestens 2 positiven Komponenten vorkommen, und diese sind gegeben durch
$(0,0,0,2,8)^T, (1.6,8,0,16.4,0)^T, (2,0,10,0,18)^T$
(Übung). Als mögliche Extremalpunkte von Q erhält man somit $(0,0)^T$, $(1.6,8)^T$, $(2,0)^T$, von denen sich auch geometrisch einsehen läßt, daß sie Extremalpunkte sind (Übung).

Satz 1.2.3: Ist die durch (1.2.9) definierte (konvexe) Menge P nichtleer, so ist auch die Menge ihrer Extremalpunkte nichtleer.

Beweis: Für jedes $x \in P$ sei $\rho(x)$ die Anzahl der positiven Komponenten von x. Offenbar ist $0 \leq \rho(x) \leq n$ für alle $x \in P$. Da P nichtleer ist, nimmt die Funktion $\rho(x)$ auf P ihren Minimalwert ρ_0 an, d.h. es gibt ein $\bar{x} \in P$ mit $\rho(\bar{x})=\rho_0$.
Wir zeigen, daß jedes solche $\bar{x} \in P$ ein Extremalpunkt von P ist.
Ist $\rho_0=0$, so ist $\bar{x}=\Theta_n$ nach Satz 1.2.2 in trivialer Weise ein Extremalpunkt.
Ist $\rho_0>0$, so können wir $\bar{x}=(\bar{x}_1,\ldots,\bar{x}_{\rho_0},0,\ldots,0)^T$ annehmen. Wäre $\bar{x}$ kein Extremalpunkt von P, so wären nach Satz 1.2.2 die Spaltenvektoren $b^1,\ldots,b^{\rho_0}$ von B linear abhängig, d.h. es gäbe Zahlen $\xi_1,\ldots,\xi_{\rho_0}$, die nicht alle verschwinden, mit

$$\sum_{k=1}^{\rho_0} b^k \xi_k = \Theta_1 .$$

Sei

$$\lambda = \min\left\{ \frac{\overline{x}_k}{|\xi_k|} \mid \xi_k \neq 0 \right\}$$

und etwa $\dfrac{\overline{x}_1}{|\xi_1|} = \lambda$ sowie $\xi_1 > 0$. Setzt man

$$\overline{\overline{x}} = (\overline{x}_1 - \lambda\xi_1, \overline{x}_2 - \lambda\xi_2, \ldots, \overline{x}_{\rho_0} - \lambda\xi_{\rho_0}, 0, \ldots, 0)^T,$$

so folgt $\overline{\overline{x}} \in P$, und wegen $\overline{\overline{x}}_1 = \overline{x}_1 - \lambda\xi_1 = 0$ hat $\overline{\overline{x}}$ weniger als ρ_0 positive Komponenten, ein Widerspruch gegen die Wahl von ρ_0. Damit ist $\overline{x}$ ein Extremalpunkt und der Beweis beendet.

Folgerung: Die durch (1.2.6) bzw. (1.2.8) definierten (konvexen) Mengen zulässiger bzw. optimaler Punkte besitzen Extremalpunkte, wenn sie nichtleer sind.

Entscheidend ist jetzt der folgende

Satz 1.2.4: Jeder Extremalpunkt der Menge O nach (1.2.8) ist auch ein Extremalpunkt der Menge Z nach (1.2.6).

Beweis: Sei $x \in O$ Extremalpunkt von O. Wäre x kein Extremalpunkt von Z, so wäre x darstellbar in der Form $x = \lambda x^1 + (1-\lambda)x^2$ mit zwei verschiedenen Punkten $x^1, x^2 \in Z$ und einem $\lambda \in (0,1)$. Daraus folgt

$$\alpha = c^T x = \lambda c^T x^1 + (1-\lambda) c^T x^2.$$

Da x Extremalpunkt von O ist, können nicht x^1 und x^2 beide zu O gehören. Sei etwa $x^1 \notin O$. Dann folgt $c^T x^1 > \alpha$ und weiter

$$\alpha > \lambda\alpha + (1-\lambda)c^T x^2,$$

woraus sich $c^T x^2 < \alpha$ ergibt, ein Widerspruch gegen die Definition von α, der den Beweis beendet.

Folgerung: Ist die durch (1.2.8) definierte Menge O der optimalen Lösungen nichtleer (d.h. ist das lineare Optimierungsproblem in Normalform lösbar), so enthält sie auch einen Extremalpunkt x der durch (1.2.6) definierten Menge Z der zulässigen Lösungen, der höchstens m positive Komponenten $x_{k_1}, \ldots, x_{k_r}$ ($r \leq m$) besitzt derart, daß die zugehörigen Spaltenvektoren $a^{k_1}, \ldots, a^{k_r}$ der Matrix A linear unabhängig sind und die Gleichung

$$\sum_{j=1}^{r} a^{k_j} x_{k_j} = b \qquad (1.2.12)$$

gilt.

Auf Grund dieser Folgerung kann man sich also bei der Suche nach Optimallösungen eines linearen Optimierungsproblems in Normalform damit begnügen, die Menge der Extremalpunkte der Menge Z der zulässigen Lösungen zu betrachten und auf dieser die lineare Funktion $c^T x$ zum Minimum zu machen. Das ist im Prinzip eine einfache Aufgabe, weil die Menge der Extremalpunkte von Z endlich ist. Das erkennt man daran, daß die positiven Komponenten x_{k_j}, $j=1,\dots,r$, eines Extremalpunktes durch die Gleichung (1.2.12)

eindeutig festgelegt sind und damit auch der Extremalpunkt selber. Für jedes $r\leq n$ gibt es $\binom{n}{r}$ solcher Gleichungssysteme und damit höchstens $\binom{n}{r}$ Extremalpunkte mit r positiven Komponenten. Insgesamt gibt es also auf Grund der Folgerung zu Satz 1.2.2 höchstens

$$\binom{n}{1}+\binom{n}{2}+\dots+\binom{n}{m} \text{ Extremalpunkte mit}$$

mindestens einer positiven Komponente, zu denen im Falle $b=\Theta_m$ noch der Nullpunkt hinzukommt. Wir wollen diesen Sachverhalt am ersten Beispiel in Abschnitt 1.1. demonstrieren. Durch Einführung von Schlupfvariablen $y_1=x_4$, $y_2=x_5$ gehen die Nebenbedingungen (1.1.2') über in

$$\begin{aligned} 2x_1+6x_2+1ox_3-x_4\quad &=45, \\ 1ox_1+6x_2+5x_3\quad -x_5 &=3o, \end{aligned} \qquad (1.2.3')$$

wobei

$$x_1\geq o, x_2\geq o, x_3\geq o, x_4\geq o, x_5\geq o. \qquad (1.2.2')$$

Man sieht leicht ein, daß die Menge der zulässigen Lösungen

$$Z'=\{x=(x_1,\dots,x_5)^T \mid x \text{ erfüllt } (1.2.2') \text{ und } (1.2.3')\}$$

keine Extremalpunkte mit genau einer positiven Komponente besitzt. Da $b=(45,3o)^T$ nicht der Nullvektor ist, ist auch der Nullpunkt $(o,o,o,o,o)^T$ kein Extremalpunkt von Z' (ja noch nicht einmal zu Z' gehörig). Damit gibt es höchstens $\binom{5}{2}=1o$ Extremalpunkte von Z', die sich wie folgt ermitteln lassen:

$$
\begin{array}{lll}
1)\ \begin{aligned} 2x_1+6x_2&=45 \\ 1ox_1+6x_2&=3o \\ x_3=x_4=x_5&=o \end{aligned} & \Rightarrow x_1=-\dfrac{15}{8},\ x_2=\dfrac{195}{24} & \text{(nicht zulässig)} \\[2em]
2)\ \begin{aligned} 2x_1+1ox_3&=45 \\ 1ox_1+5x_3&=3o \\ x_2=x_4=x_5&=o \end{aligned} & \Rightarrow x_1=\dfrac{5}{6},\ x_3=\dfrac{13}{3} & \text{(zulässig)} \\[2em]
3)\ \begin{aligned} 2x_1-x_4&=45 \\ 1ox_1\quad &=3o \\ x_2=x_3=x_5&=o \end{aligned} & \Rightarrow x_1=3,\ x_4=-39 & \text{(nicht zulässig)} \\[2em]
4)\ \begin{aligned} 2x_1\quad &=45 \\ 1ox_1-x_5&=3o \\ x_2=x_3=x_4&=o \end{aligned} & \Rightarrow x_1=22.5,\ x_5=195 & \text{(zulässig)}
\end{array}
$$

5) $6x_2+10x_3=45$
    $6x_2+ 5x_3=30$ $\Rightarrow$ $x_2=2.5, x_3=3$ (zulässig)
    $x_1=x_4=x_5=0$

6) $6x_2-x_4=45$
    $6x_2   =30$ $\Rightarrow$ $x_2=5, x_4=-15$ (nicht zulässig)
    $x_1=x_3=x_5=0$

7) $6x_2   =45$
    $6x_2-x_5=30$ $\Rightarrow$ $x_2=7.5, x_5=15$ (zulässig)
    $x_1=x_3=x_5=0$

8) $10x_3-x_4=45$
    $5x_3   =30$ $\Rightarrow$ $x_3=6, x_4=15$ (zulässig)
    $x_1=x_2=x_5=0$

9) $10x_3   =45$
    $5x_3-x_5=30$ $\Rightarrow$ $x_3=4.5, x_5=-7.5$ (nicht zulässig)
    $x_1=x_2=x_4=0$

10) $-x_4   =45$
    $-x_5=30$ $\Rightarrow$ $x_4=-45, x_5=-30$ (nicht zulässig)
    $x_1=x_2=x_3=0$

Nach 2),4),5),7) und 8) besteht also die Menge der Extremalpunkte von Z'
aus den folgenden 5 Punkten

$$(\tfrac{5}{6},0,\tfrac{13}{3},0,0)^T, (22.5,0,0,0,195)^T, (0,2.5,3,0,0)^T,$$

$$(0,7.5,0,0,15)^T, (0,0,6,15,0)^T,$$

und für die zu minimierende lineare Funktion $60x_1+60x_2+85x_3$ erhält man als
zugehörige Werte 418 1/3, 1350, 405, 450, 510. Aus der Folgerung zu Satz 1.2.4
ergibt sich daher die Optimalität von $(0,2.5,3,0,0)^T$, die in Abschnitt 1.1.
bereits vermutet wurde.

1.3. Die Simplexmethode

1.3.1. Beschreibung der Methode anhand von Beispielen

Wir haben im Abschnitt 1.2.2. gezeigt, daß man zur Lösung des linearen Optimierungsproblems in Normalform sich damit begnügen kann, die zu minimierende lineare Funktion in den endlich vielen Extremalpunkten der Menge
der zulässigen Lösungen zu berechnen und unter diesen endlich vielen Werten der Funktion das Minimum zu bestimmen. Wir haben das an dem ersten
Beispiel von Abschnitt 1.1. demonstriert, bei dem nur 5 Extremalpunkte
vorkommen. Im allgemeinen ist aber die Menge der Extremalpunkte so groß,

daß diese Methode nicht praktikabel ist. Es erhebt sich daher die Frage,
ob man nicht mit einer gezielten Strategie das Minimum auf der Menge der
Extremalpunkte der Menge der zulässigen Lösungen ermitteln kann. Als Strategie bietet sich dabei das folgende Vorgehen an: Ist irgendein Extremalpunkt bekannt, so versucht man zu überprüfen, ob dieser bereits eine optimale zulässige Lösung des Problems ist. Ist das nicht der Fall, so versucht man, zu einem neuen Extremalpunkt zu gelangen, der einen kleineren
Wert der zu minimierenden linearen Funktion liefert.
Wir wollen das zunächst an dem ersten Beispiel von Abschnitt 1.1. demonstrieren.

Wir beginnen das Verfahren mit dem in Abschnitt 1.2.2. ermittelten Extremalpunkt $x=(\frac{5}{6},o,\frac{13}{3},o,o)^T$ (von dem wir bereits wissen, daß er nicht optimal
ist). Die positiven Komponenten von x sind x_1 und x_3. Nach diesen lösen
wir das Gleichungssystem (1.2.3') auf und erhalten

$$x_1=\frac{5}{6}-\frac{1}{3}x_2-\frac{1}{18}x_4+\frac{1}{9}x_5,$$
$$x_3=\frac{13}{3}-\frac{8}{15}x_2+\frac{1}{9}x_4-\frac{1}{45}x_5. \tag{1.3.1}$$

Da dieses System mit dem System (1.2.3') äquivalent ist, besteht die Menge
der zulässigen Lösungen aus allen Lösungen $(x_1,\ldots,x_5)^T$ von (1.3.1) mit
$x_i \geq o$, $i=1,\ldots,5$. Insbesondere erhält man den obigen Extremalpunkt direkt
aus (1.3.1), indem man $x_2=x_4=x_5=o$ setzt. Setzt man x_1 und x_3 nach (1.3.1)
in die zu minimierende Funktion $c(x)=6ox_1+6ox_2+85x_3$ ein, so erhält man

$$c(x) = 1255/3-\frac{16}{3}x_2+\frac{55}{9}x_4+\frac{43}{9}x_5. \tag{1.3.2}$$

Offenbar läßt sich der Wert $c(x) = 1255/3$, den man für $x=(\frac{5}{6},o,\frac{13}{3},o,o)^T$ erhält, verkleinern, wenn man $x_4=x_5=o$ und $x_2>o$ wählt. Um dabei eine zulässige Lösung zu erhalten, muß man auf Grund von (1.3.1) die Komponente $x_2>o$
so wählen, daß

$$x_1=\frac{5}{6}-\frac{1}{3}x_2 \geq o,$$
$$x_3=\frac{13}{3}-\frac{8}{15}x_2 \geq o$$

erfüllt ist. Die erste Ungleichung ist gleichwertig mit $o<x_2 \leq \frac{5}{6} \cdot 3=2.5$, und
die zweite mit $o<x_2 \leq \frac{65}{8}=8.125$. Der größtmögliche Wert von x_2, der noch zu
einer zulässigen Lösung führt, ist daher $x_2=2.5$, und dieser liefert den
Extremalpunkt $(o,2.5,3,o,o)^T$. Um mit diesem das Verfahren zu wiederholen,
könnte man wieder das System (1.2.3') nach den positiven Komponenten x_2
und x_3 auflösen und diese in $c(x)=6ox_1+6ox_2+85x_3$ einsetzen. Einfacher ist
es aber, die erste Gleichung von (1.3.1) nach x_2 aufzulösen und x_2 dann
in die zweite Gleichung und in c(x) nach (1.3.2) einzusetzen. Diesen Vorgang nennt man einen <u>Jordanschen Eliminationsschritt</u>. Wir werden hierauf
noch bei der allgemeinen Beschreibung der Simplexmethode zurückkommen.
Als Ergebnis erhält man

$$x_2 = 2.5 - 3x_1 - \tfrac{1}{6}x_4 + \tfrac{1}{3}x_5,$$
$$x_3 = 3 + \tfrac{8}{5}x_1 + \tfrac{1}{5}x_4 - \tfrac{1}{5}x_5 \qquad\qquad (1.3.1')$$

und

$$c(x) = 4o5 + 16x_1 + 7x_4 + 3x_5. \qquad\qquad (1.3.2')$$

Man erkennt an dieser Darstellung für $c(x)$, daß der Wert $c(x)=4o5$, den man für den Extremalpunkt $x=(o,2.5,3,o,o)^T$ erhält, der kleinstmögliche ist; denn für jeden anderen zulässigen Punkt,d.h.für jede andere Lösung $(x_1,\ldots,x_5)^T$ von (1.3.1') mit $x_i \geqq o$ für $i=1,\ldots,5$, erhält man einen Wert der höchstens größer ist. Damit ist $x=(o,2.5,3,o,o)$ ein optimaler Extremalpunkt.

Als nächstes betrachten wir das zweite Beispiel aus Abschnitt 1.1. Durch Einführung von Schlupfvariablen x_3,x_4,x_5 erhalten wir als äquivalentes Problem die Aufgabe, unter den Bedingungen

$$5x_1 + 12x_2 + x_3 \qquad\quad = 3o,$$
$$2ox_1 + 1ox_2 \quad\; + x_4 \quad = 5o,$$
$$2ox_1 + 2ox_2 \qquad\quad + x_5 = 6o,$$
$$x_1 \geqq o, x_2 \geqq o, x_3 \geqq o, x_4 \geqq o, x_5 \geqq o$$

die lineare Funktion

$$c(x) = -2x_1 - 3x_2 + o \cdot x_3 + o \cdot x_4 + o \cdot x_5$$

zum Minimum zu machen.

Hier bietet sich für den Start der Simplexmethode auf natürliche Weise der Extremalpunkt $(o,o,3o,5o,6o)^T$ der Menge der zulässigen Lösungen an. Auflösung nach x_3,x_4,x_5 ergibt

$$x_3 = 3o - 5x_1 - 12x_2,$$
$$x_4 = 5o - 2ox_1 - 1ox_2, \qquad\qquad (1.3.3)$$
$$x_5 = 6o - 2ox_1 - 2ox_2.$$

Offenbar läßt sich der zu $(o,o,3o,5o,6o)^T$ gehörige Wert Null der zu minimierenden Funktion $c(x)$ verkleinern, wenn man $x_1 > o$ oder $x_2 > o$ so wählt, daß (1.3.3) erfüllt ist mit $x_3 \geqq o, x_4 \geqq o, x_5 \geqq o$.
Wir wählen etwa $x_2 = o$ und $x_1 > o$ möglichst groß so, daß

$$x_3 = 3o - 5x_1 \geqq o \quad \Longleftrightarrow \quad x_1 \leqq 6,$$
$$x_4 = 5o - 2ox_1 \geqq o \quad \Longleftrightarrow \quad x_1 \leqq 2.5,$$
$$x_5 = 6o - 2ox_1 \geqq o \quad \Longleftrightarrow \quad x_1 \leqq 3$$

ist, Man erhält $x_1 = 2.5$ und damit als neuen Extremalpunkt $x=(2.5,o,17.5,o,1o)$ mit $c(x)=-5$. Auflösung von (1.3.3) nach x_3,x_1,x_5 liefert

$$x_3=17.5+0.25x_4-9.5x_2,$$
$$x_1=2.5-0.05x_4-0.5x_2, \qquad (1.3.4)$$
$$x_5=10+x_4-10x_2,$$

und Einsetzen in $c(x)$ ergibt

$$c(x)=-5+0.1x_4-2x_2.$$

Der Wert $c(x)=-5$ für $x=(2.5,0,17.5,0,10)^T$ wird verkleinert, wenn wir $x_4=0$ und $x_2>0$ möglichst groß so wählen, daß gilt

$$x_3=17.5-9.5x_2 \geqq 0 \iff x_2 \leqq \tfrac{35}{19},$$
$$x_1=2.5-0.5x_2 \geqq 0 \iff x_2 \leqq 5,$$
$$x_5=10-10x_2 \geqq 0 \iff x_2 \leqq 1.$$

Man erhält $x_2=1$ und damit als neuen Extremalpunkt $x=(2,1,8,0,0)^T$ mit $c(x)=-7$.

Auflösung von (1.3.4) nach x_3, x_1, x_2 liefert

$$x_3=8-0.7x_4+0.95x_5,$$
$$x_1=2-0.1x_4+0.05x_5, \qquad (1.3.5)$$
$$x_2=1+0.1x_4-0.1x_5,$$

und Einsetzen in $c(x)$ ergibt

$$c(x)=-7-0.1x_4+0.2x_5.$$

Wählt man $x_5=0$ und $x_4>0$, so läßt sich der zu $x=(2,1,8,0,0)^T$ gehörige Wert $c(x)=-7$ noch verkleinern. $x_4>0$ muß wieder so gewählt werden, daß

$$x_3=8-0.7x_4 \geqq 0 \iff x_4 \leqq \tfrac{80}{7}$$
$$x_1=2-0.1x_4 \geqq 0 \iff x_4 \leqq 20,$$
$$x_2=1+0.1x_4 \geqq 0 \iff x_4 \geqq -10$$

ist. Man erhält als größtmöglichen Wert hierfür $x_4=\tfrac{80}{7}$ und damit als neuen Extremalpunkt $x=(\tfrac{6}{7},\tfrac{15}{7},0,\tfrac{80}{7},0)^T$.

Auflösung von (1.3.5) nach x_4, x_1, x_2 liefert

$$x_4=\tfrac{80}{7}-\tfrac{10}{7}x_3+\tfrac{19}{14}x_5,$$
$$x_1=\tfrac{6}{7}+\tfrac{1}{7}x_3-\tfrac{3}{35}x_5, \qquad (1.3.6)$$
$$x_2=\tfrac{15}{7}-\tfrac{1}{7}x_3+\tfrac{1}{28}x_5,$$

und Einsetzen in $c(x)$ ergibt

$$c(x)=-\tfrac{57}{7}+\tfrac{1}{7}x_3+\tfrac{9}{140}x_5.$$

An dieser Darstellung erkennt man, daß es keinen zulässigen Punkt, d.h. keine Lösung $(x_1,\ldots,x_5)^T$ von (1.3.6) mit $x_i \geqq 0$ für $i=1,\ldots,5$, gibt, die den Wert $c(x)=-\frac{57}{7}$ für $x=(\frac{6}{7},\frac{15}{7},o,\frac{8o}{7},o)^T$ verkleinert. Damit ist der zuletzt gefundene Extremalpunkt optimal.

Abschließend betrachten wir noch das Problem, unter den Nebenbedingungen

$$\begin{aligned}
-5x_1+x_2 &\le o, \\
x_1-2x_2 &\le 2, \\
-5x_1+2x_2 &\le 8, \\
x_1 \ge o, x_2 &\ge o
\end{aligned}$$

die lineare Funktion $-1ox_1-1ox_2$ zum Minimum zu machen.

Anhand der in Abschnitt 1.1. beschriebenen graphischen Methode erkennt man leicht, daß dieses Problem keine Lösung besitzt. Das wollen wir auch mit Hilfe der Simplexmethode demonstrieren: Durch Einführung von Schlupfvariablen x_3,x_4,x_5 gehen wir zu den äquivalenten Bedingungen

$$\begin{aligned}
-5x_1+x_2+x_3 \quad &=o, \\
x_1-2x_2 \quad +x_4 \quad &=2, \\
-5x_1+2x_2 \quad +x_5 &=8, \\
x_1 \ge o, x_2 \ge o, x_3 \ge o, x_4 \ge o, x_5 &\ge o
\end{aligned}$$

über, unter denen dann die lineare Funktion

$$c(x)=-1ox_1-1ox_2+o\cdot x_3+o\cdot x_4+o\cdot x_5$$

zu minimieren ist.

Auflösung nach x_3,x_4,x_5 liefert

$$\begin{aligned}
x_3 &= 5x_1-x_2, \\
x_4 &=2-x_1+2x_2, \\
x_5 &=8+5x_1-2x_2,
\end{aligned} \qquad (1.3.7)$$

und als Ausgangsextremalpunkt bietet sich wieder $x=(o,o,o,2,8)^T$ an mit $c(x)=o$. Dieser Wert läßt sich verkleinern, wenn man z.B. $x_2=o$ und $x_1>o$ so wählt, daß

$$\begin{aligned}
x_3 &= 5x_1 \ge o \iff x_1 \ge o, \\
x_4 &=2-x_1 \ge o \iff x_1 \le 2, \\
x_5 &=8+5x_1 \ge o \iff x_1 \ge -1.6
\end{aligned}$$

ist. Der größtmögliche Wert für x_1 ist somit $x_1=2$ und führt zu dem Extremalpunkt $x=(2,o,1o,o,18)^T$ mit $c(x)=-2o$. Auflösung von (1.3.7) nach x_3,x_1,x_5 liefert

$$\begin{aligned}
x_3 &=1o-5x_4+9x_2, \\
x_1 &=2-x_4+2x_2, \\
x_5 &=18-5x_4+8x_2,
\end{aligned}$$

und Einsetzen in $c(x)$ ergibt

$$c(x)=-2o+1ox_4-3ox_2.$$

Setzt man nun $x_4=o$, so erhält man für jede Wahl von $x_2>o$ einen zulässigen Punkt $(2+2x_2,x_2,1o+9x_2,o,18+8x_2)^T$, und der zugehörige Wert $c(x)=-2o-3ox_2$ kann beliebig klein gemacht werden.

Damit ist gezeigt, daß das Problem keine Lösung besitzt.

Im nächsten Abschnitt soll die Simplexmethode allgemein beschrieben und dabei ein einheitliches Rechenschema entworfen werden.

1.3.2. Allgemeine Beschreibung der Methode

Wir betrachten das Problem in Normalform, unter den Bedingungen

$$x \geq \Theta_n, \quad Ax=b \tag{1.2.5}$$

die lineare Funktion $c^T x$ zum Minimum zu machen.

Dabei nehmen wir an, daß A eine $m \times n$-Matrix ist mit dem Rang m. Wäre der Rang r der Matrix A kleiner als m, so wäre das System $Ax=b$ nur lösbar, wenn der Rang der erweiterten Matrix

$$\begin{bmatrix} a_{11} \cdots a_{1n} & b_1 \\ \vdots & \\ a_{m1} \cdots a_{mn} & b_m \end{bmatrix}$$

auch gleich r wäre. In dem Fall wären aber m-r Zeilen dieser Matrix von den anderen linear abhängig und die zugehörigen Gleichungen in $Ax=b$ automatisch erfüllt, wenn die Gleichungen erfüllt sind, die zu r linear unabhängigen Zeilen der erweiterten Matrix gehören. Die genannten m-r Gleichungen wären dann überflüssig (redundante Bedingungen) und könnten weggelassen werden.

Aus der Annahme, daß der Rang von A gleich m sei, ergibt sich notwendig $m \leq n$. Wir nehmen jetzt weiterhin an, daß $m<n$ sei. Im Falle $m=n$ gäbe es nämlich genau eine Lösung $x \in \mathbb{R}^n$ von $Ax=b$, die im Falle $x \geq \Theta_n$ auch optimal wäre. Wäre $x \not\geq \Theta_n$, so hätte das lineare Optimierungsproblem keine Lösung.

Wir denken uns wie bei den Beispielen in Abschnitt 1.3.1. zunächst einen Extremalpunkt x^* der Menge

$$Z=\{x \in \mathbb{R}^n \mid x \geq \Theta_n, \quad Ax=b\} \tag{1.2.6}$$

der zulässigen Lösungen vorgegeben.

Der Vektor x^* hat auf Grund der Folgerung zu Satz 1.2.2 höchstens m positive Komponenten. Hat er weniger als m positive Komponenten, so denken wir uns die zugehörigen Spaltenvektoren a_i der Matrix A durch m-r weitere zu einer Menge von m linear unabhängigen Spaltenvektoren $a_i, i \in I$, der Matrix A ergänzt, was auf Grund der Voraussetzung m=Rang von A möglich ist. Das System $Ax=b$ ist dann äquivalent zu dem System

$$\sum_{j\in I} a_{ij}x_j = b_i - \sum_{j\notin I} a_{ij}x_j, \quad i=1,\ldots,m, \tag{1.3.8}$$

wobei die $m\times m$-Matrix auf der linken Seite nicht-singulär ist. Das System (1.3.8) kann also eindeutig nach den Variablen $x_j, j\in I$, aufgelöst werden, und hat dann die Gestalt

$$x_i = x_i^* - \sum_{j\notin I} c_{ij}x_j, \quad i\in I. \tag{1.3.9}$$

Das sieht man folgendermaßen ein: Bezeichnet man mit $D=(d_{ij})_{\substack{i\in I \\ j=1,\ldots,m}}$

die zu der Matrix auf der linken Seite von (1.3.8) inverse Matrix, so gilt

$$\sum_{k=1}^{m} d_{ik}a_{kj} = \delta_{ij} = \begin{cases} 1 & \text{für } i=j, \\ 0 & \text{für } i\neq j. \end{cases} \tag{1.3.1o}$$

Multipliziert man die k-te Gleichung von (1.3.8) mit d_{ik}, wobei $i\in I$ fest gewählt ist, und addiert alle Gleichungen, so erhält man unter Berücksichtigung von (1.3.1o)

$$x_i = \sum_{k=1}^{m} d_{ik}b_k - \sum_{k=1}^{m}\sum_{j\notin I} d_{ik}a_{kj}x_j$$

$$= \sum_{k=1}^{m} d_{ik}b_k - \sum_{j\notin I}\left(\sum_{k=1}^{m} d_{ik}a_{kj}\right)x_j,$$

woraus sich wegen

$$\sum_{j\in I} a_{ij}x_j^* = b_i, \quad i\in I,$$

und damit

$$x_i^* = \sum_{k=1}^{m} d_{ik}b_k, \quad i\in I, \tag{1.3.11}$$

die Gleichungen (1.3.9) ergeben, wenn man

$$c_{ij} = \sum_{k=1}^{m} d_{ik}a_{kj}, \quad i\in I,\; j\notin I, \tag{1.3.12}$$

definiert.

Setzt man die Variablen x_i aus (1.3.9) in die zu minimierende Funktion $c^T x$ ein, so erhält man

$$c^T x = \sum_{i\in I} c_i x_i + \sum_{i\notin I} c_i x_i$$

$$= \sum_{i\in I} c_i\left(x_i^* - \sum_{j\notin I} c_{ij}x_j\right) + \sum_{j\notin I} c_j x_j$$

$$= \sum_{i\in I} c_i x_i^* + \sum_{j\notin I}\left(c_j - \sum_{i\in I} c_{ij}c_i\right)x_j$$

$$= c^T x^* - \sum_{j\notin I}(d_j - c_j)x_j, \tag{1.3.13}$$

wenn man

$$d_j = \sum_{i \in I} c_{ij} c_i, \quad j \notin I,$$
(1.3.14)

setzt.

Der erste Zwischenschritt des Verfahrens besteht aus der Entscheidung, ob man den Wert $c^T x^*$ des vorgegebenen Extremalpunktes x^* durch Übergang zu einer anderen zulässigen Lösung verkleinern kann. Da nun auf Grund der obigen Herleitung ein Vektor $x \in \mathbb{R}^n$ genau dann zulässig ist, wenn er die Gleichungen (1.3.9) befriedigt und alle $x_i \geq 0$ sind für $i=1,\ldots,m$, so ist sein Wert $c^T x$ durch (1.3.13) gegeben. Daraus ergibt sich die folgende Fallunterscheidung:

a) Es gilt

$$d_j - c_j \leq 0 \quad \text{für alle } j \notin I.$$
(1.3.15)

Dann folgt für jede zulässige Lösung $x \in \mathbb{R}^n$ aus (1.3.13) notwendig $c^T x \geq c^T x^*$, und x^* ist somit ein <u>optimaler Extremalpunkt</u> der Menge der zulässigen Lösungen. Mit anderen Worten: x^* löst das vorgelegte lineare Optimierungsproblem.

b) Es gibt ein $j_o \notin I$ mit

$$d_{j_o} - c_{j_o} > 0.$$
(1.3.16)

Dann betrachten wir alle zulässigen Lösungen mit $x_i = 0$ für $i \notin I$ und $i \neq j_o$. Diese sind auf Grund von (1.3.9) gegeben durch

$$x_i = x_i^* - c_{ij_o} x_{j_o}, \quad i \in I,$$
(1.3.9')

wobei noch zusätzlich

$$x_i \geq 0, \quad i \in I, \quad \text{und } x_{j_o} \geq 0$$

erfüllt sein muß.

Hieraus ergibt sich eine weitere Fallunterscheidung:

α) Es gilt

$$c_{ij_o} \leq 0 \quad \text{für alle } i \in I.$$
(1.3.17)

Wählt man dann $x_{j_o} \geq 0$ beliebig, $x_i = 0$ für $i \notin I$ und definiert x_i für $i \in I$ durch (1.3.9'), so erhält man zulässige Lösungen $x \in \mathbb{R}^n$, für die

$$c^T x = c^T x^* - (d_{j_o} - c_{j_o}) x_{j_o}$$
(1.3.13')

ist und somit beliebig klein gemacht werden kann. Das vorgelegte lineare Optimierungsproblem hat also keine Lösung, wenn der Fall b),α) vorliegt.

β) Es gibt ein $i \in I$ mit

$$c_{ij_0} > o. \tag{1.3.18}$$

Wählt man dann ein $i_0 \in I$ so, daß gilt

$$\frac{x^*_{i_0}}{c_{i_0 j_0}} = \min\{\frac{x^*_i}{c_{ij_0}} \mid i \in I \text{ mit } c_{ij_0} > o\}, \tag{1.3.19}$$

setzt

$$x_{j_0} = \frac{x^*_{i_0}}{c_{i_0 j_0}}, \quad x_i = o \text{ für } i \in I \text{ mit } i \neq j_0$$

und definiert x_i für $i \in I$ durch (1.3.9'), so erhält man eine zulässige Lösung mit $x_i = o$ für $i \in I$, $i \neq j_0$ und $x_{i_0} = o$, wie man durch Einsetzen von x_{j_0} in

(1.3.9') unmittelbar bestätigt.

<u>Behauptung:</u> Diese Lösung ist ein Extremalpunkt der Menge der zulässigen Lösungen.

<u>Beweis:</u> Auf Grund von Satz 1.2.2 genügt es zu zeigen, daß die Spalten a_i der Matrix A in (1.2.5) für $i \in I$ mit $i \neq i_0$ und $i = j_0$ linear unabhängig sind. Wir nehmen an, das sei nicht der Fall. Dann gibt es Zahlen $d_i, i \in I, i \neq i_0$ und $i = j_0$, die nicht sämtlich verschwinden, so daß gilt

$$\sum_{\substack{i \in I \\ i \neq i_0}} d_i a_i + d_{j_0} a_{j_0} = \Theta_m = \text{Nullvektor des } \mathbb{R}^m. \tag{*}$$

Da die Vektoren a_i für $i \in I$ und damit auch für $i \in I$ mit $i \neq i_0$ linear unabhängig sind, ist notwendig $d_{j_0} \neq o$ und kann ohne Beschränkung der Allgemeinheit gleich 1 angenommen werden. Da D^T die zur gestürzten Matrix auf der linken Seite von (1.3.8) inverse Matrix ist, gilt außer (1.3.1o) auch noch die Beziehung

$$\sum_{i \in I} d_{il} a_{ki} = \delta_{lk} \text{ für } l, k = 1, \ldots, m.$$

Aus dieser in Verbindung mit (1.3.12) erhalten wir

$$\sum_{i \in I} c_{ij_0} a_{ki} = \sum_{i \in I} (\sum_{l=1}^m d_{il} a_{lj_0}) a_{ki}$$

$$= \sum_{l=1}^m (\underbrace{\sum_{i \in I} d_{il} a_{ki}}_{\delta_{lk}}) a_{lj_0} = a_{kj_0}$$

für alle $k = 1, \ldots, m$. Aus (*) mit $d_{j_0} = 1$ (o.B.d.A., s.o.!) folgt sodann

$$\sum_{\substack{i \in I \\ i \neq i_0}} (d_i + c_{ij_0}) a_i + c_{i_0 j_0} a_{i_0} = \Theta_m.$$

Dieses widerspricht aber wegen $c_{i_o j_o} > o$ der linearen Unabhängigkeit der

Spalten a_i, $i \in I$, der Matrix A.

Damit ist die Behauptung bewiesen.

Für den Wert $c^T x$ des neu gewonnenen Extremalpunktes x ergibt sich

$$c^T x = c^T x^* - (d_{j_o} - c_{j_o}) \frac{x_{i_o}^*}{c_{i_o j_o}} \leq c^T x^*$$

und sogar

$$c^T x < c^T x^*, \text{ falls } x_{i_o}^* > o \text{ ist.}$$

Hinreichend hierfür ist, daß der Extremalpunkt x^*, von dem wir ausgegangen sind, <u>nicht-entartet</u> ist, d.h. genau m positive Komponenten x_i^*, $i \in I$, besitzt. Ist das der Fall, so erhalten wir im Falle b),β) auf die angegebene Weise einen neuen Extremalpunkt x, dessen Wert $c^T x$ kleiner ist als $c^T x^*$. Ist hingegen der Extremalpunkt x^* entartet, d.h. sind nicht alle x_i^* für $i \in I$ positiv, so ist es möglich, daß man durch (1.3.19) zu einem $x_{i_o}^* = o$ gelangt. Man erhält dann keinen neuen Extremalpunkt sondern $x = x^*$.

Unabhängig davon, ob $x_{i_o}^* > o$ oder $x_{i_o}^* = o$ ist, löst man jetzt im zweiten

Schritt des Verfahrens das System (1.3.9) nach den Variablen x_i für $i \in I$ mit $i \neq i_o$ und $i = j_o$ auf. Das geschieht durch einen sog. <u>Jordanschen Eliminationsschritt</u> auf folgende Weise:

Man löst zunächst die i_o-te Gleichung nach x_{j_o} auf und erhält

$$x_{j_o} = \frac{x_{i_o}^*}{c_{i_o j_o}} - \sum_{\substack{j \notin I \\ j \neq j_o}} \frac{c_{i_o j}}{c_{i_o j_o}} x_j - \frac{1}{c_{i_o j_o}} x_{i_o}. \qquad (1.3.19a)$$

Durch Einsetzen von x_{j_o} in die restlichen Gleichungen ergibt sich dann

$$x_i = x_i^* - c_{ij_o} \frac{x_{i_o}^*}{c_{i_o j_o}} - \sum_{\substack{j \notin I \\ j \neq j_o}} (c_{ij} - c_{ij_o} \frac{c_{i_o j}}{c_{i_o j_o}}) x_j + \frac{c_{ij_o}}{c_{i_o j_o}} x_{i_o} \qquad (1.3.19b)$$

für $i \in I$, $i \neq i_o$.

Definiert man $\bar{I} = \{i \in I \mid i \neq i_o\} \cup \{j_o\}$, so lassen sich die Gleichungen (1.3.19a+b) zusammenfassend schreiben als

$$x_i = \bar{x}_i - \sum_{j \notin \bar{I}} \bar{c}_{ij} x_j, \quad i \in \bar{I}, \qquad (1.3.9')$$

wobei

$$\bar{x}_{j_o} = \frac{x^*_{i_o}}{c_{i_o j_o}},$$

(1.3.2o)

$$\bar{x}_i = x^*_i - c_{ij_o} \frac{x^*_{i_o}}{c_{i_o j_o}} \quad \text{für } i \in I \text{ mit } i \neq i_o$$

die nicht notwendig verschwindenden Komponenten des neu gewonnen Extremalpunktes sind sowie

$$\bar{c}_{j_o j} = \frac{\bar{c}_{i_o j}}{c_{i_o j_o}} \quad \text{für } j \notin \bar{I}, \ j \neq i_o,$$

$$\bar{c}_{j_o i_o} = \frac{1}{c_{i_o j_o}},$$

$$\bar{c}_{ij} = c_{ij} - c_{ij_o} \frac{c_{i_o j}}{c_{i_o j_o}} \quad \text{für } i \in \bar{I}, \ i \neq j_o,$$

(1.3.21)

und $j \notin \bar{I}, \ j \neq i_o$

$$\bar{c}_{i i_o} = - \frac{c_{i j_o}}{c_{i_o j_o}} \quad \text{für } i \in \bar{I}, \ i \neq j_o.$$

Setzt man in (1.3.13)

$$p_j = d_j - c_j \quad \text{für } j \notin I,$$

(1.3.22)

so ergibt sich durch Einsetzen von x_{j_o} aus (1.3.19a)

$$c^T x = c^T x^* - \sum_{\substack{j \notin I \\ j \neq j_o}} p_j x_j - p_{j_o} \left(\frac{x^*_{i_o}}{c_{i_o j_o}} - \sum_{\substack{j \notin I \\ j \neq j_o}} \frac{c_{i_o j}}{c_{i_o j_o}} x_j - \frac{1}{c_{i_o j_o}} x_{i_o} \right)$$

$$= c^T x^* - p_{j_o} \frac{x^*_{i_o}}{c_{i_o j_o}} - \sum_{\substack{j \notin I \\ j \neq j_o}} \left(p_j - p_{j_o} \frac{c_{i_o j}}{c_{i_o j_o}} \right) x_j + \frac{p_{j_o}}{c_{i_o j_o}} x_{i_o}$$

$$= c^T \bar{x} - \sum_{j \notin I} \bar{p}_j x_j,$$

(1.3.13')

wobei

$$\bar{p}_{i_o} = - \frac{p_{j_o}}{c_{i_o j_o}},$$

(1.3.23)

$$\bar{p}_j = p_j - p_{j_o} \frac{c_{i_o j}}{c_{i_o j_o}} \quad \text{für } j \notin \bar{I}, \ j \neq i_o.$$

Mit den Beziehungen (1.3.9') und (1.3.13') haben wir wieder die gleiche Ausgangssituation wie mit (1.3.9) und (1.3.13) und können die gleichen Schritte wiederholen.

Aus der obigen Herleitung ergibt sich der folgende

Satz 1.3.1: Erzeugt das Verfahren lauter nicht-entartete Extremalpunkte, so bricht es nach endlich vielen Schritten entweder mit einem optimalen Extremalpunkt der Menge der zulässigen Lösungen ab oder mit der Feststellung, daß das vorgelegte lineare Optimierungsproblem keine Lösung besitzt.

Beweis: Wir haben in Abschnitt 1.2.2. festgestellt, daß die Menge der zulässigen Lösungen höchstens endlich viele Extremalpunkte besitzt. Im Laufe des Verfahrens kommt jeder höchstens einmal an die Reihe, da in jedem Schritt genau einer der drei folgenden Fälle auftritt: 1) Der gefundene Extremalpunkt ist optimal. 2) Das Problem hat keine Lösung. 3) Es wird ein neuer Extremalpunkt gefunden, dessen Funktionswert kleiner ist als der des vorherigen.

Treten jedoch entartete Extremalpunkte auf, so ist es möglich, daß das Verfahren in einem solchen endet, der nicht optimal ist und auch zu keinem besseren führt. Es bewegt sich dann evtl. durch zyklisches Austauschen von Nullkomponenten eines solchen entarteten Extremalpunktes im Kreise. Durch geeignete Zusatzvorschriften läßt sich das Verfahren jedoch so modifizieren, daß der Satz 1.3.1 auch wahr bleibt, wenn entartete Extremalpunkte auftreten. Das soll hier nicht weiter ausgeführt werden. Wir verweisen hierzu z.B. auf das anfangs zitierte Buch [9]. Das Auftreten entarteter Extremalpunkte ist nicht selten (man betrachte hierzu z.B. das dritte Beispiel in Abschnitt 1.3.1., wo schon von einem entarteten Extremalpunkt ausgegangen wird). Sie führen aber nicht notwendig zu weiteren entarteten Extremalpunkte (wie das gleiche Beispiel zeigt).

1.3.3. Algorithmische Durchführung

Wir denken uns das System $Ax=b$ bereits in die Form (1.3.9) mit $x_i^* \geqq o$ für alle $i \in I$ und $c^T x$ in die Form (1.3.13) gebracht (wie man das erreicht, wird im nächsten Abschnitt beschrieben). Auf diese Weise erhalten wir das folgende Schema (das wohl keiner weiteren Erklärung bedarf).

$$
\begin{array}{|c|c|c|}
\hline
 & & (-x_j)\,(j \in I) \\
\hline
\begin{array}{c} x_i \\ (i \in I) \end{array} & x_i^* & c_{ij} \\
\hline
c^T x & c^T x^* & p_j = d_j - c_j \\
\hline
\end{array}
\qquad (1.3.24)
$$

Wir folgen jetzt den Schritten im Abschnitt 1.3.2.

Schritt a): Man prüfe, ob alle $p_j \leq 0$ sind für $j \notin I$. Ist das der Fall, so bilden die x_i^* für $i \in I$ und $x_j^* = 0$ für $j \notin I$ die Komponenten eines optimalen Extremalpunktes. Ist das nicht der Fall, so gehe man zu

Schritt b): Man wähle ein $j_0 \notin I$ mit $P_{j_0} = d_{j_0} - c_{j_0} > 0$ aus und gehe zu

Schritt b)α): Man prüfe, ob alle $c_{ij_0} \leq 0$ sind für $i \in I$. Ist das der Fall, so hat das Problem keine Lösung. Ist das nicht der Fall, so gehe man zu

Schritt b)β): Man bestimme ein $i_0 \in I$ so, daß gilt

$$\frac{x_{i_0}^*}{c_{i_0 j_0}} = \min\left\{\frac{x_i^*}{c_{ij_0}} \mid i \in I \text{ mit } c_{ij_0} > 0\right\}. \tag{1.3.19}$$

Schritt c): Man berechne nach (1.3.30),(1.3.21),(1.3.23) ein neues Schema der Form

		$(-x_j)\,(j \notin I, j \neq j_0, j = i_0)$	
x_i $(i \in I,$ $i \neq i_0$ $i = j_0$	$\bar{x}_i$	$\bar{c}_{ij}$	
$c^T x$	$c^T \bar{x}$	$\bar{P}_j$	

$$\tag{1.3.25}$$

Dabei ist noch nachzutragen, daß man $c^T\bar{x}$ in der Form

$$c^T\bar{x} = c^T x^* - p_{j_0}\frac{x_{i_0}^*}{c_{i_0 j_0}} \tag{1.3.26}$$

erhält. Mit dem Schema (1.3.25) werden dann die Schritte a) bis c) wiederholt.

Ein Blick auf die Formeln (1.3.20),(1.3.21),(1.3.23),(1.3.26) zeigt, daß man das Schema (1.3.25) aus dem Schema (1.3.24) auf folgende Weise erhält:

1) Man ersetze das Element $c_{i_0 j_0}$ durch $\dfrac{1}{c_{i_0 j_0}}$.

2) Man multipliziere die restlichen Elemente der j_0-ten Spalte mit $-\dfrac{1}{c_{i_0 j_0}}$.

3) Man multipliziere die restlichen Elemente der i_o-ten Zeile mit

$$\frac{1}{c_{i_o j_o}} \, .$$

4) Für $i \neq i_o$ und $j \neq j_o$ setze man

$$\bar{c}_{ij} = c_{ij} - c_{ij_o} \frac{c_{i_o j}}{c_{i_o j_o}} \, , \quad \bar{x}_i = x_i^* - c_{ij_o} \frac{x_{i_o}^*}{c_{i_o j_o}} \, ,$$

$$\bar{p}_j = p_j - p_{j_o} \frac{c_{i_o j}}{c_{i_o j_o}} \, , \quad c^T \bar{x} = c^T x^* - p_j \frac{x_{i_o}^*}{c_{i_o j_o}} \, .$$

Wir wollen das noch einmal an dem zweiten Beispiel in Abschnitt 1.3.1. erläutern. Hier lautet das Ausgangsschema (1.3.24) (vgl.(1.3.3)):

		$-x_1$	$-x_2$
x_3	3o	5	12
x_4	5o	2o	1o
x_5	6o	2o	2o
$c^T x$	o	2	3

$$(1.3.24')$$

Wegen $p_1 = 2 > o$ und $p_2 = 3 > o$ ist $j_o = 1$ oder $j_o = 2$ wählbar. Wir wählen $j_o = 1$ und erhalten aus (1.3.19)

$$\frac{x_4^*}{c_{41}} = \min\{\frac{3o}{5}, \frac{5o}{2o}, \frac{6o}{2o}\} \, .$$

Damit ist $i_o = 4$. Mit Hilfe der 4 obigen Rechenschritte geht das Schema (1.3.24') über in

		$-x_4$	$-x_2$
x_3	$\frac{35}{2}$	$-\frac{1}{4}$	$\frac{19}{2}$
x_1	$\frac{5}{2}$	$\frac{1}{2o}$	$\frac{1}{2}$
x_5	1o	-1	1o
$c^T x$	-5	$-\frac{1}{1o}$	2

$$(1.3.25')$$
$$(\text{vgl.}(1.3.4))$$

Die Fortsetzung des Verfahrens wird von hier ab dem Leser als Übung überlassen. Dabei empfiehlt sich ein Vergleich mit der Beschreibung dieses Beispiels in Abschnitt 1.3.1.

1.3.4. Gewinnung einer Startlösung

Zu klären ist noch die Frage, wie man einen Extremalpunkt findet, mit dem man die Simplexmethode starten kann. Zu dem Zweck nehmen wir an, daß alle Komponenten des Vektors b in (1.2.5) nicht-positiv sind. Ist das zunächst für eine Komponente b_i nicht der Fall, so multiplizieren wir die i-te Gleichung mit (-1).

Wir führen sodann m weitere Variable $x_{n+1},\ldots,x_{n+m}$ ein und betrachten das Problem, unter den Nebenbedingungen

$$x_{n+i} = \sum_{j=1}^{n} a_{ij}x_j - b_i$$

$$= -b_i - \sum_{j=1}^{n}(-a_{ij})x_j, \quad i=1,\ldots,m, \tag{1.3.27}$$

$$x_1 \geq 0,\ldots,x_{n+m} \geq 0 \tag{1.3.28}$$

die lineare Funktion $z(x) = \sum_{i=1}^{m} x_{n+i}$ zum Minimum zu machen.

Offenbar ist $x^* = (\theta_n^T, -b^T)^T \in \mathbb{R}^{n+m}$ ein Extremalpunkt der Menge

$$\tilde{Z} = \{x \in \mathbb{R}^{n+m} \mid x \geq \theta_{n+m}, \ x \text{ erfüllt } (1.3.27)\},$$

mit dem die Simplexmethode für dieses Problem begonnen werden kann. Einsetzen von x_{n+i}, $i=1,\ldots,m$, nach (1.3.27) in $z(x)$ liefert

$$z(x) = \sum_{i=1}^{m}(-b_i) + \sum_{j=1}^{n}\left(\sum_{i=1}^{m} a_{ij}\right)x_j$$

$$= z(x^*) - \sum_{j=1}^{n} \tilde{p}_j x_j, \tag{1.3.29}$$

wenn man

$$\tilde{p}_j = \sum_{i=1}^{m} a_{ij}, \quad j=1,\ldots,n, \tag{1.3.3o}$$

setzt.

Mit (1.3.27),(1.3.29) haben wir genau die (1.3.9) und (1.3.13) entsprechende Ausgangssituation für die Simplexmethode. Bei der Durchführung dieser kann niemals der Fall b),α) eintreten, bei dem sich herausstellt, daß die zu minimierende lineare Funktion auf der Menge der zulässigen Lösungen nach unten unbeschränkt ist; denn offenbar ist

$$z(x) = \sum_{i=1}^{m} x_{n+i} \geq 0 \text{ für alle } x \in \tilde{Z}.$$

Wir denken uns die Simplexmethode mit einem optimalen Extremalpunkt $\tilde{x} \in \tilde{Z}$ beendet.

Dann gibt es zwei Möglichkeiten:

a) $z(\tilde{x}) > 0$. Dann gibt es keinen Punkt $x \in \mathbb{R}^n$ mit (1.2.5), d.h. das vorgelegte Problem zu Beginn von Abschnitt 1.3.2. hat keine zulässige Lösung. Gäbe es nämlich ein $\hat{x} \in \mathbb{R}^n$ mit (1.2.5), so wäre $\bar{x} = (\hat{x}^T, \theta_m^T) \in \tilde{Z}$ und $0 = z(\bar{x}) < z(\tilde{x})$, ein Widerspruch dagegen, daß $z(\tilde{x})$ den kleinsten Wert von

$z=z(x)$ auf $\tilde{Z}$ liefert.

b) $z(\tilde{x})=o$. Dann hat das Endschema etwa die folgende Gestalt:

		$(-x_j)\,(j\not\in I)$
x_i $(i\in I)$	$\tilde{x}_i$	$\tilde{c}_{ij}$
$z(x)$	o	$\tilde{p}_j$

$$(1.3.31)$$

Dabei ist I eine m-punktige Teilmenge von $\{1,\ldots,n+m\}$.
Jetzt sind wieder zwei Fälle möglich:

1) $I\subseteq\{1,\ldots,n\}$. Dann ist der Vektor $x^*\in\mathbb{R}^n$ mit $x_i^*=\tilde{x}_i$ für $i\in I$ und $x_i^*=o$ für $i\notin I$ ein Ausgangsextremalpunkt für die Simplexmethode zur Lösung des vorgelegten Problems zu Beginn von Abschnitt 1.3.2. Die durch (1.3.12) definierte Matrix (c_{ij}) in (1.3.9) erhält man aus der Matrix $(\tilde{c}_{ij})$ im Schema (1.3.31) einfach durch Weglassen der Spalten, die zu einem $j\in\{n+1,\ldots,n+m\}$ gehören. Die Größen d_j in (1.3.13) könnte man nach (1.3.14) berechnen. Anstatt dessen könnte man aber auch dem Ausgangsschema

		$(-x_j),\,j=1,\ldots,n$
x_{n+i} $i=1,\ldots,m$	$-b_i$	$-a_{ij}$
$z(x)$	$-\sum\limits_{i=1}^{m}$	$\tilde{p}_j=-\sum\limits_{i=1}^{m}a_{ij}$

$$(1.3.32)$$

die Zeile

$c(x)$	o	$-c_j$

$$(1.3.33)$$

(mit $c(x)=\sum\limits_{j=1}^{m}c_jx_j$) hinzufügen und fortlaufend nach den in Abschnitt 1.3.3. angegebenen Regeln mitumrechnen. Die Größen $p_j=d_j-c_j$ in (1.3.13) sind dann in dem Endschema die letzten Elemente in den Spalten $j\in\{n+1,\ldots,n+m\}$.

2) $I\cap\{n+1,\ldots,n+m\}$ ist nichtleer.
Wegen $z(\tilde{x})=o$ sind dann notwendig alle $\tilde{x}_i=o$, für die i zu $\{n+1,\ldots,n+m\}$ gehört. Setzt man $x_i^*=\tilde{x}_i$ für alle $i\in I\cap\{1,\ldots,n\}$ und $x_i^*=o$ für alle

$i\in\{1,\ldots,n\}$ mit $i\notin I$, so erhält man wiederum einen (entarteten) Extremalpunkt der Menge der zulässigen Lösungen des Ausgangsproblems zu Beginn von Abschnitt 1.3.2. Um zur Darstellung (1.3.9) zu gelangen, hat man aber noch im Endschema (1.3.31) die Variablen x_i mit $i\in I\cap\{n+1,\ldots,n+m\}$ gegen geeignete Variable x_j mit $j\notin I$ und $j\in\{1,\ldots,n\}$ auszutauschen. Bei jedem derartigen Austauschschritt nach den Regeln der Jordan-Elimination in Abschnitt 1.3.3. ändert sich die erste Spalte von (1.3.31) nicht, da das zugehörige $\tilde{x}_i=$o ist. Auf Grund der Voraussetzung, daß Rang $A=m$ ist, können auf diese Weise auch alle x_i mit $i\in I\cap\{n+1,\ldots,n+m\}$ ausgetauscht werden. Läßt man wiederum in dem entstehenden Schema die Spalten weg, die zu einem $j\in\{n+1,\ldots,n+m\}$ gehören und streicht die zu $z(x)$ gehörende Zeile, so erhält man wiederum das Ausgangsschema für die Simplexmethode, wenn die zu $c(x)$ gehörende Zeile mitgeführt und umgerechnet worden ist. Andernfalls müßte man diese Zeile unter Benutzung von (1.3.14) neu berechnen nach (1.3.13).

Wir wollen das Verfahren an einem Beispiel demonstrieren: Zu minimieren ist

$$c(x)=2x_1+4x_2+5x_3$$

unter den Nebenbedingungen

$$3x_1+6x_2+x_3\geq 4o,$$
$$2x_1+x_2+3x_3\geq 3o,$$
$$x_1\quad +4x_3\geq 2o,$$
$$x_1\geq o,x_2\geq o,x_3\geq o.$$

Durch Einführung von Schlupfvariablen gehen die Nebenbedingungen über in

$$3x_1+6x_2+x_3-x_4\quad =4o,$$
$$2x_1+x_2+3x_3\quad -x_5\quad =3o,$$
$$x_1\quad +4x_3\quad -x_6=2o,$$
$$x_1\geq o,x_2\geq o,x_3\geq o,x_4\geq o,x_5\geq o,x_6\geq o,$$

und wir haben das Problem zu lösen, unter den Nebenbedingungen

$$x_7=4o-3x_1-6x_2-x_3+x_4,$$
$$x_8=3o-2x_1-x_2-3x_3\quad +x_5, \tag{1.3.27'}$$
$$x_9=2o-x_1\quad -4x_3\quad +x_6,$$
$$x_1\geq o,\ldots,x_9\geq o \tag{1.3.28'}$$

die lineare Funktion $z(x)=x_7+x_8+x_9$ zum Minimum zu machen.

Wir fügen dem Ausgangsschema (1.3.32) die Zeile (1.3.33) hinzu und erhalten das Schema

		$-x_1$	$-x_2$	$-x_3$	$-x_4$	$-x_5$	$-x_6$
x_7	40	3	6	1	-1	o	o
x_8	30	2	1	3	o	-1	o
x_9	20	1	o	4	o	o	-1
z(x)	90	6	7	8	-1	-1	-1
c(x)	o	-2	-4	-5	o	o	o

Vertauschung von x_9 und x_3 liefert das Schema

		$-x_1$	$-x_2$	$-x_9$	$-x_4$	$-x_5$	$-x_6$
x_7	35	$\frac{11}{4}$	6	$-\frac{1}{4}$	-1	o	$\frac{1}{4}$
x_8	15	$\frac{5}{4}$	1	$-\frac{3}{4}$	o	-1	$\frac{3}{4}$
x_3	5	$\frac{1}{4}$	o	$-\frac{1}{4}$	o	o	$-\frac{1}{4}$
z(x)	50	4	7	-2	-1	-1	1
c(x)	25	$-\frac{3}{4}$	-4	$\frac{5}{4}$	o	o	$-\frac{5}{4}$

Vertauschung von x_8 und x_1 liefert das Schema

		$-x_8$	$-x_2$	$-x_9$	$-x_4$	$-x_5$	$-x_6$
x_7	2	$-\frac{11}{5}$	$\frac{19}{5}$	$\frac{7}{5}$	-1	$\frac{11}{5}$	$-\frac{7}{5}$
x_1	12	$\frac{4}{5}$	$\frac{4}{5}$	$-\frac{3}{5}$	o	$-\frac{4}{5}$	$\frac{3}{5}$
x_3	2	$-\frac{1}{5}$	$-\frac{1}{5}$	$-\frac{1}{10}$	o	$\frac{1}{5}$	$-\frac{2}{5}$
z(x)	2	$-\frac{16}{5}$	$\frac{19}{5}$	$\frac{2}{5}$	-1	$\frac{11}{5}$	$-\frac{7}{5}$
c(x)	34	$\frac{3}{5}$	$-\frac{17}{5}$	$\frac{4}{5}$	o	$-\frac{3}{5}$	$-\frac{4}{5}$

Vertauschung von x_7 und x_5 liefert das Schema

		$-x_8$	$-x_2$	$-x_9$	$-x_4$	$-x_7$	$-x_6$
x_5	$\frac{10}{11}$	-1	$\frac{19}{11}$	$\frac{7}{11}$	$-\frac{5}{11}$	$\frac{5}{11}$	$-\frac{7}{11}$
x_1	$\frac{140}{11}$	0	$\frac{24}{11}$	$-\frac{1}{11}$	$-\frac{4}{11}$	$\frac{4}{11}$	$\frac{1}{11}$
x_3	$\frac{20}{11}$	0	$\frac{6}{11}$	$-\frac{5}{22}$	$-\frac{1}{11}$	$-\frac{1}{11}$	$-\frac{3}{11}$
$z(x)$	0	-1	0	-1	0	-1	0
$c(x)$	$\frac{380}{11}$	0	$-\frac{26}{11}$	$\frac{13}{11}$	$-\frac{3}{11}$	$\frac{3}{11}$	$-\frac{13}{11}$

Damit haben wir das Endschema (1.3.31), ergänzt durch die zu $c(x)$ gehörige Zeile, erreicht und erhalten das Ausgangsschema (1.3.24) für die
Simplexmethode durch Streichen der Spalten 7,8 und 9 sowie der zu $z(x)$
gehörigen Zeile.

Wegen $p_2=-\frac{26}{11}<0$, $p_4=-\frac{3}{11}<0$ und $p_6=-\frac{13}{11}<0$ bilden auf Grund von Schritt a) in
Abschnitt 1.3.3.

$$x_1^*=\frac{140}{11}, x_2^*=0, \quad x_3^*=\frac{20}{11}, \quad x_4^*=0, \quad x_5^*=\frac{10}{11}, \quad x_6^*=0$$

bereits die Komponenten eines optimalen Extremalpunktes der Menge der
zulässigen Lösungen, so daß die Simplexmethode schon mit dem ersten
Schritt abbricht.

<u>Aufgabe:</u> Man behandle das erste Beispiel in Abschnitt 1.1. nach der Sim-
plexmethode unter Einbeziehung des obigen Verfahrens zur Gewinnung einer Startlösung.

2. Minimierung von Funktionen ohne Nebenbedingungen

2.1. <u>Probleme der Ausgleichsrechnung; die Methode der kleinsten Quadrate</u>

Um in die Problemstellung einzuführen, beginnen wir mit einem <u>Beispiel</u>:
Gegeben sei eine schiefe Ebene, auf der eine Kugel reibungsfrei herabrollt.

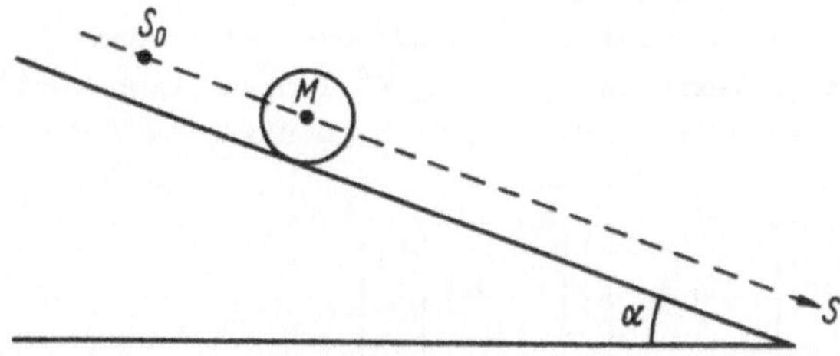

Abbildung 2.1

Das Weg-Zeit-Gesetz für den Mittelpunkt M der Kugel entlang der gestrichelten Linie mit der Wegkoordinate s lautet bekanntlich (nach Galiläi)

$$s = s(t) = \tfrac{1}{2}(g \sin \alpha) t^2 + v_o t + s_o ,$$

wobei $g(^m/\text{sec}^2)$ die Erdbeschleunigung, α den Neigungswinkel der Ebene mit
einer waagerechten Ebene, v_o die Geschwindigkeit von M zur Zeit $t=o$ und
s_o die Position von M zur Zeit $t=o$ bedeuten. Wir denken uns die Größen
α, v_o und s_o unbekannt und setzen

$$x_1 = \tfrac{1}{2}g \sin \alpha, \quad x_2 = v_o, \quad x_3 = s_o .$$

Die Größen x_1, x_2, x_3 sollen durch Messungen bestimmt werden, und zwar wird
zu n verschiedenen Zeitpunkten $t_i, i=1,\dots,n$, die Position s_i von M bestimmt.[+)] Wären die Messungen exakt, so wären die Gleichungen

$$s_i = x_1 t_i^2 + x_2 t_i + x_3 , \tag{2.1.1}$$

$$i = 1, \dots, n ,$$

exakt erfüllbar, und für $n \geq 3$ könnten die Unbekannten x_1, x_2, x_3 aus 3 dieser
Gleichungen eindeutig bestimmt werden. Die anderen (im Falle $n > 3$) wären
dann für diese Lösung (x_1, x_2, x_3) automatisch erfüllt.
Da die Messungen jedoch fehlerhaft sind, wird man x_1, x_2, x_3 nicht so bestimmen können, daß die Gleichungen (2.1.1) exakt erfüllt sind. Wir ersetzen sie daher durch Gleichungen der Form

$$\varepsilon_i = s_i - x_1 t_i^2 - x_2 t_i - x_3 , \tag{2.1.2}$$

$$i = 1, \dots, n ,$$

[+)] Praktisch wird man umgekehrt die Zeitpunkte t_i bestimmen, zu denen sich
M in der Position s_i befindet.

und gehen davon aus, daß x_1, x_2, x_3 so bestimmt werden können, daß die Abweichungen $\varepsilon_i, i=1, \ldots, n$, von Null nicht zu groß werden. Als Maß verwenden wir die <u>Summe der Fehlerquadrate</u> $\sum\limits_{i=1}^{n} \varepsilon_i^2$ und legen uns die Frage vor, ob man x_1, x_2, x_3 in (2.1.2) so bestimmen kann, daß die Summe der Fehlerquadrate möglichst klein wird. Dieses ist ein typisches Problem der <u>linearen Ausgleichsrechnung</u>, die von C.F.Gauß begründet und auf Probleme der Astronomie und Erdvermessung angewandt worden ist.

Wir wollen die Problemstellung gleich etwas allgemeiner fassen: Gegeben seien m linear unabhängige Vektoren $a_1, \ldots, a_m \in \mathbb{R}^n$ (woraus sich bereits ergibt, daß $m \leq n$ ist) und ein Vektor $b \in \mathbb{R}^n$. In unserem Beispiel ist $m=3$, $n \geq 3$ und

$$a_1 = \begin{pmatrix} t_1^2 \\ \vdots \\ t_n^2 \end{pmatrix} \;,\; a_2 = \begin{pmatrix} t_1 \\ \vdots \\ t_n \end{pmatrix} \;,\; a_3 = \begin{pmatrix} 1 \\ \vdots \\ 1 \end{pmatrix} \;,\; b = \begin{pmatrix} s_1 \\ \vdots \\ s_n \end{pmatrix} \;.$$

Übung: Man zeige, daß a_1, a_2, a_3 linear unabhängig sind.

Gesucht ist ein Vektor $x \in \mathbb{R}^m$ derart, daß

$$\gamma(x) = \sum_{j=1}^{n} \left(b_j - \sum_{k=1}^{m} a_{kj} x_k \right)^2 \tag{2.1.3}$$

minimal ausfällt $(a_k = (a_{k1}, \ldots, a_{kn})^T, k=1, \ldots, m)$. Wir nehmen an, $\hat{x} \in \mathbb{R}^m$ sei eine Lösung dieses Problems, d.h. es gelte

$$\gamma(\hat{x}) \leq \gamma(x) \quad \text{für alle } x \in \mathbb{R}^m, \tag{2.1.4}$$

und wollen $\hat{x}$ ermitteln. Zu dem Zweck setzen wir für jedes $i=1, \ldots, m$

$$f_i(x) = \gamma(\hat{x}_1, \ldots, \hat{x}_{i-1}, x, \hat{x}_{i+1}, \ldots, \hat{x}_m),$$

d.h. wir halten alle Variablen x_k, $k=1, \ldots, m$, mit Ausnahme von $k=i$ fest bei $x_k = \hat{x}_k$ und denken uns nur $x_i = x$ variabel. Aus (2.1.4) folgt dann notwendig

$$f_i(\hat{x}_i) \leq f_i(x) \quad \text{für alle } x \in \mathbb{R} \tag{2.1.5}$$

und jedes $i=1, \ldots, m$.

Notwendig für das Bestehen von (2.1.5) ist bekanntlich

$$f_i'(\hat{x}_i) = \frac{df_i}{dx}(\hat{x}_i) = 0. \tag{2.1.6}$$

Nun ist auf Grund der Kettenregel für Ableitungen

$$f_i'(x) = 2 \sum_{j=1}^{n} \left[\left(b_j - \sum_{k=1}^{m} a_{kj} x_k \right) (-a_{ij}) \right]$$

so daß man aus (2.1.6) die sog. <u>Normalgleichungen</u>

$$\sum_{k=1}^{m} N_{ik} x_k = v_i, \; i=1, \ldots, m, \tag{2.1.7}$$

rhält, wenn man

$$N_{ik} = \sum_{j=1}^{n} a_{ij} a_{kj} = a_i^T a_k$$

und

$$v_i = \sum_{j=1}^{n} a_{ij} b_j = a_i^T b \tag{2.1.8}$$

setzt für $i,k=1,\ldots,m$.

Im obigen Beispiel ergibt sich

$$
\begin{aligned}
N_{11} &= a_1^T a_1 = t_1^4 + t_2^4 + \ldots + t_n^4, \\
N_{12} &= N_{21} = a_1^T a_2 = t_1^3 + t_2^3 + \ldots + t_n^3, \\
N_{22} &= a_2^T a_2 = t_1^2 + t_2^2 + \ldots + t_n^2, \\
N_{13} &= N_{31} = a_1^T a_3 = t_1^2 + \ldots + t_n^2 \;(=N_{22}), \\
N_{23} &= N_{32} = a_2^T a_3 = t_1 + \ldots + t_n, \\
N_{33} &= a_3^T a_3 = n
\end{aligned}
\tag{2.1.8'}
$$

und

$$
\begin{aligned}
v_1 &= t_1^2 s_1 + t_2^2 s_2 + \ldots + t_n^2 s_n, \\
v_2 &= t_1 s_1 + t_2 s_2 + \ldots + t_n s_n, \\
v_3 &= s_1 + s_2 + \ldots + s_n.
\end{aligned}
$$

Man sieht direkt, daß die Matrix $N=(N_{ik})_{i,k=1,\ldots,n}$ mit N_{ik} nach (2.1.8) <u>symmetrisch</u> ist. Sie ist auch <u>positiv definit</u>, d.h. es gilt

$$x^T N x \geq o \quad \text{für alle } x \in \mathbb{R}^m \tag{2.1.9}$$

und

$$x^T N x = o \quad \text{genau dann, wenn } x = \Theta_m. \tag{2.1.1o}$$

Die positive Semi-Definitheit (2.1.9) von N ist eine direkte Folge von

$$x^T N x = \sum_{i,k=1}^{m} x_i x_k a_i^T a_k = \left(\sum_{i=1}^{m} x_i a_i \right)^T \left(\sum_{k=1}^{m} x_k a_k \right) \tag{2.1.11}$$

Offensichtlich ist $x^T N x = o$ für $x = \Theta_n$. Nun sei $x^T N x = o$. Dann folgt aus (2.1.11), daß $\sum_{i=1}^{m} x_i a_i = \Theta_n$ ist. Auf Grund der vorausgesetzten linearen Unabhängigkeit von $a_1,\ldots,a_m \in \mathbb{R}^n$ folgt $x_1 = \ldots = x_m = o$, d.h. $x = \Theta_m$.

Aus (2.1.1o) folgt die Nicht-Singularität der Matrix N und damit die eindeutige Lösbarkeit von (2.1.7). Ist nämlich $Nx = \Theta_n$ für ein $x \in \mathbb{R}^m$, so folgt $x^T N x = o$ und damit nach (2.1.1o), daß $x = \Theta_m$ ist. Die Implikation $Nx = \Theta_n \Rightarrow x = \Theta_m$ ist bekanntlich gleichwertig mit der Nicht-Singularität von N.

Als Ergebnis erhalten wir zusammenfassend den

__Satz 2.1.1:__ Unter der Annahme, daß $a_1,\ldots,a_m \in \mathbb{R}^n$ linear unabhängig sind, gibt es höchstens ein $\hat{x} \in \mathbb{R}^m$ mit (2.1.4), und dieses ist die eindeutige Lösung $x=\hat{x}=(\hat{x}_1,\ldots,\hat{x}_m)^T$ der Normalgleichungen (2.1.7).

Es erhebt sich umgekehrt die Frage, ob die eindeutige Lösung $\hat{x} \in \mathbb{R}^m$ der Normalgleichungen (2.1.7) auch (2.1.4) erfüllt und damit die eindeutige Lösung des allgemeinen Problems der linearen Ausgleichsrechnung ist. Die Antwort liefert der

__Satz 2.1.2:__ Die eindeutige Lösung $x=\hat{x} \in \mathbb{R}^m$ von (2.1.7) erfüllt auch (2.1.4)

__Beweis:__ Sei $x \in \mathbb{R}^m$ beliebig vorgegeben. Dann ergibt sich aus der Definition (2.1.3) von γ

$$\gamma(x) = \sum_{j=1}^{n} (b_j-(Ax)_j)^2 = (b-Ax)^T(b-Ax), \qquad (2.1.12)$$

wenn man

$$A=(a_1 a_2 \ldots a_m), b=(b_1,\ldots,b_n)^T \qquad (2.1.13)$$

setzt. Die Normalgleichungen (2.1.7) kann man für $x=\hat{x}$ auch in der Form

$$a_i^T(\sum_{k=1}^{m} a_k\hat{x}_k)=a_i^T(A\hat{x})=a_i^T b \qquad \text{für } i=1,\ldots,m$$

oder

$$A^T A\hat{x}=A^T b \qquad (2.1.14)$$

schreiben. Damit ergibt sich unter Benutzung von $A^T A=N$

$$\gamma(x)-\gamma(\hat{x}) = (b-Ax)^T(b-Ax)-(b-Ax)^T(b-A\hat{x})$$
$$=-2x^T A^T b+x^T A^T Ax+2\hat{x}^T A^T b-x^T A^T A\hat{x}$$
$$=-2x^T N\hat{x}+x^T Nx+\hat{x}^T Nx \quad (\text{nach } (2.2.14))$$
$$=(x-\hat{x})^T N(x-\hat{x}) \geq 0,$$

was den Beweis vollendet.

Zusammenfassend haben wir damit den

__Satz 2.1.3:__ Unter der Annahme, daß die Vektoren $a_1,\ldots,a_m \in \mathbb{R}^n$ linear unabhängig sind, hat das __Problem (2.1.4) der linearen Ausgleichsrechnung__ genau eine Lösung $\hat{x} \in \mathbb{R}^m$, die zugleich die eindeutige Lösung der Normalgleichungen (2.1.7) für $x=\hat{x}$ (oder auch (2.1.14)) ist.

Wir wollen hierfür noch ein numerisches Beispiel angeben. Wir betrachten wieder die Bestimmung des Bewegungsgesetzes für den Mittelpunkt der rollenden Kugel auf der schiefen Ebene. Wir nehmen an, daß für die Positionen $s_1=3.5$, $s_2=11$, $s_3=23.5$ und $s_4=41$ des Mittelpunktes M die Durchgangszeiten $t_1=0.98$, $t_2=2.01$, $t_3=3.02$, $t_4=3.99$ gemessen wurden. Für die Koeffizienten und die rechten Seiten der zugehörigen Normalgleichungen erhalten wir dann nach (2.1.8') (es ist n=4)

$$N_{11} = 0.92236 + 16.322408 + 83.181696 + 253.44948 = 353.87603,$$

$$N_{12} = N_{21} = 0.941192 + 8.120601 + 27.543608 + 63.521199 = 100.1266,$$

$$N_{22} = N_{13} = N_{31} = 0.9604 + 4.0401 + 9.1204 + 15.9201 = 30.041,$$

$$N_{23} = N_{32} = 10, \quad N_{33} = 4 \quad \text{und}$$

$$v_1 = 3.3614 + 44.4411 + 214.3294 + 652.7241 = 914.856,$$

$$v_2 = 3.43 + 22.11 + 70.97 + 163.59 = 260.1,$$

$$v_3 = 79.$$

Damit lauten die Normalgleichungen

$$353.87603\hat{x}_1 + 100.1266\hat{x}_2 + 30.041\hat{x}_3 = 914.856,$$

$$100.1266\ \hat{x}_1 + \ 30.041\ \hat{x}_2 + \ \ \ 10\hat{x}_3 = 260.1,$$

$$30.041\ \hat{x}_1 + \ \ \ \ 10\ \hat{x}_2 + \ \ \ \ 4\hat{x}_3 = 79.$$

Als eindeutige Lösungen erhält man (näherungsweise):

$$\hat{x}_1 = 2.672704913, \quad x_2 = -8494415827, \quad x_3 = 1.800921883$$

Das zugehörige Weg-Zeit-Gesetz lautet

$$s(t) = 2.672704913t^2 - 0.8494415827t + 1.800921883,$$

und wir erhalten die Fehlerquadratsumme

$$\sum_{i=1}^{4} (s_i - s(t_i))^2 = 0.02699101255.$$

Im allgemeinen ergibt sich die Fehlerquadratsumme aus (2.1.12) unter Berücksichtigung von (2.1.14) zu

$$\gamma(\hat{x}) = (b - A\hat{x})^T (b - A\hat{x}) = b^T b - \hat{x}^T A^T A\hat{x} = b^T b - \hat{x}^T N\hat{x} = b^T b - \hat{x}^T v,$$

wobei $v = N\hat{x}$ die rechte Seite der Normalgleichungen (2.1.7) $\Longleftrightarrow$ (2.1.14) ist. Die Formel

$$\gamma(\hat{x}) = b^T b - \hat{x}^T v \qquad\qquad\qquad (2.1.15)$$

liefert in unserem Beispiel näherungsweise den Wert

$$\gamma(\hat{x}) = 2366.5 - 2366.4732 = 0.0268.$$

Als nächstes betrachten wir <u>Probleme der nichtlinearen Ausgleichsrechnung</u>. Wir beginnen wieder mit einem <u>typischen Beispiel</u>: Es handelt sich dabei um ein Problem der Schallortung. Wir denken uns eine Schallquelle an einem unbekannten Ort mit den Koordinaten (x,y,z), von der zu einem unbekannten Zeitpunkt t ein Schall ausgeht, der sich in allen Richtungen mit der konstanten Geschwindigkeit c ausbreitet. Dieser Schall wird an bekannten Orten mit den Koordinaten (x_i, y_i, z_i) zu Zeitpunkten t_i für $i = 1, \ldots, n$ gemessen. Wären die Messungen genau, so wären die Gleichungen

$$t_i - t = \frac{1}{c}\sqrt{(x-x_i)^2 + (y-y_i)^2 + (z-z_i)^2} \qquad (2.1.16)$$

für $i=1,\ldots,n$ exakt erfüllt, und man könnte im Falle $n\geq 4$ die 4 Unbekannten x,y,z,t aus 4 dieser Gleichungen berechnen. Im Falle $n\geq 4$ wären dann die restlichen Gleichungen exakt erfüllt. Da die Messungen jedoch fehlerhaft sind, ersetzen wir wiederum die Gleichungen (2.1.16) durch

$$\varepsilon_i = t_i - t - \frac{1}{c}\sqrt{(x-x_i)^2 + (y-y_i)^2 + (z-z_i)^2}$$

für $i=1,\ldots,n$ und versuchen, x,y,z,t so zu bestimmen, daß die Fehlerquadratsumme $\sum\limits_{i=1}^{n} \varepsilon_i^2$ möglichst klein wird.

Definiert man

$$\gamma(x,y,z,t) = \sum\limits_{i=1}^{n}\left[t_i - t - \frac{1}{c}\sqrt{(x-x_i)^2 + (y-y_i)^2 + (z-z_i)^2}\right]^2 ,$$

so wird nach einem Quadrupel $(\hat{x},\hat{y},\hat{z},\hat{t})$ gefragt, für das gilt

$$\gamma(\hat{x},\hat{y},\hat{z},\hat{t}) \leq \gamma(x,y,z,t) \quad \text{für alle } (x,y,z,t)^T \in \mathbb{R}^4 .$$

Dieses Problem ist ein Spezialfall der folgenden allgemeineren Fragestellung: Vorgegeben sind n Funktionen $y_i = y_i(x)$, $i=1,\ldots,n$, für $x\in\mathbb{R}^m$, wobei $m\leq n$ ist. Gesucht ist ein $\hat{x}\in\mathbb{R}^m$ mit

$$\sum\limits_{i=1}^{n} y_i(\hat{x})^2 \leq \sum\limits_{i=1}^{n} y_i(x)^2 \quad \text{für alle } x\in\mathbb{R}^m . \qquad (2.1.17)$$

Im Beispiel der Schallortung ist $m=4$, $x_1=x, x_2=y$, $x_3=z, x_4=t$ und

$$y_i(x_1,x_2,x_3,x_4) = t_i - t - \frac{1}{c}\sqrt{(x-x_i)^2(y-y_i)^2 + (z-z_i)^2} \quad \text{für } i=1,\ldots,n, \quad n\geq 4 .$$

Setzt man

$$\gamma(x) = \sum\limits_{j=1}^{n} y_j(x)^2, \quad x\in\mathbb{R}^m, \qquad (2.1.18)$$

so ist ein $\hat{x}\in\mathbb{R}^m$ mit (2.1.4) gesucht. Wir denken uns ein solches $\hat{x}$ vorgegeben und definieren wiederum für jedes $i=1,\ldots,m$

$$f_i(x) = \gamma(\hat{x}_1,\ldots,\hat{x}_{i-1},x,\hat{x}_{i+1},\ldots,\hat{x}_m), \quad x\in\mathbb{R} .$$

Aus (2.1.4) folgt dann wieder notwendig (2.1.5). Wir nehmen jetzt an, daß für jedes $y_j = y_j(x), j=1,\ldots,n$, alle partiellen Ableitungen

$$\frac{\partial y_j}{\partial x_i}(x) = \lim_{h\to o} \frac{y_j(x_1,\ldots,x_{i-1}x_i+h,x_{i+1},\ldots,x_m) - y_j(x)}{h}$$

für $i=1,\ldots,m$ existieren. Dann folgt aus der Kettenregel

$$\frac{\partial \gamma}{\partial x_i}(x) = f_i'(x_i)\, 2 \sum\limits_{j=1}^{n} y_j(x)\frac{\partial y_j}{\partial x_i}(x), \quad i=1,\ldots,m,$$

und die notwendige Bedingung (2.1.6) für das Bestehen von (2.1.5) lautet

$$\sum_{j=1}^{n} y_j(\hat{x}) \frac{\partial y_j}{\partial x_i}(\hat{x}) = 0, \quad i=1,\ldots,m. \qquad (2.1.19)$$

Diese Gleichungen enthalten die Normalgleichungen (2.1.7) als Spezialfall, der sich für

$$y_j(x) = b_j - \sum_{k=1}^{m} a_k x_k, \quad j=1,\ldots,n,$$

ergibt (Übung).

Sie sind im allgemeinen nur notwendig dafür, daß $\hat{x} \in \mathbb{R}^m$ eine Lösung von (2.1.4) ist, und nicht wie im Falle der linearen Ausgleichsrechnung auch hinreichend. Auch ist die eindeutige Lösbarkeit von (2.1.19) nicht wie bei (2.1.7) sichergestellt. Die notwendigen Bedingungen (2.1.19) für $\hat{x} \in \mathbb{R}^m$ mit (2.1.4) stellen im allgemeinen ein nichtlineares Gleichungssystem dar, dessen Lösung ebenso schwierig ist wie eine direkte Minimierung der durch (2.1.18) gegebenen Funktion $\gamma = \gamma(x)$.

Im Fall der Schallortung lautet (2.1.19) folgendermaßen:

$$\sum_{i=1}^{n} [t_i - t - \frac{1}{c} W_i(x,y,z)] \frac{x-x_i}{c W_i(x,y,z)} = 0.$$

$$\sum_{i=1}^{n} [t_i - t - \frac{1}{c} W_i(x,y,z)] \frac{y-y_i}{c W_i(x,y,z)} = 0,$$

$$\sum_{i=1}^{n} [t_i - t - \frac{1}{c} W_i(x,y,z)] \frac{z-z_i}{c W_i(x,y,z)} = 0,$$

$$\sum_{i=1}^{n} [t_i - t - \frac{1}{c} W_i(x,y,z)] = 0,$$

wobei

$$W_i(x,y,z) = \sqrt{(x-x_i)^2 + (y-y_i)^2 + (z-z_i)^2}.$$

Wir wollen auf die Lösung von (2.1.19) hier nicht näher eingehen, da wir später auf die Lösung des Problems der nichtlinearen Ausgleichsrechnung noch zurückkommen werden. Wir wollen hier nur noch bemerken, daß man, genau genommen, beim Problem der Schallortung noch die Bedingungen $t_i > t$ für alle $i=1,\ldots,n$ hinzunehmen müßte, da die Zeitpunkte t_i von der Problemstellung her nicht vor t liegen oder gleich t sein können, wenn man den Fall ausschließt, daß sich die Schallquelle in einem der Punkte (x_i,y_i,z_i) befindet. Derartige Bedingungen erfaßt man im allgemeinen nichtlinearen Ausgleichsproblem dadurch, daß man die durch (2.1.18) gegebene Funktion $\gamma = \gamma(x)$ nicht auf dem ganzen $\mathbb{R}^m$ sondern auf einer offenen Teilmenge V zum Minimum macht, im Fall der Schallortung z.B. auf der Menge $V = \{ (x,y,z,t)^T \in \mathbb{R}^4 \mid t < \min_{i=1,\ldots,n} t_i \}$.

2.2. Minimierung differenzierbarer Funktionen

2.2.1. Der allgemeine Fall

Die im Abschnitt 2.1. betrachteten Probleme der Ausgleichsrechnung sind
Spezialfälle der folgenden Fragestellung. Sei V eine nichtleere offene
Teilmenge des $\mathbb{R}^m$, d.h. zu jedem $x \in V$ gibt es eine Kugel vom Radius $\rho > 0$
um x,

$$K(x,\rho) = \{y \in \mathbb{R}^m \mid |y-x|_2 = (\sum_{i=1}^{m} (y_i - x_i)^2)^{1/2} < \rho\}, \tag{2.2.1}$$

die ganz zu V gehört. Vorgegeben sei weiterhin eine Funktion $\varphi = \varphi(x)$ für
$x \in V$. Gesucht ist ein $\hat{x} \in V$ mit

$$\varphi(\hat{x}) \leq \varphi(x) \quad \text{für alle } x \in V. \tag{2.2.2}$$

Jeder solche Punkt $\hat{x} \in V$ heißt __Minimalpunkt__ oder auch __Minimalstelle__ von
φ auf V.

Solche Minimalpunkte brauchen nicht zu existieren.

Zum Beispiel für

$$V = \{x \in \mathbb{R}^m \mid x_i > o, \ i=1,\ldots,m\}$$

nimmt $\varphi(x) = \ln\,'(x_1 + \ldots + x_m)$ auf V negative Werte mit beliebig großem Be-
trag an. Aber selbst, wenn φ auf V nach unten beschränkt ist, braucht
das __Infimum von φ auf V__, d.h. die größte untere Schranke für alle Zahlen
$\varphi(x)$ mit $x \in V$, für kein $x \in V$ angenommen zu werden. Ein Beispiel dafür ist

$$\varphi(x) = e^{x_1 + \ldots + x_m} \quad \text{auf } V = \mathbb{R}^m.$$ Das Infimum von φ auf $V = \mathbb{R}^m$ ist Null. Es gibt
aber kein $x \in \mathbb{R}^m$ mit $\varphi(x) = o$.

Um die Existenz von Minimalpunkten zu sichern, benötigt man zusätzliche
Annahmen. Für viele Anwendungen reicht der folgende Satz aus.

__Satz 2.2.1:__ Die Funktion φ sei auf V stetig, und es gebe ein $x^o \in V$ derart,
daß die Menge

$$V^o = \{x \in V \mid \varphi(x) \leq \varphi(x^o)\}$$

abgeschlossen und beschränkt ist. Dann besitzt φ einen Minimalpunkt auf V.

__Beweis:__ Das Infimum von φ auf V ist offenbar dasselbe wie das Infimum
von φ auf V^o und wird nach einem Satz von Weierstraß auf V^o angenommen.

Eine Funktion φ kann auf V mehrere Minimalpunkte haben, z.B. hat für zwei
verschiedene Punkte $a,b \in \mathbb{R}^m$

$$\varphi(x) = (\sum_{i=1}^{m} (x_i - a_i)^2)(\sum_{i=1}^{m} (x_i - b_i)^2)$$

die beiden verschiedenen Minimalpunkte $\hat{x} = a$ und $\hat{x} = b$. Die Eindeutigkeit von
Minimalpunkten erfordert ebenfalls zusätzliche Annahmen über φ, worauf
wir später noch zurückkommen werden.

Wichtig ist der Begriff des lokalen Minimalpunktes, der wie folgt defi-
niert ist: Ein Punkt $\hat{x} \in V$ heißt <u>lokaler Minimalpunkt von φ auf V</u>, wenn
es eine Kugel $K(\hat{x},\rho)$ (2.2.1) vom Radius $\rho > o$ um $\hat{x}$ gibt mit $K(\hat{x},\rho) \subseteq V$ und

$$\varphi(\hat{x}) \leq \varphi(x) \quad \text{für alle } x \in K(\hat{x},\rho). \tag{2.2.3}$$

Jeder Minimalpunkt von φ auf V ist offenbar auch ein lokaler Minimalpunkt von φ auf V. Die Umkehrung ist im allgemeinen falsch. Zum Beispiel
gilt für

$$\varphi(x) = \frac{1}{1 - \sum\limits_{i=1}^{m} (x_i - a_i)^2}$$

$\varphi(x) \geq 1$ für alle $x \in \mathbb{R}^m$ mit $\sum\limits_{i=1}^{m} (x_i - a_i)^2 < 1$ und

$\varphi(x) < o$ für alle $x \in \mathbb{R}^m$ mit $\sum\limits_{i=1}^{m} (x_i - a_i)^2 > 1$.

Definiert man
$$V = \{x \in \mathbb{R}^m \mid \sum\limits_{i=1}^{m} (x_i - a_i)^2 \neq 1\},$$

so ist $\hat{x} = a$ wegen

$$\varphi(\hat{x}) = 1 \leq \varphi(x) \quad \text{für alle } x \in K(\hat{x},1)$$

ein lokaler Minimalpunkt von φ auf V, aber offensichtlich kein Minimalpunkt.

Eine wichtige Klasse von Funktionen, für die jeder lokale Minimalpunkt
auch ein Minimalpunkt ist, sind die sog. konvexen Funktionen, auf die
wir in Abschnitt 2.2.2. eingehen werden.

Eine <u>notwendige Bedingung für einen lokalen Minimalpunkt</u> (und damit auch
für einen Minimalpunkt) liefert der folgende

<u>Satz 2.2.2:</u> Sei $\hat{x} \in V$ ein lokaler Minimalpunkt von φ auf V derart, daß alle
partiellen Ableitungen

$$\frac{\partial \varphi}{\partial x_i}(\hat{x}) = \lim_{h \to o} \frac{\varphi(\hat{x}_1, \ldots, \hat{x}_{i-1}, \hat{x}_i + h, \hat{x}_{i+1}, \ldots, \hat{x}_m) - \varphi(\hat{x})}{h}$$

existieren für $i = 1, \ldots, m$. Dann ist notwendig

$$\varphi_{x_i}(\hat{x}) = \frac{\partial \varphi}{\partial x_i}(\hat{x}) = o \quad \text{für } i = 1, \ldots, m. \tag{2.2.4}$$

<u>Beweis:</u> Wir definieren

$$\text{grad } \varphi(\hat{x}) = (\varphi_{x_1}(\hat{x}), \ldots, \varphi_{x_m}(\hat{x}))^T$$

und nehmen an, es sei

$$\text{grad } \varphi(\hat{x}) \neq \Theta_m,$$

d.h. die Aussage (2.2.4) sei nicht wahr.

Dann wählen wir irgendein $h \in \mathbb{R}^m$ mit

$$h^T \text{grad } \varphi(\hat{x}) < o,$$

z.B. $h = -\text{grad } \varphi(\hat{x})$. Wählt man $\lambda_h > o$ genügend klein, so ist $\hat{x} + \lambda h \in K(\hat{x}, \rho)$ für alle $\lambda \in [o, \lambda_h]$, wobei $K(\hat{x}, \rho) \subseteq V$ eine Kugel vom Radius $\rho > o$ um $\hat{x}$ ist, für die (2.2.3) gilt (nach Voraussetzung gibt es so eine Kugel). Definiert man

$$f(\lambda) = \varphi(\hat{x} + \lambda h) \quad \text{für } \lambda \in [o, \lambda_h],$$

so existiert $f'(o) = \dfrac{df}{d\lambda}(o)$ und ist gegeben durch

$$f'(o) = \sum_{i=1}^{m} \varphi_{x_i}(\hat{x}) h_i = h^T \text{grad } \varphi(\hat{x}) < o.$$

Wegen

$$f'(o) = \lim_{\lambda \to o+} \frac{f(\lambda) - f(o)}{\lambda} = \lim_{\lambda \to o+} \frac{\varphi(\hat{x} + \lambda h) - \varphi(\hat{x})}{\lambda}$$

folgt für genügend kleines $\lambda \in (o, \lambda_h]$, daß

$$\varphi(\hat{x} + \lambda h) - \varphi(\hat{x}) < o => \varphi(\hat{x} + \lambda h) < \varphi(\hat{x})$$

ist. Das ist aber ein Widerspruch gegen (2.2.3) und $\hat{x} + \lambda h \in K(\hat{x}, \rho)$. Damit ist die Annahme grad $\varphi(\hat{x}) \neq \Theta_m$ falsch und (2.2.4) bewiesen. Die Bedingung (2.2.4) ist im allgemeinen nicht hinreichend dafür, daß $\hat{x} \in V$ ein lokaler Minimalpunkt von φ auf V ist. Punkte $\hat{x} \in V$ mit (2.2.4) nennt man <u>statio-</u><u>näre Punkte von φ auf V</u>. Zum Beispiel für

$$\varphi(x_1, x_2) = x_1^2 - x_2^2 \tag{2.2.5}$$

ist $\hat{x} = (o, o)^T$ ein stationärer Punkt von φ auf $V = \mathbb{R}^2$, aber kein lokaler Minimalpunkt (Übung). Um sicherzustellen, daß ein stationärer Punkt auch ein lokaler Minimalpunkt ist, braucht man also weitere Annahmen für φ.

Eine Aussage, die für viele Anwendungen nützlich ist, liefert der folgende

<u>Satz 2.2.3:</u> Sei $\hat{x} \in V$ derart vorgegeben, daß für alle x aus einer passenden Kugel $K(\hat{x}, \rho) \subseteq V$ um $\hat{x}$ vom Radius $\rho > o$ alle zweiten partiellen Ableitungen

$$\frac{\partial^2 \varphi}{\partial x_j \partial x_k}(x) = \lim_{h \to o} \frac{\varphi_{x_k}(x_1, \ldots, x_{j-1}, x_j + h, x_{j+1}, \ldots, x_m) - \varphi_{x_k}(x)}{h}$$

für $j, k = 1, \ldots, m$ existieren und stetig von x abhängen. Weiterhin sei die sog. <u>Hesse-Matrix</u>

$$H(\hat{x}) = \begin{pmatrix} \varphi_{x_1 x_1}(\hat{x}) \ldots \ldots \varphi_{x_1 x_m}(\hat{x}) \\ \vdots \\ \varphi_{x_m x_1}(\hat{x}) \ldots \varphi_{x_m x_m}(\hat{x}) \end{pmatrix} \tag{2.2.6}$$

<u>positiv definit</u>, d.h. es gelte

$h^T H(\hat{x})h \geq o$ für alle $h \in \mathbb{R}^m$

und

$h^T H(\hat{x})h = o$ genau dann, wenn $h = \Theta_m$ ist.

Ist dann $\hat{x}$ ein stationärer Punkt von φ auf V, so ist $\hat{x}$ auch ein lokaler Minimalpunkt von φ auf V.

<u>Beweis</u>: Sei S die Einheitssphäre in $\mathbb{R}^m$, d.h.

$$S = \{h \in \mathbb{R}^m \mid |h|_2 = (\sum_{i=1}^{m} h_i^2)^{1/2} = 1\}.$$

Da $h \rightarrow h^T H(\hat{x})h$, eine stetige Funktion und S eine abgeschlossene beschränkte Menge ist, gibt es nach einem Satz von Weierstraß (der schon im Beweis von Satz 2.2.1 benutzt wurde) ein $\hat{h} \in S$ mit

$$o < \hat{h}^T H(\hat{x})h = m = \min\{h^T H(\hat{x})h \mid h \in S\}.$$

Da die Funktion $\binom{x}{h} \rightarrow h^T H(x)h$ auf $K(\hat{x},\rho) \times S$ stetig ist, gibt es ein $\hat{\rho} \in (o,\rho)$ mit

$$h^T H(x)h \geq \frac{m}{2} \quad \text{für alle } x \in K(\hat{x},\hat{\rho}) \text{ und alle } h \in S.$$

Hieraus folgt

$$h^T H(x)h > o \quad \text{für alle } x \in K(\hat{x},\hat{\rho}) \text{ und alle } h \in \mathbb{R}^m$$

mit $h \neq \Theta_m$, d.h. die Hesse-Matrix $H(x)$ ist für jedes $x \in K(\hat{x},\hat{\rho})$ positiv definit. Nach Konstruktion ist weiter $K(\hat{x},\hat{\rho}) \subseteq V$. Nun sei $x \in K(\hat{x},\hat{\rho})$ mit $x \neq \hat{x}$ beliebig vorgegeben. Dann folgt aus der Taylorschen Formel für $h = x - \hat{x}\ (\neq \Theta_m)$

$$\varphi(x) - \varphi(\hat{x}) = \underbrace{h^T \text{grad}\varphi(\hat{x})}_{=o} + \tfrac{1}{2}h^T H(\hat{x}+\lambda_h h)h$$

für ein $\lambda_h \in (o,1)$. Wegen $\hat{x}+\lambda_h h \in K(\hat{x},\hat{\rho})$ folgt daher

$$h^T H(\hat{x}+\lambda_h h)h > o \quad \text{und somit } \varphi(x) > \varphi(\hat{x}),$$

was den Beweis vollendet.

<u>Bemerkungen</u>:

1) Aus dem Beweis ergibt sich, daß unter den Voraussetzungen von Satz 2.2.3 der Punkt $\hat{x}$ sogar ein <u>strikter lokaler Minimalpunkt</u> von φ auf V ist, d.h. es gibt ein $\hat{\rho} > o$ mit $K(\hat{x},\hat{\rho}) \subseteq V$ und

$$\varphi(\hat{x}) < \varphi(x) \quad \text{für alle } x \in K(\hat{x},\hat{\rho}) \text{ mit } x \neq \hat{x}.$$

2) Aus dem Beweis von Satz 2.2.3 ergibt sich auch der folgende

<u>Satz 2.2.4</u>: Sei $\hat{x} \in V$ derart vorgegeben, daß für alle x aus einer passenden Kugel $K(\hat{x},\rho) \subseteq V$ um $\hat{x}$ vom Radius $\rho > o$ die zweiten partiellen Ablei-

tungen $\frac{\partial^2\varphi}{\partial x_j \partial x_k}(x)$ für $j,k=1,\ldots,m$ existieren und stetig von x abhängen.

Weiterhin sei die Hesse-Matrix $H(x)$ für jedes $x\in K(\hat{x},\rho)$ positiv definit (positiv semi-definit, d.h. es gelte $h^T H(x)h\geqq o$ für alle $h\in\mathbb{R}^m$).

Ist dann $\hat{x}$ ein stationärer Punkt von φ auf V, so ist $\hat{x}$ auch ein strikter lokaler Minimalpunkt (lokaler Minimalpunkt) von φ auf V.

<u>Beweis</u>=Übung (Inspektion des Beweises von Satz 2.2.3).

3) Existieren die zweiten partiellen Ableitungen $\frac{\partial^2\varphi}{\partial x_j \partial x_k}(x)$, $j,k=1,\ldots,m$,

für alle x aus einer Kugel $K(\rho,\hat{x})\subseteq V$ um $\hat{x}$ vom Radius $\rho>o$ und sind dort stetig, so ist die positive Semi-Definitheit der Hesse-Matrix $H(\hat{x})$ notwendig dafür, daß $\hat{x}$ ein lokaler Minimalpunkt von φ auf V ist. Gäbe es nämlich ein $h\in\mathbb{R}^m$ mit $h^T H(\hat{x})h<o$, so denken wir uns $\lambda_h>o$ so klein gewählt, daß $\hat{x}+\lambda h\in K(\hat{x},\rho)$ ist für alle $\lambda\in(o,\lambda_h)$. Wegen $\mathrm{grad}\,\varphi(\hat{x})=\Theta_m$ (nach Satz 2.2.1) wäre dann auf Grund der Taylorschen Formel

$$\varphi(\hat{x}+\lambda h)-\varphi(\hat{x})=\frac{1}{2}\lambda^2 h^T H(x_\lambda)h$$

für alle $\lambda\in(o,\lambda_h)$ und ein passendes $x_\lambda\in[\hat{x},\hat{x}+\lambda h]=$ Verbindungsstrecke von $\hat{x}$ und $\hat{x}+\lambda h$. Auf Grund der angenommenen Stetigkeit der zweiten partiellen Ableitungen folgt

$$\lim_{\lambda\to o+} h^T H(x_\lambda)h=h^T H(\hat{x})h<o.$$

Für genügend kleines $\lambda\in(o,\lambda_h)$ ist daher

$$\varphi(\hat{x}+\lambda h)-\varphi(\hat{x})<o\Rightarrow\varphi(\hat{x}+\lambda h)<\varphi(\hat{x}),$$

ein Widerspruch dazu, daß $\hat{x}$ ein lokaler Minimalpunkt von φ auf V ist.

2.2.2. <u>Der Fall konvexer Funktionen</u>

Es wurde bereits in Abschnitt 2.2.1. darauf hingewiesen, daß für konvexe Funktionen lokale Minimalpunkte zugleich auch globale Minimalpunkte sind, was allerdings noch einer Präzisierung in Bezug auf den Definitionsbereich bedarf. Weiter wird sich herausstellen, daß für differenzierbare konvexe Funktionen, die Bedingung (2.2.4) auch hinreichend für einen lokalen Minimalpunkt ist.

Zunächst geben wir die Definition für eine konvexe Funktion. Dazu denken wir uns zunächst eine nicht-leere <u>konvexe Menge</u> $V\subseteq\mathbb{R}^m$ vorgegeben (vgl. Abschnitt 1.2.2.).

<u>Definition</u>: Eine Funktion $\varphi:V\to\mathbb{R}$ heißt <u>auf V konvex</u>, falls für jedes Paar $x,y\in V$ und jede reelle Zahl $\lambda\in[o,1]$ gilt:

$$\varphi(\lambda x+(1-\lambda)y)\leqq\lambda\varphi(x)+(1-\lambda)\varphi(y). \tag{2.2.7}$$

Beispiele konvexer Funktionen für $m=1$ und $V=[a,b]$ finden sich in der folgenden Abbildung 2.2:

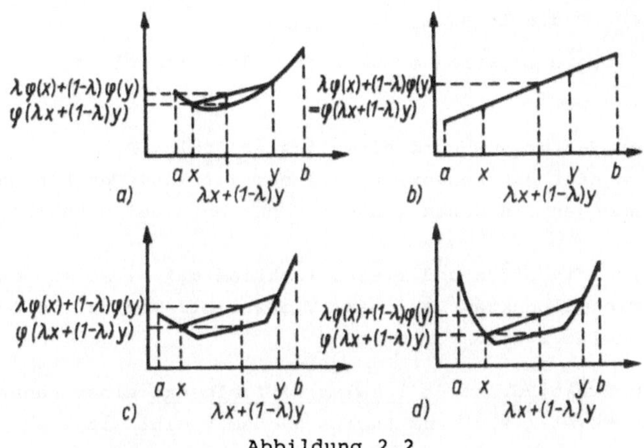

Abbildung 2.2

a)   φ   ist strikt konvex (vgl. spätere Definition)

b)   φ   ist affin linear

c)   φ   ist stückweise affin-linear

d)   φ   ist stückweise strikt konvex und affin-linear

Anschaulich bedeutet (2.2.7), daß die Verbindungssehne zwischen $\varphi(x)$ und $\varphi(y)$ für jede zwei Punkte $x,y \in V$ höchstens über dem Graphen der Funktion φ über der Verbindungsstrecke zwischen x und y liegt.

Ist V <u>nicht konvex</u>, so braucht die Verbindungsstrecke zwischen x' und y nicht ganz zu V zu gehören. In dem Fall definieren wir die Konvexität folgendermaßen: Eine Funktion $\varphi:V\to R$ heißt <u>auf V konvex,</u> falls für jedes Paar $x,y, \in V$ und jede reelle Zahl $\lambda \in [o,1]$ derart, <u>daß $\lambda x+(1-\lambda)y \in V$ ist</u>, die Aussage (2.2.7) gilt.

Eine Funktion $\varphi:V\to R$ heißt <u>auf V konkav,</u> wenn $-\varphi$ auf V konvex ist. Das ist gleichbedeutend damit, daß für jedes Paar $x,y \in V$ und jede reelle Zahl $\lambda \in [o,1]$ mit $\lambda x+(1-\lambda)y \in V$ gilt:

$$\varphi(\lambda x+(1-\lambda)y) \geq \lambda \varphi(x)+(1-\lambda)\varphi(y).$$

Eine Funktion $\varphi:V\to \mathbb{R}$ heißt <u>auf V affin-linear,</u> wenn φ auf V konvex und konkav ist. Das ist gleichbedeutend damit, daß für jedes Paar $x,y \in V$ und jede reelle Zahl $\lambda \in [o,1]$ mit $\lambda x+(1-\lambda)y \in V$ gilt (vgl.Abbildung 2.2.b)):

$$\varphi(\lambda x+(1-\lambda)y) = \lambda \varphi(x)+(1-\lambda)\varphi(y). \qquad (2.2.8)$$

Ohne Beweis nennen wir an dieser Stelle den folgenden

<u>Satz 2.2.5:</u> Sei $V=\mathbb{R}^m$.

a) Eine Funktion $\varphi:V\to\mathbb{R}$ ist genau dann affin-linear, wenn für alle Paare $x,y,\in V$ und alle $\lambda\in\mathbb{R}$ die Aussage (2.2.8) gilt.

b) Jede affin-lineare Funktion φ auf $\mathbb{R}^m$ hat die Darstellung

$$\varphi(x)=a^T x+\alpha, \quad x\in\mathbb{R}^m,$$

mit einem festen Vektor $a\in\mathbb{R}^m$ und einer festen Zahl $\alpha\in\mathbb{R}$.

Gewöhnlich betrachtet man konvexe Funktionen auf konvexen Mengen. Es gibt aber auch Anwendungen, in denen konvexe Funktionen auf nicht-konvexen Mengen auftreten.

Ist V nicht notwendig offen und φ eine Funktion auf V, so muß der Begriff eines lokalen Minimalpunktes von φ auf V etwas allgemeiner definiert werden als im Abschnitt 2.2.1.

Definition: Ein Punkt $\hat{x}\in V$ heißt **lokaler Minimalpunkt** einer Funktion φ auf V, wenn es eine Kugel $K(\hat{x},\rho)$ vom Radius $\rho>o$ um $\hat{x}$ gibt mit

$$\varphi(\hat{x})\leq\varphi(x) \quad \text{für alle } x\in V\cap K(\hat{x},\rho). \tag{2.2.9}$$

Ist V offen, so können wir ohne Beschränkung der Allgemeinheit annehmen, daß $K(\hat{x},\rho)\subseteq V$ ist, und erhalten die Definition in Abschnitt 2.2.1.

Satz 2.2.5': Sei V eine nichtleere konvexe Teilmenge von $\mathbb{R}^m$ und φ eine konvexe Funktion auf V.

Behauptung: Ein Punkt $\hat{x}\in V$ ist genau dann ein lokaler Minimalpunkt von φ auf V, wenn $\hat{x}$ ein Minimalpunkt von φ auf V ist.

Beweis: 1) Ist $\hat{x}\in V$ ein Minimalpunkt von φ auf V, so ist $\hat{x}$ offenbar auch ein lokaler Minimalpunkt von φ auf V; denn (2.2.9) gilt für jede Kugel $K(\hat{x},\rho)$ vom Radius $\rho>o$ um $\hat{x}$.

2) Ist $\hat{x}\in V$ ein lokaler Minimalpunkt von φ auf V, so gilt (2.2.9) für ein passendes $\rho>o$. Sei $x\in V$ vorgegeben. Ist $x\in K(\hat{x},\rho)$, so folgt $\varphi(\hat{x})\leq\varphi(x)$ aus (2.2.9). Ist $x\notin K(\hat{x},\rho)$, so ist $|x-\hat{x}|_2\geq\rho$, und für $o<\lambda<\rho\cdot|x-\hat{x}|_2^{-1}$ folgt $o<\lambda<1$. Setzt man $x_\lambda=\hat{x}+\lambda(x-\hat{x})=(1-\lambda)\hat{x}+\lambda x$, so ist $x_\lambda\in V$ wegen der Konvexität von V und $\varphi(x_\lambda)\leq\lambda\varphi(x)+(1-\lambda)\varphi(x)$. Weiter ist $|x_\lambda-\hat{x}|_2=\lambda|x-\hat{x}|_2<\rho$ und somit $x_\lambda\in K(\hat{x},\rho)$, was $\varphi(\hat{x})\leq\varphi(x_\lambda)$ und weiter

$$\varphi(\hat{x})\leq\lambda\varphi(x)+(1-\lambda)\varphi(\hat{x}),$$

mithin $\lambda\varphi(\hat{x})\leq\lambda\varphi(x)=>\varphi(\hat{x})\leq\varphi(x)$ impliziert. Das beendet den Beweis.

Die Konvexität von V ist bei diesem Satz unentbehrlich, wie das folgende Beispiel (für m=1) zeigt (vgl.Abbildung 2.3).φ ist konvex auf der nicht-konvexen Menge $V=[a,b]\cup[c,d]$. Der Punkt $\hat{x}=c$ ist ein lokaler Minimalpunkt von φ auf V, aber kein Minimalpunkt (Dieser ist $\hat{x}=b$).

Satz 2.2.6: Sei V eine nichtleere offene Teilmenge von $\mathbb{R}^m$ und φ eine Funktion auf V derart, daß für ein $\hat{x}\in V$ alle partiellen Ableitungen

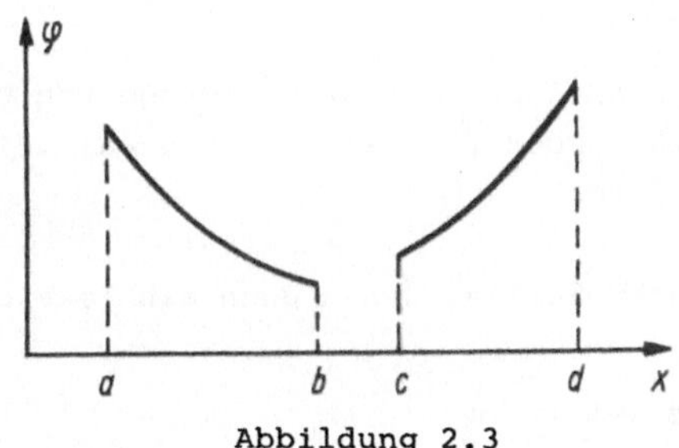

Abbildung 2.3

$\varphi_{x_i}(\hat{x})$, $i=1,\ldots,m$, existieren. Ist φ auf V konvex, so folgt für alle $x \in V$

$$\varphi(x)-\varphi(\hat{x}) \geq \operatorname{grad} \varphi(\hat{x})^T (x-\hat{x}) = \sum_{i=1}^{m} \varphi_{x_i}(\hat{x})(x_i-\hat{x}_i). \qquad (2.2.1o)$$

Beweis: Für $x=\hat{x}$ ist nichts zu beweisen. Sei daher $x \in V$ mit $x \neq \hat{x}$ vorgegeben. Da V offen ist, gibt es ein $\lambda_x > o$ mit $\lambda x+(1-\lambda)\hat{x}=\hat{x}+\lambda(x-\hat{x}) \in V$ für alle $\lambda \in (o,\lambda_x)$ und

$$\varphi(\hat{x}+\lambda(x-\hat{x}))=\varphi(\lambda x+(1-\lambda)\hat{x}) \leq$$
$$\lambda \varphi(x)+(1-\lambda)\varphi(\hat{x})=\varphi(\hat{x})+\lambda(\varphi(x)-\varphi(\hat{x})),$$

mithin

$$\frac{\varphi(\hat{x}+\lambda(x-\hat{x}))-\varphi(\hat{x})}{\lambda} \leq \varphi(x)-\varphi(\hat{x}).$$

Daraus folgt

$$\sum_{i=1}^{m} \varphi_{x_i}(\hat{x})(x_i-\hat{x}_i) = \lim_{\lambda \to o+} \frac{\varphi(\hat{x}+\lambda(x-\hat{x}))-\varphi(\hat{x})}{\lambda} \leq \varphi(x)-\varphi(\hat{x}),$$

was zu zeigen war.

Die anschauliche Bedeutung von (2.2.1o) zeigt für $m=1$ das folgende Bild:

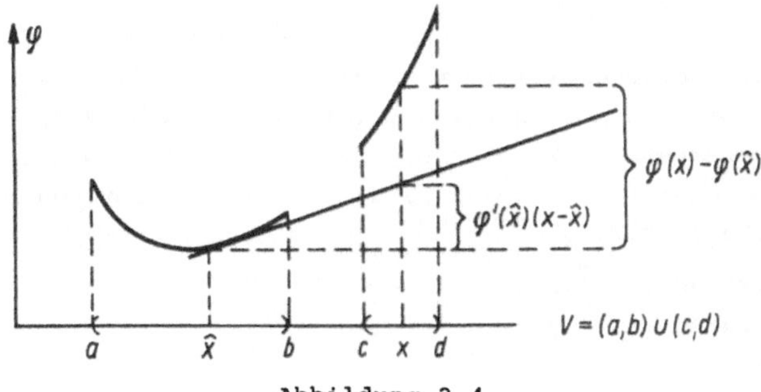

Abbildung 2.4

Eine einfache Folgerung aus den letzten beiden Sätzen ist jetzt der folgende

Satz 2.2.7: Sei V eine nichtleere offene Teilmenge von $\mathbb{R}^m$ und φ eine konvexe Funktion auf V derart, daß für alle $x \in V$ die partiellen Ableitungen $\varphi_{x_i}(x), i=1,\ldots,m$, existieren.

Behauptungen: a) Ein Punkt $\hat{x} \in V$ ist genau dann ein lokaler Minimalpunkt von φ auf V, wenn gilt

$$\varphi_{x_i}(\hat{x})=0 \text{ für alle } i=1,\ldots,m. \tag{2.2.4}$$

b) Ist V überdies konvex, so ist ein Punkt $\hat{x} \in V$ genau dann ein Minimalpunkt von φ auf V, wenn die Aussage (2.2.4) gilt.

Beweis: Die Behauptung b) folgt aus a) mit Satz 2.2.5. Ist $\hat{x} \in V$ ein lokaler Minimalpunkt von φ auf V, so gilt (2.2.4) nach Satz 2.2.2. Ist umgekehrt für ein $\hat{x} \in V$ die Aussage (2.2.4) gültig, so wählen wir ein beliebiges $\rho>0$ derart, daß $K(\hat{x},\rho) \subset V$ ist. Für jedes $x \in K(\hat{x},\rho)$ folgt dann mit Satz 2.2.6, daß $\varphi(x)-\varphi(\hat{x}) \geq 0$ ist, was den Beweis vollendet.

Die Definition der Konvexität einer Funktion eignet sich im allgemeinen nicht sehr gut zur Überprüfung dieser Eigenschaft. Für differenzierbare Funktionen gilt der folgende

Satz 2.2.8: Sei V eine nichtleere offene und konvexe Teilmenge des $\mathbb{R}^m$.

a) Eine Funktion $\varphi:V \to \mathbb{R}$, die für jedes $x \in V$ alle partiellen Ableitungen $\varphi_{x_i}(x), i=1,\ldots,n$, besitzt, ist genau dann konvex auf V, wenn für jedes $\hat{x} \in V$ die Aussage (2.2.10) gilt.

b) Eine Funktion $\varphi:V \to \mathbb{R}$, die für jedes $x \in V$ stetige zweite partielle Ableitungen $\varphi_{x_i x_j}(x)$, $i,k=1,\ldots,m$, besitzt, ist genau dann konvex auf V, wenn die durch (2.2.6) definierte Hesse-Matrix $H(x)$ für jedes $\hat{x} \in V$ positiv semidefinit ist.

Beweis: Zu a) Die Notwendigkeit der Aussage (2.2.10) für die Konvexität von φ auf V ergibt sich aus Satz 2.2.6 (hierbei braucht V nicht konvex zu sein). Sei umgekehrt (2.2.10) für jedes $\hat{x} \in V$ erfüllt. Wählt man $x,y \in V$ und $\lambda \in [0,1]$, so folgt für $z=\lambda x+(1-\lambda)y$ aus der Konvexität von V, daß $z \in V$ ist, und weiter aus (2.2.10)

$$\varphi(x)-\varphi(z) \geq \text{grad } \varphi(z)^T (x-z),$$
$$\varphi(y)-\varphi(z) \geq \text{grad } \varphi(z)^T (y-z),$$

mithin

$$\lambda\varphi(x)+(1-\lambda)\varphi(y)-\varphi(z)$$
$$\geq \mathrm{grad}\varphi(z)^T(\lambda x+(1-\lambda)y-z)=o,$$

was zu zeigen war.

Zu b): Hier benutzen wir den bekannten Satz, daß eine zweimal stetig differenzierbare reellwertige Funktion f auf einem offenen Intervall (a,b), a<b, genau dann konvex auf (a,b) ist, wenn gilt $f''(\lambda)\geq o$ für alle $\lambda\in(a,b)$.

Sei φ konvex auf V. Zu einem beliebig vorgegebenen Punkt $\hat{x}\in V$ und einem beliebig vorgegebenen Vektor $h\in\mathbb{R}^m$ definieren wir dann die reelle Funktion

$$f(\lambda)=\varphi(\hat{x}+\lambda h).$$

Wegen der Offenheit von V ist diese auf einem offenen Intervall (a,b) definiert, das O im Innern enthält. Sie ist auch konvex auf (a,b) (Übung) und zweimal stetig differenzierbar, wobei sich die Ableitungen wie folgt berechnen:

$$f'(\lambda)=\mathrm{grad}\varphi(\hat{x}+\lambda h)^T h,$$
$$f''(\lambda)=h^T H(\hat{x}+\lambda h)h, \quad \lambda\in(a,b).$$

Da f auf (a,b) konvex ist, folgt aus dem genannten Satz, daß $f''(\lambda)\geq o$ ist für alle $\lambda\in(a,b)$. Speziell für $\lambda=o$ folgt $h^T H(\hat{x})h\geq o$. Da $\hat{x}\in V$ und $h\in\mathbb{R}^m$ beliebig gewählt waren, ist $H(\hat{x})$ für alle $\hat{x}\in V$ positiv semi-definit (die Konvexität von V wurde nicht benuzt). Sei das umgekehrt der Fall. Dann wählen wir zwei Punkte $x,y\in V$ beliebig und setzen h=y-x. Definiert man wiederum $f(\lambda)=\varphi(x+\lambda h)$, so ist f auf Grund der Offenheit und Konvexität von V auf einem offenen Intervall (a,b) definiert, welches das Intervall [o,1] enthält. Nach Annahme ist

$$f''(\lambda)=h^T H(x+\lambda h)h\geq o$$

für alle $\lambda\in(a,b)$. Damit ist f insbesondere auf [o,1] konvex, woraus für alle $\lambda\in[o,1]$ folgt, daß $\varphi(\lambda x+(1-\lambda)y)=f(1-\lambda)=f(\lambda\cdot o+(1-\lambda)\cdot 1)$

$$\leq\lambda f(o)+(1-\lambda)f(1)=\lambda\varphi(x)+(1-\lambda)\varphi(y)$$

ist, was den Beweis vollendet.

<u>Wichtige Beispiele</u> für konvexe Funktionen sind die sog. <u>quadratischen Funktionen</u> von der Form

$$\varphi(x)=\tfrac{1}{2}x^T Cx+c^T x+\gamma, \quad x\in\mathbb{R}^m, \qquad\qquad (2.2.11)$$

mit vorgegebener (reell-)symmetrischer m×m-Matrix C, vorgegebenem $c\in\mathbb{R}^m$ und $\gamma\in\mathbb{R}$. Offenbar ist H(x)=C für alle $x\in\mathbb{R}^m$ und daher φ nach Satz 2.2.8 genau dann konvex auf $\mathbb{R}^m$, wenn die Matrix C positiv semi-definit ist. Ist das der Fall, so ist $\hat{x}\in\mathbb{R}^m$ nach Satz 2.2.7 genau dann ein Minimalpunkt von φ (2.2.11) auf $\mathbb{R}^m$, wenn gilt $C\hat{x}+c=\Theta_m$. Wir wollen dieses Ergebnis auf

das Problem der linearen Ausgleichsrechnung in Abschnitt 2.2.1, anwenden.
Die dort zu minimierende Funktion (2.1.3) kann auch folgendermaßen geschrieben werden

$$\varphi(x)=(b-Ax)^T(b-Ax). \qquad (2.1.12)$$

Dabei ist b ein Vektor in $\mathbb{R}^n$ und A eine (reelle) n×m-Matrix. Offenbar
gilt

$$\varphi(x)=x^TA^TAx-2b^TAx+b^Tb,$$

so daß φ die Form (2.2.11) hat mit

$$C=2A^TA, \quad c=-2A^Tb, \quad \gamma=b^Tb.$$

Diese Matrix C ist symmetrisch und positiv semi-definit. Damit ist $\hat{x}\in\mathbb{R}^m$
genau dann ein Minimalpunkt von φ auf $\mathbb{R}^m$, wenn gilt

$$A^TA\hat{x}-A^Tb=\Theta_m. \qquad (2.1.14)$$

Das ist aber genau das System (2.1.7) der Normalgleichungen mit $N=A^TA$
und $v=A^Tb$.

Satz 2.2.9: Die Matrix A^TA ist genau dann positiv definit, wenn A den
(vollen) Rang m ($\leq$n) hat.

Beweis: 1) Sei A^TA positiv definit. Wäre der Rang von A kleiner als (die
Spaltenzahl) m, so gäbe es einen Vektor $x\in\mathbb{R}^m$ mit $x\neq\Theta_m$ und $Ax=\Theta_n$, mithin
$x^TA^TAx=0$, ein Widerspruch zur positiven Definitheit.

2) A habe den Rang m. Gäbe es ein $x\in\mathbb{R}^m$ mit $x\neq\Theta_m$ und $x^TA^TAx=0$, so wäre
$Ax=\Theta_n$, ein Widerspruch gegen die Rangvoraussetzung.

Die positive Definitheit von A^TA sichert die eindeutige Lösbarkeit von
(2.1.14) und damit die Existenz genau eines Minimalpunktes $\hat{x}\in\mathbb{R}^m$ von φ
(2.1.12) auf $\mathbb{R}^m$ (vgl.Satz 2.1.3).
Diese Aussage ist ein Spezialfall einer generellen Eindeutigkeitsaussage.
Um diese formulieren zu können, benötigen wir den Begriff der strikten
Konvexität einer Funktion. Dazu geben wir uns eine konvexe Menge V und
eine konvexe Funktion $\varphi:V\to\mathbb{R}$ vor.

Definition: φ heißt strikt konvex auf V, wenn für jedes Paar $x,y\in V$ mit
$x\neq y$ und jede Zahl $\lambda\in(o,1)$ notwendig gilt:

$$\varphi(\lambda x+(1-\lambda)y)<\lambda\varphi(x)+(1-\lambda)\varphi(y).$$

Auf Grund dieser Definition ist z.B. eine affin-lineare Funktion (vgl.
(2.2.8)) nicht strikt konvex.

Satz 2.2.1o: Ist V eine nichtleere konvexe Menge und $\varphi:V\to\mathbb{R}$ eine strikt
konvexe Funktion auf V, so gibt es höchstens einen Minimalpunkt von φ
auf V.

Beweis: Gäbe es zwei verschiedene Minimalpunkte $\hat{x}^1,\hat{x}^2 \in V$ von φ, so wäre für jedes $\lambda \in (0,1)$ $x=\lambda\hat{x}^1+(1-\lambda)\hat{x}^2 \in V$ und

$$\varphi(x) < \lambda\varphi(\hat{x}^1)+(1-\lambda)\varphi(\hat{x}^2)=\varphi(\hat{x}^1)=\varphi(\hat{x}^2),$$

ein Widerspruch.

In Analogie zu Satz 2.2.8 b) gilt der folgende

Satz 2.2.11: Eine Funktion $\varphi:V\to\mathbb{R}$ auf einer nichtleeren offenen und konvexen Teilmenge des $\mathbb{R}^m$, die für jedes $x\in V$ stetige zweite partielle Ableitungen $\varphi_{x_i x_j}(x)$, $i,j=1,\ldots,m$, besitzt, ist genau dann strikt konvex auf V, wenn die durch (2.2.6) definierte Hesse-Matrix $H(\hat{x})$ für jedes $\hat{x}\in V$ positiv definit ist.

Der Beweis wird völlig analog zu dem von Satz 2.2.8 b) geführt unter Benutzung des bekannten Satzes, daß eine zweimal stetig differenzierbare reellwertige Funktion f auf einem offenen Intervall (a,b), a<b, genau dann strikt konvex auf (a,b) ist, wenn gilt

$$f''(\lambda)>0 \quad \text{für alle } \lambda\in(a,b).$$

Nach Satz 2.2.11 ist eine quadratische Funktion (2.2.11) genau dann strikt konvex auf $\mathbb{R}^m$, wenn die Matrix C positiv definit ist, und speziell eine quadratische Funktion (2.1.12) genau dann strikt konvex auf $\mathbb{R}^m$, wenn die Matrix A den (vollen) Rang $m(\leq n)$ hat (vgl.Satz 2.2.9).

2.3. Abstiegsmethoden

2.3.1. Die Idee der Abstiegsmethoden

Wir betrachten die Aufgabe, eine Funktion φ auf einer nichtleeren offenen Teilmenge V des $\mathbb{R}^m$ zum Minimum zu machen, und nehmen an, daß φ in jedem Punkt $x\in V$ alle partiellen Ableitungen $\varphi_{x_i}(x)$, $i=1,\ldots,m$, besitzt.

Wir knüpfen an den Satz 2.2.2 an und denken uns einen Punkt $\hat{x}\in V$ derart vorgegeben, daß

$$\text{grad } \varphi(\hat{x}) \neq \Theta_m \tag{2.3.1}$$

ist. Dann ist $\hat{x}$ auf Grund von Satz 2.2.2 kein lokaler Minimalpunkt und damit auch kein Minimalpunkt von φ auf V.

Sei $h\in\mathbb{R}^m$ irgendein Vektor mit

$$h^T\text{grad } \varphi(\hat{x}) < 0, \tag{2.3.2}$$

z.B. $h=-\text{grad } \varphi(\hat{x})$.

Da V offen ist, gibt es ein $\lambda_h>0$ derart, daß gilt

$$\hat{x}+\lambda h\in V \quad \text{für alle } \lambda\in[0,\lambda_h], \tag{2.3.3}$$

und aus dem Beweis von Satz 2.2.2 geht hervor, daß für genügend kleines $\lambda\in(o,\lambda_h)$ gilt

$$\varphi(\hat{x}+\lambda h)<\varphi(\hat{x}).\tag{2.3.4}$$

Man nennt daher jeden Vektor $h\in\mathbb{R}^m$ mit (2.3.2) eine <u>Abstiegsrichtung von</u> φ <u>in</u> $\hat{x}\in V$. Den Vektor $h=-\text{grad }\varphi(\hat{x})$ nennt man (im Falle (2.3.1)) die <u>Richtung des steilsten Abstieges von</u> φ <u>in</u> $\hat{x}\in V$. Hat man ein $h\in\mathbb{R}^m$ mit (2.3.2) ermittelt und ein $\lambda_h>o$ mit (2.3.3) gefunden, so bestimmt man ein $\hat{\lambda}\in[o,\lambda_h]$ mit

$$\varphi(\hat{x}+\hat{\lambda}h)\leq\varphi(\hat{x}+\lambda h)$$
$$\text{für alle }\lambda\in[o,\lambda_h].\tag{2.3.5}$$

Ein solches $\hat{\lambda}\in[o,\lambda_h]$ gibt es, da die Funktion $f(\lambda)=\varphi(\hat{x}+\lambda h)$ auf $[o,\lambda_h]$ stetig ist. Auf Grund von (2.3.4) ist $\hat{\lambda}\in(o,\lambda_h]$ und

$$\varphi(\hat{x}+\hat{\lambda}h)<\varphi(\hat{x}).\tag{2.3.6}$$

Damit ist bereits ein Schritt <u>des allgemeinen Abstiegsverfahrens</u> beschrieben. Dieser besteht also (unter der Voraussetzung (2.3.1)) aus der Bestimmung einer <u>Abstiegsrichtung</u> $h\in\mathbb{R}^m$ mit (2.3.2) und einer <u>Schrittweite</u> $\hat{\lambda}>o$ mit $\hat{x}+\hat{\lambda}h\in V$ und (2.3.6), die z.B. durch Lösung der <u>eindimensionalen Minimierungsaufgabe</u> (2.3.5) gewonnen werden kann. Ist grad $\varphi(\hat{x}+\hat{\lambda}h)\neq\Theta_m$, so kann der Schritt wiederholt werden.

Oft ist λ_h in (2.3.3) beliebig groß wählbar, so daß man $\lambda_h=\infty$ setzen könnte (z.B., wenn $V=\mathbb{R}^m$ ist). Dann ist die Existenz eines $\hat{\lambda}$ mit (2.3.5) nicht ohne Weiteres garantiert. Wir wollen die Methode zunächst an einem einfachen Beispiel demonstrieren:

Sei

$$\varphi(x_1,x_2)=(x_1-3)^2+2x_2^2,\quad (x_1,x_2)^T\in\mathbb{R}^2.$$

Für jedes $x=(x_1,x_2)^T\in\mathbb{R}^2$ ist

$$\text{grad }\varphi(x)=\begin{pmatrix}2(x_1-3)\\4x_2\end{pmatrix}.$$

Wir beginnen mit $\hat{x}=\begin{pmatrix}1\\1\end{pmatrix}$ und erhalten grad $\varphi(\hat{x})=\begin{pmatrix}-4\\4\end{pmatrix}$. Wir wählen $h=-\text{grad }\varphi(\hat{x})=\begin{pmatrix}4\\-4\end{pmatrix}$ und erhalten

$$f(\lambda)=\varphi(\hat{x}+\lambda h)=(-2+4\lambda)^2+2(1-4\lambda)^2.$$

Notwendig und hinreichend für $\hat{\lambda}$ mit (2.3.5) ist $f'(\hat{\lambda})=0$, woraus man $\hat{\lambda}=\frac{1}{3}$ erhält. Damit ist

$$\hat{x}+\hat{\lambda}h=\begin{pmatrix}\frac{7}{3}\\-\frac{1}{3}\end{pmatrix}\quad\text{und grad }\varphi(\hat{x}+\hat{\lambda}h)=\begin{pmatrix}-\frac{4}{3}\\-\frac{4}{3}\end{pmatrix}.$$

Das Verfahren kann mit $\hat{x}=\begin{pmatrix} 7/3 \\ -1/3 \end{pmatrix}$ fortgesetzt werden und liefert als weite-

ren Punkt $\hat{x}+\hat{\lambda}h=\begin{pmatrix} 25/9 \\ 1/9 \end{pmatrix}$ (Übung).Der eindeutige Minimalpunkt von φ auf $\mathbb{R}^2$

ist der Punkt $\binom{3}{0}$. Anschaulich ergibt sich folgendes Bild:

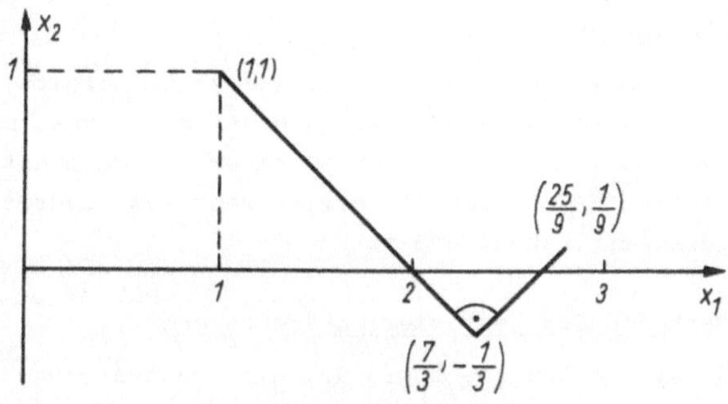

Abbildung 2.5

Der "Zick-Zack-Kurs" in diesem Bild ist typisch für die bei diesem Beispiel durchgeführte Methode des steilsten Abstieges. Wir kommen gleich
noch darauf zurück. Aus dem Bild geht hervor, daß die Richtung $h=(2,-1)^T$
direkt vom Ausgangspunkt $\hat{x}=(1,1)^T$ zum Minimalpunkt $(3,o)^T$ hinführen würde. Diese Richtung ist auch eine Abstiegsrichtung; denn es ist

$$h^T\text{grad }\varphi(\hat{x})=(2,-1)\begin{pmatrix} -1 \\ 4 \end{pmatrix} =-6<o.$$

Weiter ist

$$f(\lambda)=\varphi(\hat{x}+\lambda h)=(-2+2\lambda)^2+2(-1+\lambda)^2$$

und

$$f'(\hat{\lambda})= 4(-2+2\hat{\lambda})+4(-1+\hat{\lambda})=0$$

für $\hat{\lambda}=1$, mithin $\hat{x}+\hat{\lambda}h=\begin{pmatrix} 1 \\ 1 \end{pmatrix} +\begin{pmatrix} 2 \\ -1 \end{pmatrix} = \begin{pmatrix} 3 \\ 0 \end{pmatrix}$.

Bei der Methode des steilsten Abstieges stehen die Gradienten von φ in
jeweils zwei aufeinander folgenden Punkten senkrecht zueinander, wenn
man $\hat{\lambda}$ so bestimmt, daß

$$\frac{d}{d\lambda} \varphi(\hat{x}+\hat{\lambda}h)=0 \text{ ist (wie im obigen Beispiel);}$$

denn es ist

$$\frac{d}{d\lambda} \varphi(\hat{x}+\hat{\lambda}h)=\text{grad }\varphi(\hat{x}+\hat{\lambda}h)^T h=-\text{grad }\varphi(\hat{x}+\hat{\lambda}h)^T \text{ grad }\varphi(\hat{x}).$$

Hieraus erklärt sich auch der oben erwähnte "Zick-Zack-Kurs". Dieser
führt im allgemeinen zu einer sehr langsamen Annäherung an den gesuchten
Minimalpunkt. Diese Annäherung ist umso langsamer, je flachere Ellipsen
die Höhenlinien $\varphi(x_1,x_2)=\text{const}$ sind. Im Falle von Kreisen, z.B. für

$$\varphi(x_1,x_2)=(x_1-3)^2+x_2^2,$$

führt ein Schritt der Methode des steilsten Abstieges von jedem Ausgangspunkt direkt zum Minimalpunkt (Übung). Wir wollen auf Konvergenzfragen hier nicht näher eingehen und betrachten stattdessen

2.3.2. Einige Varianten

Das im vorigen Abschnitt behandelte Beispiel zeigt bereits, daß die Methode des steilsten Abstieges selbst bei quadratischen Funktionen im allgemeinen nicht in endlich vielen Schritten zu einem Minimalpunkt führt. Es gibt aber Abstiegsmethoden, die bei strikt konvexen quadratischen Funktionen diese Eigenschaft haben, und zwar

2.3.2.1. Die Methoden der konjugierten Richtungen

Wir legen zunächst die Aufgabe zugrunde, eine quadratische Funktion der Form (2.2.11) mit positiv definiter Matrix C auf $V=\mathbb{R}^m$ zum Minimum zu machen. Auf Grund der Ergebnisse von Abschnitt 2.2.2. gibt es genau einen Minimalpunkt $x\in\mathbb{R}^m$ von φ(2.2.11), und dieser ist die eindeutige Lösung von

$$\operatorname{grad}\ \varphi(\hat{x})=C\hat{x}+c=\Theta_m \qquad (2.3.7)$$

(Übung).

Definition: k+1 Vektoren $d^0,\ldots,d^k\in\mathbb{R}^m$ heißen <u>C-orthogonal</u> oder <u>C-konjugiert</u>, falls gilt

$$(d^i)^T C d^j=0 \ \text{ für alle } i\neq j \ \text{ aus } \{o,\ldots,k\}. \qquad (2.3.8)$$

Behauptung 1: Sind $d^0,\ldots,d^k\in\mathbb{R}^m$ C-konjugiert und von Θ_m verschieden, so sind sie linear unabhängig.

Beweis: Seien Zahlen $\alpha_o,\ldots,\alpha_k\in\mathbb{R}$ derart vorgegeben, daß gilt

$$\alpha_o d^0+\alpha_1 d^1+\ldots+\alpha_k d^k=\Theta_m.$$

Skalare Multiplikation mit d^i für $i=o,\ldots,k$ liefert dann in Verbindung mit (2.3.8)

$$\alpha_i(d^i)^T C d^i=0,$$

mithin $\alpha_i=0$ für $i=0,\ldots,k$, was den Beweis vollendet.

Wir denken uns zunächst m von Θ_m verschiedene C-konjugierte Vektoren $d^0,\ldots,d^{m-1}\in\mathbb{R}^m$ vorgegeben.
Beginnend mit einem beliebigen $x^0\in\mathbb{R}^m$, führen wir dann das folgende <u>Verfahren der konjugierten Richtungen</u> durch: Wir konstruieren Punkte $x^0,\ldots,x^m\in\mathbb{R}^m$ derart, daß wir zu vorliegendem x^k für $k=o,\ldots,m-1$

$$x^{k+1}=x^k+\lambda_k d^k \qquad (2.3.9)$$

setzen und dabei λ_k so wählen, daß

$$\varphi(x^k+\lambda_k d^k) \leq \varphi(x^k+\lambda d^k) \quad \text{für alle } \lambda \in \mathbb{R} \qquad (2.3.1o)$$

gilt, was mit

$$O=\frac{d}{d\lambda}\varphi(x^k+\lambda_k d^k)=\text{grad } \varphi(x^k+\lambda_k d^k)^T d^k$$

$$=(C(x^k+\lambda_k d^k)+c)^T d^k=\lambda_k(d^k)^T Cd^k+(g^k)^T d^k$$

gleichbedeutend ist, wenn man

$$g^k=Cx^k+c \qquad (2.3.11)$$

setzt, oder auch mit

$$\lambda_k=-\frac{(g^k)^T d^k}{(d^k)^T Cd^k} \qquad (2.3.12)$$

<u>Behauptung 2</u>: Der durch dieses Verfahren erhaltene Punkt $x^m \in \mathbb{R}^m$ ist der einzige Minimalpunkt von $\varphi(x)=\frac{1}{2}x^T Cx+c^T x+\gamma$ auf $\mathbb{R}^m$.

<u>Beweis</u>: Aus (2.3.9) ergibt sich für alle Paare $k>i$, $i=0,\dots,m-1$,

$$x^k=x^i+\sum_{j=i}^{k-1}\lambda_j d^j.$$

Multiplikation von links mit C und Addition von c liefert unter Berücksichtigung von (2.3.11)

$$g^k=g^i+\sum_{j=i}^{k-1}\lambda_j Cd^j.$$

Skalare Multiplikation mit d^i für $i=0,\dots,k-1$ ergibt unter Berücksichtigung von (2.3.8) und (2.3.12)

$$(d^i)^T g^k=(d^i)^T g^i+\lambda_i(d^i)^T Cd^i = (d^i)^T g^i-(g^i)^T d^i=0.$$

Der Vektor g^k ist somit orthogonal zu $d^o,\dots,d^{k-1}$. Insbesondere ist g^m orthogonal zu $d^o,\dots,d^{m-1}$ und somit $g^m=Cx^m+c=\Theta_m$, da $d^o,\dots,d^{m-1}\in\mathbb{R}^m$ linear unabhängig sind. Damit ist der Beweis vollendet.

Wir wollen das Verfahren am Beispiel

$$\varphi(x_1,x_2)=(x_1-3)^2+2x_2^2, \quad (x_1,x_2)^T \in \mathbb{R}^2$$

demonstrieren, welches im Abschnitt 2:3.1. bereits mit der Methode des steilsten Abstieges behandelt worden ist. Zunächst formen wir $\varphi(x_1,x_2)$ um in die Gestalt

$$\varphi(x_1,x_2)=\frac{1}{2}(x_1,x_2)\begin{pmatrix} 2 & o \\ o & 4 \end{pmatrix}\begin{pmatrix} x_1 \\ x_2 \end{pmatrix} + (-6,o)\begin{pmatrix} x_1 \\ x_2 \end{pmatrix}+9,$$

so daß gilt

$$C=\begin{pmatrix} 2 & o \\ o & 4 \end{pmatrix} \text{ und } c=\begin{pmatrix} -6 \\ o \end{pmatrix}.$$

Als C-konjugierte Vektoren wählen wir

$$d^0 = \begin{pmatrix} 1 \\ 1 \end{pmatrix}, \quad d^1 = \begin{pmatrix} -2 \\ 1 \end{pmatrix}$$

(hier gibt es viele Möglichkeiten) und setzen $x^0 = \begin{pmatrix} 1 \\ 1 \end{pmatrix}$. Aus (2.3.9) erhalten wir dann

$$x^1 = \begin{pmatrix} 1 \\ 1 \end{pmatrix} + \lambda_0 \begin{pmatrix} 1 \\ 1 \end{pmatrix}.$$

Weiter ist nach (2.3.11)

$$g^0 = \begin{pmatrix} 2 & 0 \\ 0 & 4 \end{pmatrix} \begin{pmatrix} 1 \\ 1 \end{pmatrix} + \begin{pmatrix} -6 \\ 0 \end{pmatrix} = \begin{pmatrix} -4 \\ 4 \end{pmatrix}$$

und nach (2.3.12)

$$\lambda_0 = -\frac{0}{(d^0)^T C d^0} = 0, \quad \text{mithin } x^1 = \begin{pmatrix} 1 \\ 1 \end{pmatrix}.$$

Damit ist

$$x^2 = \begin{pmatrix} 1 \\ 1 \end{pmatrix} + \lambda_1 \begin{pmatrix} -2 \\ 1 \end{pmatrix}, \quad g^1 = g^0 = \begin{pmatrix} -4 \\ 4 \end{pmatrix} \text{ und } \lambda_1 = -\frac{12}{12} = -1, \text{ mithin } x^2 = \begin{pmatrix} 3 \\ 0 \end{pmatrix}.$$

Erwartungsgemäß haben wir also nach 2 Schritten den gesuchten Minimalpunkt von φ auf $\mathbb{R}^2$ gefunden.

Willkürlich bei dem Verfahren ist noch die Vorgabe der C-konjugierten Vektoren $d^0, \ldots, d^{m-1} \in \mathbb{R}^m$. Die gebräuchlichste Methode ist hier das sog. Verfahren der konjugierten Gradienten, das wie folgt abläuft: Man wählt $x^0 \in \mathbb{R}^m$ und berechnet

$$g^0 = Cx^0 + c.$$

Ist $g^0 = \Theta_m$, so ist x^0 der gesuchte Minimalpunkt von φ auf $\mathbb{R}^m$.

Ist $g^0 \neq \Theta_m$, so setzt man $d^0 = -g^0$, k=o und berechnet λ_k nach (2.3.12) sowie x^{k+1} nach (2.3.9). Sodann berechnet man g^{k+1} nach (2.3.11). Ist $g^{k+1} = \Theta_m$, so ist x^{k+1} der gesuchte Minimalpunkt von φ auf $\mathbb{R}^m$.
Ist $g^{k+1} = \Theta_m$, so setzt man

$$\beta_k = \frac{(g^{k+1})^T C d^k}{(d^k)^T C d^k} \tag{2.3.13}$$

sowie

$$d^{k+1} = -g^{k+1} + \beta_k d^k. \tag{2.3.14}$$

Danach ersetzt man k durch k+1, berechnet λ_{k+1} nach (3.3.12) sowie x^{k+2} nach (3.3.9) und setzt wie oben fort.

Um einzusehen, daß dieses Verfahren nach höchstens m Schritten mit dem Minimalpunkt von φ abbricht, muß man einsehen, daß für jedes k=1,...,m-1 die Vektoren $d^0, \ldots, d^k$, die erzeugt werden, C-konjugiert und von Θ_m verschieden sind, sofern $g^0, \ldots, g^k$ von Θ_m verschieden sind.
Wir wollen diesen Beweis hier nicht führen[+)] und stattdessen das Verfahren an dem ersten Beispiel von Abschnitt 2.1. demonstrieren.

+) vgl.z.B.Satz 2.8 in [15]

Die zu minimierende Funktion war dort

$$\varphi(x_1,x_2,x_3)=\frac{1}{2}(x_1,x_2,x_3)\begin{bmatrix} 353.87603 & 100.1266 & 30.041 \\ 100.1266 & 30.041 & 10 \\ 30.041 & 10 & 4 \end{bmatrix}\begin{bmatrix} x_1 \\ x_2 \\ x_3 \end{bmatrix}$$

$$(914.856,260.1,79)\begin{bmatrix} x_1 \\ x_2 \\ x_3 \end{bmatrix} + 2369.5,$$

d.h., es ist

$$C = \begin{bmatrix} 353.87603 & 100.1266 & 30.041 \\ 100.1260 & 30.041 & 10 \\ 30.041 & 10 & 4 \end{bmatrix} \quad, \quad c = -\begin{bmatrix} 914.856 \\ 260.1 \\ 79 \end{bmatrix}$$

wir setzen $x^0=(3,-1,2)^T$ und erhalten

$$g^0=Cx^0+x=(106.72749,30.2388,9.123)^T\neq\Theta_3.$$

Damit ist

$$\lambda_0=+\frac{(g^0)^Tg^0}{(g^0)^TCg^0} = 0.002597679257$$

und

$$x^1=x^0+\lambda_0 d^0=x^0-\lambda_0 g^0 = \begin{bmatrix} 2.722756213 \\ -1.078550703 \\ 1.976301372 \end{bmatrix}.$$

Hieraus erhält man

$$g^1=Cx^1+c=\begin{bmatrix} 0.040614o115 \\ -0.1174057122 \\ -0.08598214727 \end{bmatrix}$$

und

$$\beta_0=-\frac{(g^1)^TCg^0}{(g^0)^TCg^0} = 0.000001841888848.$$

Damit ist

$$d^1=-g^1-\beta_0 g^0 = \begin{bmatrix} -0.04081059167 \\ 0.1173500156 \\ 0.08596534371 \end{bmatrix}$$

und

$$\lambda_1= -\frac{(g^1)^Td^1}{(d^1)^TCd^1} = 0.3534857017$$

sowie

$$x^2=x^1+\lambda_1 d^1 = \begin{bmatrix} 2.708330252 \\ -1.037069149 \\ 2.006688892 \end{bmatrix}.$$

Hieraus erhalten wir

$$g^2 = Cx^2 + c = \begin{bmatrix} 0.0018906522 \\ -0.0118055768 \\ 0.0170131770 \end{bmatrix}$$

und weiter

$$\beta_1 = \frac{(g^2)^T Cd^1}{(d^1)^T Cd^1} = 0.01894264783.$$

Damit ist

$$d^2 = -g^2 + \beta_1 d^1 = \begin{bmatrix} -0.002663712865 \\ 0.014028449681 \\ -0.015384765776 \end{bmatrix}$$

sowie

$$\lambda_2 = -\frac{(g^2)^T d^2}{(d^2)^T Cd^2} = 13.37480409.$$

Hieraus ergibt sich

$$x^3 = x^2 + \lambda_2 d_2 = \begin{bmatrix} 2.672703614 \\ -0.8494413828 \\ 1.800920663 \end{bmatrix}$$

und

$$g^3 = Cx^3 + c = \begin{bmatrix} -4.756 \cdot 10^{-4} \\ -1.363 \cdot 10^{-4} \\ -4.19 \cdot 10^{-5} \end{bmatrix}.$$

Ein Vergleich von x^3 mit der in Abschnitt 2.1. berechneten Lösung des Fehlerquadratproblems ergibt eine Übereinstimmung in den ersten 6 Dezimalstellen.

Das Verfahren der konjugierten Gradienten kann auch auf nicht-quadratische Funktionen $\varphi = \varphi(x)$ angewandt werden. Dazu muß man sich aber von der speziellen Form der Berechnung von λ_k nach (3.3.12) und β_k nach (3.3.13) lösen, da diese auf die spezielle Form (2.2.11) von φ zugeschnitten ist. Die Berechnung von λ_k kann man allgemein durch Lösung der Aufgabe (2.3.10) bewerkstelligen, von der ja bei der Formulierung des Verfahrens der konjugierten Richtungen ausgegangen wurde, um zu (2.3.12) zu gelangen. Für β_k nach (2.3.13) gilt zunächst die

<u>Behauptung 3:</u> Sind $g^0, \ldots, g^k$ von Θ_m verschieden, so ist

$$\beta_k = \frac{(g^{k+1} - g^k)^T g^{k+1}}{(g^k)^T g^k} = \frac{(g^{k+1})^T g^{k+1}}{(g^k)^T g^k}. \tag{2.3.15}$$

<u>Beweis:</u> Aus
$$d^k = -g^k + \beta_{k-1} d^{k-1} \quad (\text{vgl.}(2.3.14))$$

folgt

$$-(g^k)^T d^k = (g^k)^T g^k - \beta_{k-1}(g^k)^T d^{k-1} \quad \text{für } k \geq 1.$$

Aus dem Beweis von Behauptung 2 ergibt sich $(g^k)^T d^{k-1}=o$, mithin $-(g^k)^T d^k = (g^k)^T g^k$ und somit

$$\lambda_k = \frac{(g^k)^T g^k}{(d^k)^T C d^k} \quad \text{für } k \geq 1. \tag{2.3.16}$$

Für k=o gilt (2.3.16) wegen $d_o=-g_o$.

Aus (2.3.9) erhalten wir nach Multiplikation mit C und Addition von c auf beiden Seiten

$$g^{k+1}=g^k+\lambda_k C d^k$$

und somit

$$(g^{k+1})^T C d^k = \frac{(g^{k+1})^T (g^{k+1}-g^k)}{\lambda_k} = \frac{(g^{k+1})^T (g^{k+1}-g^k)[(d^k)^T C d^k]}{(g^k)^T g^k}$$

Benutzung von (2.3.16) liefert die erste Gleichung in (2.3.15). Die zweite Gleichung folgt aus

$$(g^{k+1})^T d^i = o \quad \text{für } i=o,\dots,k \quad \text{(vgl. Beweis von Behauptung 2) und}$$

$g^k=-d^k+\beta_{k-1}d^{k-1}$, mithin $(g^{k+1})^T g^k=o$.

Ist φ eine Funktion auf $\mathbb{R}^m$ mit allen partiellen Ableitungen $\varphi_{x_i}(x)$, $i=1,\dots,m$, für jedes $x\in\mathbb{R}^m$, so verläuft das Verfahren der zulässigen Gradienten zur Minimierung von φ auf $\mathbb{R}^m$ wie folgt:

1) Wähle $x^o\in\mathbb{R}^m$ und berechne grad $\varphi(x^o)$. Ist

$$\text{grad } \varphi(x^o)=\Theta_m,$$

so bricht das Verfahren ab.

Andernfalls setze man $d^o=-\text{grad } \varphi(x^o)$, k=o und gehe zu

2) Bestimme $\lambda_k\in\mathbb{R}$ mit (2.3.1o) und setze

$$x^{k+1}=x^k+\lambda_k d^k. \tag{2.3.9}$$

3) Ist

$$\text{grad } \varphi.(x^{k+1})=\Theta_m,$$

so bricht das Verfahren ab. Andernfalls prüfe man, ob k=m-1 ist. Ist das der Fall, so setze man k=o, $d^o=-\text{grad } \varphi(x^m)$ und gehe zu 2). Ist k<m-1, so gehe zu 2). Ist k m-1, so gehe zu

4) Berechne

$$\beta_k = \frac{(\text{grad } \phi(x^{k+1}) - \text{grad } \phi(x^k))^T \text{ grad } \phi(x^{k+1})}{\text{grad } \phi(x^k)^T \text{ grad } \phi(x^k)} \qquad (2.3.17)$$

oder

$$\beta_k = \frac{\text{grad } \phi(x^{k+1})^T \text{ grad } \phi(x^{k+1})}{\text{grad } \phi(x^k)^T \text{ grad } \phi(x^k)} \qquad (2.3.18)$$

und setze

$$d^{k+1} = -\text{grad } \phi(x^{k+1}) + \beta_k \, d^k. \qquad (2.3.19)$$

Danach ersetze k durch k+1 und gehe zu 2.

Bemerkungen: Das Verfahren wird nach m Schritten stets mit
$d^0 = -\text{grad } \phi(x^m)$ neu begonnen.
Die Berechnung von β_k nach (2.3.17) (Formel von Polak-Ribière) oder
nach (2.3.18) (Formel von Fletcher-Reeves) ist motiviert durch (2.3.15).
Im allgemeinen führen (2.3.17) und (2.3.18) zu verschiedenen Werten von
β_k und sind jeweils für das ganze Verfahren beizubehalten. Ist ϕ nicht
auf ganz $\mathbb{R}^m$, sondern nur auf einer offenen Teilmenge V von $\mathbb{R}^m$ definiert, so ist $\lambda_k \in \mathbb{R}$ so zu bestimmen, daß $x^k + \lambda_k d^k \in V$ ist und

$$\phi(x^k + \lambda_k d^k) = \min \{\phi(x^k + \lambda d^k) \mid \lambda \in \mathbb{R} \text{ so, daß}$$
$$x^k + \lambda d^k \in V \text{ ist}\}. \qquad (2.3.20)$$

Beispiel: $\phi(x_1, x_2) = \dfrac{1}{1 - x_1^2 - 2x_2^2}$,

$$V = \{(x_1, x_2)^T \in \mathbb{R}^2 \mid x_1^2 + 2x_2^2 < 1\}.$$

Für jedes $x = (x_1, x_2)^T \in V$ ist

$$\text{grad } \phi(x) = \begin{bmatrix} \dfrac{2x_1}{(1 - x_1^2 - 2x_2^2)^2} \\[2ex] \dfrac{4x_2}{(1 - x_1^2 - 2x_2^2)^2} \end{bmatrix}$$

Wir wählen $x^0 = (0.25, 0.5)^T$; dann ist

$$\text{grad } \phi(x^0) = \begin{pmatrix} 2.61224497 \\ 10.44897959 \end{pmatrix}$$

und mit $d^0 = -\text{grad } \phi(x^0)$

$$\phi(x^o + \lambda d^o) = \frac{1}{1 - (0.25 - 2.61224497\lambda)^2 - 2(0.5 - 10.44897959\lambda)^2}$$

Die Bestimmung von λ_o nach (2.3.20) führt zu $\lambda_o = 0.0493016$. Damit erhalten wir

$$x^1 = x^o + \lambda_o d^o = \binom{0.25}{0.5} - \lambda_o \binom{2.61224497}{10.44897959} = \binom{0.1212\overline{12}}{-0.01515\overline{15}}$$

Hiermit berechnen wir

$$\text{grad } \phi(x^1) = \binom{0.2499408283}{-0.06248520647},$$

$$\text{grad } \phi(x^1) - \text{grad } \phi(x^o) = \binom{0.1287287071}{-0.07763672147}$$

sowie

$$\beta_1 = \frac{0.03638891772}{116.0049982} = 0.000313684 \quad (\text{nach } (2.3.17))$$

oder

$$\beta_1 = \frac{0.0637481867}{116.0049982} = 0.000572172 \quad (\text{nach } (2.3.18)).$$

Damit erhalten wir im Falle der Bestimmung von β_1 nach (2.3.17)

$$d^1 = -\text{grad } \phi(x^1) - \beta_1 \text{ grad } \phi(x^o) = \binom{-0.2507602477}{0.5920752868}$$

und

$$\phi(x^1 + \lambda d^1) = \frac{1}{1 - (0.\overline{12}... - 0.2507602477\lambda)^2 - 2(-0.0\overline{15}... + 0.5920752868\lambda)^2}.$$

Die Bestimmung von λ_1 nach (2.2.30) führt zu $\lambda_1 = 0.06326921426$ und

$$x^2 = x^1 + \lambda_1 d^1 = \binom{0.\overline{12}...}{-0.0\overline{15}...} + \lambda_1 \binom{-0.2507602477}{0.5920752868} = \binom{0.1053467173}{0.02222495468}.$$

An dieser Stelle brechen wir die Rechnung ab und wenden uns einer weiteren Klasse von Abstiegsmethoden zu.

2.3.2.2. Das Newton-Verfahren und Varianten

Die Abstiegsmethoden zur Minimierung differenzierbarer Funktionen ϕ auf offenen Mengen $V \in \mathbb{R}^m$ laufen darauf hinaus, Punkte $x \in V$ zu bestimmen oder wenigstens anzunähern, für die

$$\text{grad } \phi(x) = \Theta_m \qquad\qquad (2.3.21)$$

ist. Das bedeutet aber die Lösung eines (im allgemeinen nichtlinearen) Gleichungssystems. Besitzt ϕ in jedem Punkt $x \in V$ (stetige) partielle Ableitungen zweiter Ordnung $\phi_{x_i x_j}(x)$, $i,j = 1,\ldots,m$, so bietet sich zur Lösung von (2.3.21) das bekannte <u>Newtonsche Iterationsverfahren</u> an: Ausgehend von irgendeinem Punkt $x^0 \in V$ wird eine Folge (x^k) in V zu konstruieren versucht derart, daß für jedes x^k mit nicht-singulärer Hesse-Matrix $H(x^k)$ der nächste Punkt x^{k+1} nach der Formel

$$x^{k+1} = x^k - H(x^k)^{-1} \text{ grad } \phi(x^k) \qquad\qquad (2.3.22)$$

berechnet wird.

Dabei ist jedoch im allgemeinen nicht sichergestellt, daß $x^{k+1} \in V$ und $\phi(x^{k+1}) < \phi(x^k)$ ist. Die Forderung $x^{k+1} \in V$ läßt sich auf Grund der Offenheit von V durch Einführung eines geeigneten <u>Dämpfungsfaktors</u> λ_k erfüllen, d.h., anstelle von (2.3.22) rechnet man nach der Formel

$$x^{k+1} = x^k - \lambda_k H(x^k)^{-1} \text{ grad } \phi(x^k). \qquad\qquad (2.3.23)$$

Ist $|\lambda_k|$ genügend klein, so ist $x^{k+1} \in V$ gesichert. Die Bedingung $\phi(x^{k+1}) < \phi(x^k)$ ist erfüllbar, wenn die Hesse-Matrix $H(x^k)$ symmetrisch und positiv definit ist; denn dann ist $H(x^k)^{-1}$ ebenfalls symmetrisch und positiv definit, und für

$$h^k = -H(x^k)^{-1} \text{ grad } \phi(x^k) \qquad\qquad (2.3.24)$$

gilt

$$(h^k)^T \text{ grad } \phi(x^k) = -\text{grad } \phi(x^k)^T H(x^k) \text{ grad } \phi(x^k) < 0,$$

d.h. h^k ist eine Abstiegsrichtung. Wählt man dann $\lambda_k > 0$ so, daß $x^k + \lambda_k h^k \in V$ ist und

$$\phi(x^k + \lambda_k h^k) \le \phi(x^k + \lambda h^k) \quad \text{für alle} \quad \lambda > 0 \quad \text{mit} \quad x^k + \lambda h^k \in V \qquad (2.3.25)$$

(sofern dies möglich ist), so folgt für

$$x^{k+1} = x^k + \lambda_k h^k,$$

daß $x^{k+1} \in V$ ist und $\phi(x^{k+1}) < \phi(x^k)$ (vgl. dazu Abschnitt 2.3.1.). Ist $H(x^k)$ nicht positiv definit, so läßt sich folgendermaßen eine Abstiegsrichtung gewinnen: Man berechnet h^k nach (2.3.24) und definiert

$$\sigma_k = \begin{cases} +1, & \text{falls } (h^k)^T \text{ grad } \phi(x^k) < 0 \text{ ist,} \\ -1, & \text{falls } (h^k)^T \text{ grad } \phi(x^k) > 0 \text{ ist} \end{cases}$$

(Für $(h^k)^T \text{ grad } \phi(x^k) = 0$ versagt diese Methode).

Sodann setzt man

$$x^{k+1} = x^k + \lambda_k \sigma_k h^k,$$

wobei $\lambda_k > 0$ so gewählt wird, daß $x^{k+1} \in V$ ist und

$$\phi(x^k + \lambda_k \sigma_k h^k) \le \phi(x^k + \lambda \sigma_k h^k)$$

$$\text{für alle} \quad \lambda > 0 \quad \text{mit} \quad x^k + \lambda \sigma_k h^k \in V. \tag{2.3.26}$$

Wiederum ist dann $\phi(x^{k+1}) < \phi(x^k)$ sichergestellt. Die Methode versagt, wenn für h^k nach (2.3.24)

$$(h^k)^T \operatorname{grad} \phi(x^k) = 0$$

ist. Dann muß nach einem anderen Verfahren (etwa der Methode des steilsten Abstiegs - vgl. Abschnitt 2.3.1.) eine Abstiegsrichtung bestimmt werden. Wir wollen die Methode wieder an dem Beispiel

$$\phi(x_1, x_2) = \frac{1}{1 - x_1^2 - 2x_2^2},$$

$$V = \{x = (x_1, x_2)^T \in \mathbb{R}^2 \mid x_1^2 + 2x_2^2 < 1\}$$

demonstrieren. Allgemein ist wieder für jedes $x \in V$

$$\operatorname{grad} \phi(x) = \begin{pmatrix} \dfrac{2x_1}{(1 - x_1^2 - 2x_2^2)^2} \\[2ex] \dfrac{4x_2}{(1 - x_1^2 - 2x_2^2)^2} \end{pmatrix}$$

und weiter

$$H(x) = \begin{pmatrix} \dfrac{2(1 + 3x_1^2 - 2x_2^2)}{(1 - x_1^2 - 2x_2^2)^3} & \dfrac{16x_1 x_2}{(1 - x_1^2 - 2x_2^2)^3} \\[2ex] \dfrac{16x_1 x_2}{(1 - x_1^2 - 2x_2^2)^3} & \dfrac{4(1 - x_1^2 + 6x_2^2)}{(1 - x_2^2 - 2x_2^2)^3} \end{pmatrix}.$$

Wir wählen wieder $x^o = (0.25,\ 0.5)^T$. Dann ist

$$\operatorname{grad} \phi(x^o) = \begin{pmatrix} 2.61224497 \\ 10.44897959 \end{pmatrix}, \quad H(x^o) = \begin{pmatrix} 16.41982507 & 23.88338192 \\ 23.88338192 & 116.4314868 \end{pmatrix}.$$

Die Bestimmung von h^o nach (2.3.24) erfordert die Lösung des linearen

Gleichungssystems

$$16.41982507\, h_1^O + 23.88338192\, h_2^O = -2.61224497,$$
$$23.88338192\, h_1^O + 116.4314868\, h_2^O = -10.44897959.$$

Als Lösung ergibt sich

$$h_1^O = -0.04069768062, \quad h_2^O = -0.0813953476,$$

und es ist

$$(h^O)^T \operatorname{grad} \phi(x^O) < 0.$$

Damit ist $\sigma_O = 1$ zu wählen, und wir erhalten

$$\phi(x^O + \lambda h^O) = \frac{1}{1 - (0.25 - 0.04069768062\lambda)^2 - 2(0.5 - 0.0813953476\lambda)^2} \, .$$

Die Bestimmung von $\lambda_O > 0$ nach (2.3.26) führt zu $\lambda_O = 6.142857121$. Damit wird

$$x^1 \doteq x^O + \lambda_O h^O = \begin{pmatrix} -\, 3.35 \cdot 10^{-8} \\ 9.34 \cdot 10^{-9} \end{pmatrix} \, .$$

Allgemein verläuft das <u>Newtonsche Abstiegsverfahren</u> wie folgt:

1. Wähle $x^O \in V$ und berechne $\operatorname{grad} \phi(x^O)$. Ist

$$\operatorname{grad} \phi(x^O) = \Theta_m,$$

so bricht das Verfahren ab. Andernfalls setze $k = 0$ und gehe zu

2. Berechne $H(x^k)$ und löse das lineare Gleichungssystem

$$H(x^k)h^k = -\operatorname{grad} \phi(x^k). \tag{2.3.27}$$

Ist das nicht möglich, so setze

$$h^k = -\operatorname{grad} \phi(x^k). \tag{2.3.28}$$

Andernfalls prüfe, ob

$$(h^k)^T \operatorname{grad} \phi(x^k) \ne 0 \tag{2.3.29}$$

ist. Ist das nicht der Fall, so definiere ebenfalls h^k durch (2.3.28). Sonst setze

$$\sigma_k = \begin{cases} +1, & \text{falls } (h^k)^T \operatorname{grad} \phi(x^k) < 0 \text{ ist,} \\[2mm] -1, & \text{falls } (h^k)^T \operatorname{grad} \phi(x^k) > 0 \text{ ist,} \end{cases}$$

und bestimme $\lambda_k > 0$ so, daß $x^k + \lambda_k \sigma_k h^k \in V$ ist und (2.3.26) gilt. Sodann setze

$$x^{k+1} = x^k + \lambda_k \sigma_k h^k,$$

ersetze k durch k+1 und gehe zu 2.

Bemerkung: Im Falle (2.3.29) könnte man auch einfach $\lambda_k \in \mathbb{R}$ so bestimmen, daß $x^k + \lambda_k h^k \in V$ ist und

$$\phi(x^k + \lambda_k h^k) \leq \phi(x^k + \lambda h^k) \quad \text{für alle} \quad \lambda \in \mathbb{R} \quad \text{mit} \quad x^k + \lambda h^k \in V.$$

Das Newtonsche Abstiegsverfahren erfordert in jedem Schritt die Berechnung der Hesse-Matrix $H(x^k)$ und die Lösung des linearen Gleichungssystems (2.3.27). Will man diesen Aufwand (der oft nicht unerheblich ist) vermeiden, so kann man auch das <u>vereinfachte Newtonsche Abstiegsverfahren</u> durchführen, bei dem man in jedem Schritt anstelle mit $H(x^k)$ mit derselben Hesse-Matrix $H(x^0)$ operiert, sofern diese nicht-singulär ist. Anstelle in jedem Schritt das lineare Gleichungssystem

$$H(x^0) h^k = -\text{grad } \phi(x^k)$$

zu lösen, könnte man dann eventuell auch $H(x^0)^{-1}$ einmal bestimmen und danach stets

$$h^k = -H(x^0)^{-1} \text{ grad } \phi(x^k)$$

setzen.

Eine allgemeine Klasse von Abstiegsverfahren, die dem Newton-Verfahren analog sind, läßt sich wie folgt gewinnen: Vorgegeben sei eine m×m-Matrixfunktion M = M(x) derart, daß M(x) für jedes $x \in V$ symmetrisch und positiv definit ist. Dabei ist wiederum V eine nichtleere offene Teilmenge von $\mathbb{R}^m$, auf der eine Funktion ϕ (mit partiellen Ableitungen $\phi_{x_i}(x)$, i = 1,...,m, für jedes $x \in V$) minimiert werden soll. Ist dann ein Punkt $\hat{x} \in V$ mit grad $\phi(\hat{x}) \neq \Theta_m$ vorgegeben, so ist

$$h = -M(\hat{x}) \text{ grad } \phi(\hat{x}) \tag{2.3.30}$$

eine Abstiegsrichtung; denn es ist

$$(h)^T \text{ grad } \phi(\hat{x}) = -\text{grad } \phi(\hat{x})^T M(\hat{x}) \text{ grad } \phi(\hat{x}) < 0.$$

Damit kann das in Abschnitt 2.3.1. beschriebene Abstiegsverfahren mit Richtungen der Form (2.3.30) durchgeführt werden.
Wir wollen das am allgemeinen Problem der nichtlinearen Ausgleichsrechnung (vgl. Abschnitt 2.1.) demonstrieren. Hier ist

$$\phi(x) = y(x)^T y(x) = \sum_{j=1}^{n} y_j(x)^2, \tag{2.1.18}$$

und $y_1, \ldots, y_n$ sind Funktionen auf einer offenen Teilmenge V von $\mathbb{R}^m$ mit stetigen partiellen Ableitungen $y_{jx_i}(x)$, $\{\begin{smallmatrix} i = 1, \ldots, m, \\ j = 1, \ldots, n \end{smallmatrix}\}$ für alle $v \in V$. Damit erhält man

$$\phi_{x_i}(x) = 2 \sum_{j=1}^{n} y_j(x) y_{jx_i}(x), \quad i = 1, \ldots, m,$$

oder

$$\operatorname{grad} \phi(x) = 2\, J(x)^T y(x), \tag{2.3.31}$$

wenn man die sog. <u>Jacobi-Matrix</u> $J(x)$ wie folgt definiert:

$$J(x) = \begin{bmatrix} y_{1x_1}(x) & \cdots & y_{1x_m}(x) \\ y_{2x_1}(x) & \cdots & y_{2x_m}(x) \\ \vdots & & \\ y_{nx_1}(x) & \cdots & y_{nx_m}(x) \end{bmatrix}. \tag{2.3.32}$$

Besitzen $y_1, \ldots, y_n$ in jedem Punkt $x \in V$ stetige zweite partielle Ableitungen $\dfrac{\partial^2 y_j}{\partial x_i \partial x_k}(x)$, $i, k = 1, \ldots, m$, $j = 1, \ldots, n$, so berechnet sich die Hesse-Matrix von ϕ wie folgt: Für jedes Paar $i, k \in \{1, \ldots, m\}$ ist

$$\phi_{x_i x_k}(x) = 2 \sum_{j=1}^{n} (y_{jx_i}(x) y_{jx_k}(x) + y_j(x) y_{jx_i x_k}(x))$$

und somit

$$H(x) = 2J(x)^T J(x) + Q(x), \tag{2.3.33}$$

wobei $Q(x)$ eine $m \times m$-Matrix mit den Elementen

$$Q_{ik}(x) = \sum_{j=1}^{n} y_j(x) y_{jx_i x_k}(x)$$

für $i, k = 1, \ldots, m$ ist. Die Matrix $2J(x)^T J(x)$ ist symmetrisch und positiv semi-definit.

Sind $y_1, \ldots, y_n$ speziell affin-lineare Funktionen, d.h. (nach Satz 2.2.5) von der Form

$$y_j(x) = a_j^T x + \alpha_j, \quad x \in \mathbb{R}^m, \quad j = 1, \ldots, n,$$

wie im Falle der linearen Ausgleichsrechnung (vgl. Formel (2.1.3)), so ist Q die $m \times m$-Nullmatrix, und $2J(x)^T J(x) = 2A^T A = 2(a_i^T a_k)_{i,k=1,\ldots,n}$ die mit 2 multiplizierte Matrix N der Normalgleichungen (2.1.7).

Dadurch wird folgendes Vorgehen im nichtlinearen Fall nahegelegt: Anstelle
der Hesse-Matrix $H(x)$ operiert man mit der Matrix $2J(x)^T J(x)$ (d.h. man
vernachlässigt in (2.3.33) die Matrix $Q(x)$). Da diese nicht notwendig
positiv definit ist, ersetzt man sie durch eine Matrix der Form

$$L(x) = 2J(x)^T J(x) + \lambda I, \qquad\qquad (2.3.34)$$

wobei I die $m \times m$-Einheitsmatrix ist und λ eine positive reelle Zahl.
Die durch (2.3.34) definierte Matrixfunktion ist dann für jedes $x \in V$
symmetrisch und positiv definit. Damit kann die oben genannte Matrixfunktion $M = M(x)$ zur Gewinnung eines Abstiegsverfahrens durch $M(x) = L(x)^{-1}$
definiert werden. Um dieses Verfahren formulieren zu können, benötigen wir
noch den folgenden

<u>Satz 2.3.1</u>: Zu vorgegebenem $\hat{x} \in V$ mit

$$\operatorname{grad} \phi(\hat{x}) = 2J(\hat{x})^T y(\hat{x}) \neq \Theta_m$$

sei $h = h(\lambda)$ die eindeutige Lösung des linearen Gleichungssystems

$$(2J(\hat{x})^T J(\hat{x}) + \lambda I) h(\lambda) = -2J(\hat{x})^T y(\hat{x}).$$

Dann ist für genügend großes $\lambda > 0$

$$\hat{x} + h(\lambda) \in V \quad \text{und}$$
$$\phi(\hat{x} + h(\lambda)) < \phi(\hat{x}).$$

<u>Beweis</u>: Wir setzen

$$B = 2J(\hat{x})^T J(\hat{x}) \quad \text{und} \quad b = -2J(\hat{x})^T y(\hat{x}).$$

Dann ist für jedes $\lambda > 0$

$$h(\lambda) = (B + \lambda I)^{-1} b.$$

Da B symmetrisch und positiv semi-definit ist, gibt es eine orthogonale
Matrix $O^{+)}$ mit $O^T B O = D$, wobei D eine Diagonalmatrix mit $D_{ii} \geq 0$
für $i = 1, \ldots, m$ ist. Damit wird

$$h(\lambda) = (ODO^T + \lambda I)^{-1} b = (O(D + \lambda I)O^T)^{-1} b$$
$$= O(D + \lambda I)^{-1} O^T b.$$

Setzt man $v = O^T b$, so folgt

$$\|h(\lambda)\|_2^2 = h(\lambda)^T h(\lambda) = v^T (D + \lambda I)^{-1} O^T O (D + \lambda I)^{-1} v$$

$$= v^T ((D + \lambda I)^{-1})^2 v = \sum_{i=1}^{m} \frac{v_i}{(D_{ii} + \lambda)^2}.$$

$^{+)}$d.h. es gilt $O^T O = OO^T = I$.

Hieraus ergibt sich

$$\lim_{\lambda \to +\infty} \|h(\lambda)\|_2^2 = 0,$$

so daß aus der Offenheit von V für genügend großes $\lambda > 0$ bereits $\hat{x} + h(\lambda) \in V$ folgt. Weiter ist für alle $\lambda > 0$

$$h(\lambda)^T \ \text{grad} \ \phi(\hat{x}) < 0,$$

d.h. $h(\lambda)$ ist eine Abstiegsrichtung. Wir denken uns $\lambda_0 > 0$ so groß gewählt, daß für alle $\lambda \geq \lambda_0$ gilt $\hat{x} + h(\lambda) \in V$. Auf Grund des Mittelwertsatzes der Differentialrechnung gibt es dann für jedes $\lambda \geq \lambda_0$ ein $\gamma(\lambda) \in (0,1)$ mit

$$\phi(\hat{x} + h(\lambda)) = \phi(\hat{x}) + h(\lambda)^T \ \text{grad} \ \phi(\hat{x} + \gamma(\lambda)h(\lambda)).$$

Auf Grund der Stetigkeit der ersten partiellen Ableitungen von ϕ gilt

$$\lim_{\lambda \to +\infty} \text{grad} \ \phi(\hat{x} + \gamma(\lambda)h(\lambda)) = \text{grad} \ \phi(\hat{x})$$

und somit

$$h(\lambda)^T \ \text{grad} \ \phi(\hat{x} + \gamma(\lambda)h(\lambda)) < 0$$

für jedes genügend große $\lambda \geq \lambda_0$, was

$$\phi(\hat{x} + h(\lambda)) < \phi(\hat{x})$$

impliziert und den Beweis vollendet.

Damit können wir jetzt das <u>Verfahren von Marquardt</u> formulieren: Wir wählen $x^0 \in V$ im $\lambda_0 > 0$, ein $\alpha > 1$ und setzen $k = 0$. Damit gehen wir zu

1. Berechne

$$\text{grad} \ \phi(x^k) = 2J(x^k)^T y(x^k).$$

Ist $\text{grad} \ \phi(x^k) = \Theta_m$, so bricht das Verfahren ab.

2. Andernfalls wird $h(\lambda_k) \in \mathbb{R}^m$ als Lösung von

$$(2J(x^k)^T J(x^k) + \lambda_k I)h(\lambda_k) = -2J(x^k)y(x^k) \tag{2.3.35}$$

berechnet. Ist

$$x^k + h(\lambda_k) \in V \quad \text{und}$$
$$\phi(x^k + h(\lambda_k)) < \phi(x^k), \tag{2.3.36}$$

so wird k durch $k+1$ und $\lambda_{k+1} = \lambda_0$ sowie $x^{k+1} = x^k + h(\lambda_k)$ gesetzt und nach 1. gegangen.

Ist $x^k + h(\lambda_k) \notin V$ oder

$$\phi(x^k + h(\lambda_k)) \geq \phi(x^k),$$

so wird λ_k durch $\alpha\lambda_k$ ersetzt und nach 2. gegangen.
Auf Grund von Satz 2.3.1 wird nach endlich vielen Erhöhungen $\alpha\lambda_k$ die
Bedingung (2.3.36) erfüllt sein.

<u>Beispiel:</u> $\phi(x_1,x_2) = (x_1^2 + x_2^2 - 4)^2 + (x_1 x_2 - 2)^2.$

$$V = \{(x_1,x_2)^T \in \mathbb{R}^2 \mid x_1 > 0,\ x_2 > 0\}.$$

Der eindeutige Minimalpunkt von ϕ auf V ist $\hat{x} = (\sqrt{2},\sqrt{2})$, und es ist
$\phi(\hat{x}_1,\hat{x}_2) = 0.$
Man erhält

$$J(x_1,x_2) = \begin{pmatrix} 2x_1 & 2x_2 \\ x_2 & x_1 \end{pmatrix},$$

$$J(x_1,x_2)^T J(x_1,x_2) = \begin{pmatrix} 4x_1^2 + x_2^2 & 5x_1 x_2 \\ 5x_1 x_2 & 4x_2^2 + x_1^2 \end{pmatrix}$$

und

$$\text{grad } \phi(x_1,x_2) = 2J(x_1,x_2)^T y(x) = \begin{pmatrix} 4x_1^3 + 6x_1 x_2^2 - 16x_1 - 4x_2 \\ 4x_2^3 + 6x_1^2 x_2 - 4x_1 - 16x_2 \end{pmatrix}.$$

Wir wählen $x^0 = (1,3)^T$, $\lambda_0 = 1$ und $\alpha = 100$. Dann ist

$$\phi(x_1^0,x_2^0) = 36 + 1 = 37 \quad \text{und}$$

$$\text{grad } \phi(x_1^0,x_2^0) = \binom{30}{74}.$$

Für $h(\lambda_0)$ ergibt sich damit das Gleichungssystem

$$27\, h_1(\lambda_0) + 30\, h_2(\lambda_0) = -30,$$

$$30\, h_1(\lambda_0) + 75\, h_2(\lambda_0) = -74,$$

aus dem wir $h_1(\lambda_0) = -0.026\overline{6}\ldots$ und $h_2(\lambda_0) = -0.976$ erhalten. Daraus
ergibt sich $x^0 + h(\lambda_0) = (0.973\overline{3}\ldots,\ 2.024)^T \in V$ und
$\phi(x^0 + h(\lambda_0)) = 1.09073 < \phi(x^0) = 37$. Wir setzen daher
$x^1 = (0.973\overline{3}\ldots,\ 2.024)$, $\lambda_1 = \lambda_0 = 1$ und erhalten das lineare Gleichungssystem

$$16.77217421\, h_1(\lambda_1) + 19.70026665\, h_2(\lambda_2) = -3.943127981,$$

$$19.70026665\, h_1(\lambda_1) + 35.66736355\, h_2(\lambda_1) = -8.393501689$$

mit der Lösung $h_1(\lambda_1) = 0.1176156084$, $h_2(\lambda_1) = -0.3002902224$. Damit
ist $x^1 + h(\lambda_1) = (1.090948941,\ 1.723709777)^T \in V$

$$\phi(x^1 + h(\lambda_1)) = 0.04031739 < \phi(x^1) = 1.09073.$$

Wir setzen daher $\lambda_2 = \lambda_0 = 1$, $x^2 = (1.090948941,\ 1.723709777)^T$ und können das Verfahren mit Schritt 1. für $k = 2$ fortsetzen. Weitere Schritte
überlassen wir dem Leser und kommen zu einer weiteren Klasse von Methoden,
die dem Newton-Verfahren verwandt sind.

2.3.2.3. Quasi-Newton-Verfahren

Wendet man das Newtonsche Verfahren auf eine quadratische Funktion ϕ
der Form (2.2.11) mit symmetrischer und positiv definiter Matrix C an,
so führt es, ausgehend von einem beliebigen $x^0 \in \mathbb{R}^m$, im ersten Schritt
zum gesuchten Minimalpunkt, d.h. zur Lösung $x \in \mathbb{R}^m$ von (2.3.7); denn es
ist

$$\operatorname{grad} \phi(x^0) = Cx^0 + c, \quad H(x^0) = C,$$

und für h^0 ergibt sich nach (2.3.24)

$$h^0 = -C^{-1}(Cx^0 + c) = -x^0 - C^{-1}c.$$

Für $\lambda_0 > 0$ mit (2.3.25) ergibt sich aus $\dfrac{d}{d\lambda}\, \phi(x^0 + \lambda_0 h^0) = 0$, daß
$(C(x^0 + \lambda_0 h^0) + c)^T h^0 = \operatorname{grad} \phi(x^0 + \lambda_0 h^0)^T h^0 = 0$ ist und somit

$$\lambda_0 = -\frac{(Cx^0 + c)^T h^0}{(h^0)^T Ch^0} = -\frac{-(h^0)^T Ch^0}{(h^0)^T Ch^0} = 1.$$

Damit ist $x^1 = x^0 + \lambda_0 h^0 = -C^{-1}c$ und

$$\operatorname{grad} \phi(x^1) = Cx^1 + c = -c + c = \Theta_m.$$

Da die Berechnung der Hesse-Matrix $H(x^k)$ und die Lösung des linearen
Gleichungssystems (2.3.27) im allgemeinen sehr aufwendig ist, erhebt sich
die Frage, ob man die Abstiegsrichtungen nicht allgemein nach einer Formel

$$h^k = -H^k \operatorname{grad} \phi(x^k), \quad k = 0,1,\ldots, \tag{2.3.37}$$

berechnen könnte, wobei die $m{\times}m$-Matrix H^k für jedes k symmetrisch und
positiv definit sind (so daß man im Falle $\operatorname{grad} \phi(x^k) \neq \Theta_m$ auch tatsächlich eine Abstiegsrichtung erhält). Um eine Beziehung zum Newtonschen Abstiegsverfahren herzustellen, ist es sinnvoll zu verlangen, daß für quadratische Funktionen ϕ der Form (2.2.11) mit symmetrischer und positiv

definiter Matrix C nach $k \le m$ Schritten $H^k = C^{-1}$ ist, so daß das Abstiegsverfahren mit der Richtungsbestimmung (2.3.37) für strikt konvexe quadratische Funktionen nach $k+1 \le m+1$ Schritten mit dem gesuchten Minimalpunkt abbricht. Jedes solche Verfahren nennt man ein <u>Quasi-Newton-Verfahren</u>.

Bei jedem solchen werden die Matrizen H^k, ausgehend von einer symmetrischen und positiv definiten Matrix H^o (z.B. der Einheitsmatrix), rekursiv berechnet. Es gibt dazu unendlich viele Möglichkeiten, aus denen sich inzwischen zahlreiche Klassen von Verfahren herausgebildet haben. Wir gehen hier nur auf die historisch wohl älteste dieser Methoden ein, die auf einen Vorschlag von <u>Davidon</u> zurückgeht, der von <u>Fletcher und Powell</u> aufgegriffen und weiter untersucht worden ist. Man geht dabei wie folgt vor: Ist man im Laufe des Verfahrens zu Punkten $x^o, x^1, \ldots\ x^k \in V$ gelangt mit grad $\phi(x^j) \neq \Theta_m$, $j = 0, \ldots, k$, und ist H^k (bekannt und) symmetrisch und positiv definit, so definiert man h^k durch (2.3.37) und bestimmt $\lambda_k > 0$ so, daß $x^k + \lambda_k h^k \in V$ ist und

$$\phi(x^k + \lambda_k h^k) \le \phi(x^k + \lambda h^k) \quad \text{für alle}$$

$$\lambda > 0 \quad \text{mit} \quad x^k + \lambda h^k \in V. \tag{2.3.38}$$

Damit setzt man $x^{k+1} = x^k + \lambda_k h^k$ sowie

$$p^k = x^{k+1} - x^k, \quad r^k = \text{grad } \phi(x^{k+1}) - \text{grad } \phi(x^k), \tag{2.3.39}$$

sofern grad $\phi(x^{k+1}) \neq \Theta_m$ ist.
Sicher ist

$$(p^k)^T r^k = \lambda_k (h^k)^T (\text{grad } \phi(x^{k+1}) - \text{grad } \phi(x^k))$$

$$= -\lambda_k (h^k)^T \text{grad } \phi(x^k) > 0$$

und grad $\phi(x^{k+1}) \neq$ grad $\phi(x^k)$, mithin $(r^k)^T H^k r^k > 0$. Definiert man H^{k+1} durch

$$H^{k+1} = H^k + \frac{p^k (p^k)^T}{(p^k)^T r^k} - \frac{H^k r^k (r^k)^T H^k}{(r^k)^T H^k r^k}, \tag{2.3.40}$$

so ist H^{k+1} offenbar symmetrisch. Ist $h \in \mathbb{R}^m$ beliebig gewählt, so ist

$$h^T H^{k+1} h = h^T H^k h + \frac{h^T p^k (p^k)^T h}{(p^k)^T r^k} - \frac{h^T H^k r^k (r^k)^T H^k h}{(r^k)^T H^k r^k}$$

$$= h^T H^k h + \frac{(h^T p^k)^2}{(p^k)^T r^k} - \frac{(h^T H^k r^k)^2}{(r^k)^T H^k r^k}.$$

Auf Grund der Cauchy-Schwarzschen Ungleichung (in bezug auf das Skalarprodukt $\langle x, y \rangle = x^T H^k y$) gilt

$$(h^T H^k r^k)^2 \leq (h^T H^k h)((r^k)^T H^k r^k),$$

mithin

$$h^T H^k h - \frac{(h^T H^k r^k)^2}{(r^k)^T H^k r^k} \geq 0,$$

so daß $h^T H^{k+1} h \geq 0$ folgt. Nun sei $h \neq \Theta_m$. Wäre dann

$$h^T H^k h - \frac{(h^T H^k r^k)^2}{(r^k)^T H^k r^k} > 0,$$

so wäre auch $h^T H^{k+1} h > 0$. Andernfalls folgt aus der Gleichheit in der Cauchy-Schwarzschen Ungleichung, daß $h = \alpha r^k$ ist mit $\alpha \in \mathbb{R}$, $\alpha \neq 0$. Damit ist

$$h^T p^k = \alpha (r^k)^T p^k = \alpha (p^k)^T r^k$$
$$= \alpha \lambda_k (h^k)^T \text{ grad } \phi(x^k) \neq 0$$

und somit $(h^T p^k)^2 > 0$, woraus ebenfalls $h^T H^{k+1} h > 0$ folgt. Die durch (2.3.40) definierte Matrix H^{k+1} ist also positiv definit, wenn die Matrix H^k positiv definit ist.

Zusammenfassend formulieren wir jetzt das <u>Verfahren von Davidon, Fletcher und Powell</u> (i.a. kurz DFP-Verfahren genannt):

1. Wähle $x^0 \in V$ und berechne grad $\phi(x^0)$.
2. Ist grad $\phi(x^0) = \Theta_m$, so bricht das Verfahren ab. Sonst gehe man zu 3.
3. Wähle eine symmetrische, positiv definite Matrix H^0 (meistens $H^0 = $ Einheitsmatrix) und setze $k = 0$.
4. Setze $h^k = -H^k$ grad $\phi(x^k)$.
5. Bestimme $\lambda_k > 0$ mit $x^k + \lambda_k h^k \in V$ so, daß (2.3.38) gilt.
6. Setze $x^{k+1} = x^k + \lambda_k h^k$.
7. Berechne grad $\phi(x^{k+1})$.
8. Ist grad $\phi(x^{k+1}) = \Theta_m$, so bricht das Verfahren ab. Andernfalls gehe man zu 9.
9. Ist $k < m-1$, so gehe man zu 10. Ist $k = m-1$, so gehe man zu 12.
10. Definiere p^k, r^k bzw. H^{k+1} durch (2.3.39) bzw. (2.3.40)
11. Ersetze k durch $k+1$ und gehe zu 4.
12. Setze $x^0 = x^m$, $k = 0$ und gehe zu 4.

Wie beim Verfahren der konjugierten Gradienten wird das DFP-Verfahren auf Grund von 9. nach m Schritten immer wieder neu gestartet.

Daß es sich bei diesem Verfahren um ein Quasi-Newton-Verfahren handelt, zeigt der folgende

Satz 2.3.2: Wendet man das DFP-Verfahren auf eine quadratische Funktion

ϕ der Form (2.2.11) mit symmetrischer, positiv definiter Matrix C an und ist dabei grad $\phi(x^k) \neq \Theta_m$ für $k = 0,\ldots,m-1$, so ist $H^m = C^{-1}$ (und grad $\phi(x^m) = \Theta_m$).
Ferner sind die Richtungen h^k für $k = 0,\ldots,m-1$ C-konjugiert.
Wir wollen den Beweis hier nicht führen[+)] und betrachten stattdessen noch einmal das

Beispiel:

$$\phi(x_1,x_2) = (x_1-3)^2 + 2x_2^2 = \frac{1}{2}(x_1,x_2)\begin{pmatrix} 2 & 0 \\ 0 & 4 \end{pmatrix}\begin{pmatrix} x_1 \\ x_2 \end{pmatrix} + (-6,0)\begin{pmatrix} x_1 \\ x_2 \end{pmatrix} + 9 \quad \text{auf } \mathbb{R}^2.$$

Wir wählen wieder $x^0 = (1,1)^T$. Dann ist

$$\text{grad } \phi(x^0) = \begin{pmatrix} -4 \\ 4 \end{pmatrix}.$$

Wählt man $H^0 = \begin{pmatrix} 1 & 0 \\ 0 & 1 \end{pmatrix}$, so ist $h^0 = \begin{pmatrix} 4 \\ -4 \end{pmatrix}$. Damit ergibt sich $\lambda_0 = \frac{1}{3}$ und

$$x^1 = \begin{bmatrix} +\frac{7}{3} \\ -\frac{1}{3} \end{bmatrix} \quad \text{sowie} \quad \text{grad } \phi(x^1) = \begin{bmatrix} -\frac{4}{3} \\ -\frac{4}{3} \end{bmatrix}. \quad \text{Für } p^0, r^0 \text{ berechnet man}$$

$$p^0 = \begin{bmatrix} \frac{4}{3} \\ -\frac{4}{3} \end{bmatrix} \quad \text{und} \quad r^0 = \begin{bmatrix} \frac{8}{3} \\ -\frac{16}{3} \end{bmatrix}.$$

Daraus ergibt sich

$$p^0(p^0)^T = \begin{bmatrix} \frac{16}{9} & -\frac{16}{9} \\ -\frac{16}{9} & \frac{16}{9} \end{bmatrix} \quad , \quad (p^0)^T r^0 = \frac{32}{3} \; ,$$

$$H^0 r^0 (r^0)^T H^0 = r^0(r^0)^T = \begin{bmatrix} \frac{64}{9} & -\frac{128}{9} \\ -\frac{128}{9} & \frac{256}{9} \end{bmatrix} \quad \text{und} \quad (r^0)^T H^0 r^k = \frac{320}{9} \quad \text{und somit}$$

$$H^1 = \begin{pmatrix} 1 & 0 \\ 0 & 1 \end{pmatrix} + \frac{3}{32}\begin{bmatrix} \frac{16}{9} & -\frac{16}{9} \\ -\frac{16}{9} & \frac{16}{9} \end{bmatrix} - \frac{9}{320}\begin{bmatrix} \frac{64}{9} & -\frac{128}{9} \\ -\frac{128}{9} & \frac{256}{9} \end{bmatrix} = \begin{bmatrix} \frac{29}{30} & \frac{7}{30} \\ \frac{7}{30} & \frac{11}{30} \end{bmatrix}.$$

Weiter gilt

$$h^1 = -H^1 \text{ grad } \phi(x^1) = -\begin{bmatrix} \frac{29}{30} & \frac{7}{30} \\ \frac{7}{30} & \frac{11}{30} \end{bmatrix}\begin{bmatrix} -\frac{4}{3} \\ -\frac{4}{3} \end{bmatrix} = \begin{bmatrix} \frac{8}{5} \\ \frac{4}{5} \end{bmatrix} ,$$

und es ergibt sich nach Schritt 5., daß $\lambda_1 = \frac{5}{12}$ ist. Damit wird

---

[+)] Bezüglich der C-Konjugiertheit von $h^1,\ldots,h^{m-1}$ kann z.B. auf Satz 2.6 in [15] verwiesen werden.

$$x^2 = x^1 + \lambda_1 h^1 = \begin{pmatrix} 3 \\ 0 \end{pmatrix} \quad \text{(wie erwartet). Weiter ist}$$

$$p^1 = x^2 - x^1 = \begin{bmatrix} \frac{2}{3} \\ \frac{1}{3} \end{bmatrix} \quad , \quad r^1 = \underbrace{\text{grad } \phi(x^2)}_{= \Theta_2} - \text{grad } \phi(x^1) = \begin{bmatrix} \frac{4}{3} \\ \frac{4}{3} \end{bmatrix} \; .$$

Daraus ergibt sich

$$p^1(p^1)^T = \begin{bmatrix} \frac{4}{9} & \frac{2}{9} \\ \frac{2}{9} & \frac{1}{9} \end{bmatrix} \quad , \quad (p^1)^T r^1 = \frac{4}{3} \; ,$$

$$H^1 r^1 = h^1 = \begin{bmatrix} \frac{8}{5} \\ \frac{4}{5} \end{bmatrix} \quad , \quad H^1 r^1 (r^1)^T H^1 = \begin{bmatrix} \frac{64}{25} & \frac{32}{25} \\ \frac{32}{25} & \frac{16}{25} \end{bmatrix} \; ,$$

$(r^1)^T H^1 r^1 = \frac{16}{5}$ und weiter

$$H^2 = \begin{bmatrix} \frac{29}{30} & \frac{7}{30} \\ \frac{7}{30} & \frac{11}{30} \end{bmatrix} + \frac{3}{4} \begin{bmatrix} \frac{4}{9} & \frac{2}{9} \\ \frac{2}{9} & \frac{1}{9} \end{bmatrix} - \frac{5}{16} \begin{bmatrix} \frac{64}{25} & \frac{32}{25} \\ \frac{32}{25} & \frac{16}{25} \end{bmatrix}$$

$$= \begin{bmatrix} \frac{1}{2} & 0 \\ 0 & \frac{1}{4} \end{bmatrix} = C^{-1} .$$

Die C-Konjugiertheit von h^0 und h^1 läßt sich ebenfalls bestätigen.

2.3.3. Eindimensionale Minimierung

Ein wesentlicher Schritt bei der Durchführung von Abstiegsmethoden ist
die Minimierung einer Funktion von der Form $f(\lambda) = \phi(x + \lambda h)$ einer reellen Variablen λ auf einem Intervall (vgl. (2.3.5)) oder auf Teilmengen
der reellen Zahlen von der Form $\{\lambda \in \mathbb{R} \mid x + \lambda d \in V\}$ (vgl. (2.3.20)) oder
$\{\lambda > 0 \mid x + d \in V\}$ (vgl. (2.3.25)). Dabei ist V eine offene Teilmenge
des $\mathbb{R}^m$, $x \in V$, $d \in \mathbb{R}^m$ und ϕ eine reellwertige Funktion auf V, die
dort minimiert werden soll. Wir wollen für das Folgende annehmen, $f = f(\lambda)$
sei eine reellwertige Funktion, die auf einem Intervall $I = [a,b)$ zu minimieren sei. Dabei ist $a \in \mathbb{R}$ und $b \in \mathbb{R}$ oder auch $b = \infty$. Auf diese
Problemstellung kann man die eindimensionale Minimierung im Zusammenhang
mit Abstiegsmethoden meistens zurückführen. Dabei ist oft $a = 0$. Wir betrachten zunächst

a) <u>Methoden, die nur Funktionswerte benutzen</u>

Wir machen eine Annahme, die in der Praxis oft schwer überprüfbar ist und einen Idealfall darstellt, an dem wir uns orientieren wollen. Wir nehmen an, die auf $I = [a,b)$ zu minimierende Funktion $f = f(\lambda)$ sei dort <u>uni-modal</u>, d.h. es gebe ein $\bar{\lambda} \in (a,b)$ derart, daß f in $[a,\bar{\lambda}]$ streng monoton fällt und in $[\bar{\lambda},b]$ streng monoton wächst. Insbesondere ist also unter dieser Annahme der Punkt $\bar{\lambda} \in (a,b)$ der eindeutige Minimalpunkt von f auf $[a,b)$.

Um diesen näherungsweise zu bestimmen, wenden wir zunächst eine einfache <u>Einschachtelungsmethode</u> an. Diese besteht aus zwei Schritten.

1. Man gibt sich eine Zahl $\rho > 0$ vor mit $2\rho \leq b$. Sodann berechnet man $f(a+\rho)$. Ist $f(a+\rho) \geq f(a)$, so ist $[a,a+\rho]$ ein Intervall mit $\bar{\lambda} \in (a,a+\rho)$ (da f unimodal ist). Ist $f(a+\rho) < f(a)$, so berechne man $f(a+2\rho)$. Ist $f(a+2\rho) \geq f(a)$, so ist $\bar{\lambda} \in [a,a+2\rho]$ auf Grund der Unimodalität von f auf $[a,b)$.

Allgemein gilt: Ist

$$f(a+(k+1)\rho) \geq f(a+k\rho) \quad \text{für ein } k \geq 1, \tag{$*$}$$

so ist $\bar{\lambda} \in (a+(k-1)\rho, a+(k+1)\rho)$ (für $k=0$ ist im Falle $(*)$ $\bar{\lambda} \in (a,a+\rho)$). Der Fall $(*)$ tritt auf Grund der Unimodalität von f nach endlich vielen Schritten ein, z.B.

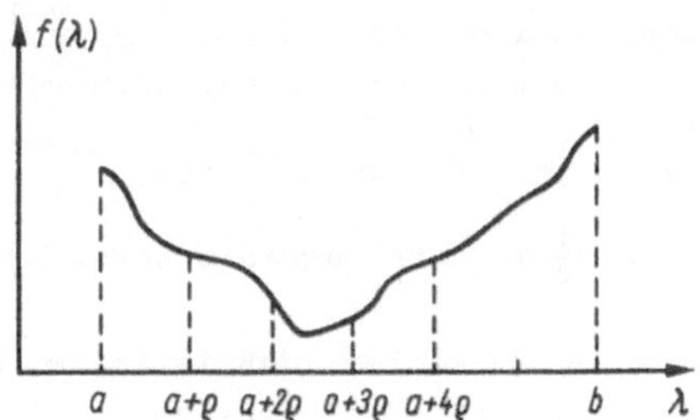

Abbildung 2.6

In diesem Beispiel gilt $(*)$ für $k = 3$, mithin $\bar{\lambda} \in [a+2\rho, a+4\rho]$.

2. Wir denken uns nach Schritt 1. ein Intervall $[c,d] \subseteq [a,b)$ konstruiert mit $\bar{\lambda} \in [c,d]$. Sodann geben wir uns eine Genauigkeit $\varepsilon > 0$ mit $\varepsilon \leq d-c$ vor und berechnen die Werte

$$f(c+k\varepsilon) \quad \text{für alle } k = 1,2,\ldots \text{ mit } c+k\varepsilon \in [c,d].$$

Wählt man sich unter diesen den kleinsten, etwa $f(c+k_0\varepsilon)$, aus, so ist $|c+k_0\varepsilon - \bar{\lambda}| \leq \varepsilon$, und $\lambda_{k_0} = c+k_0\varepsilon$ ist eine Annäherung an $\bar{\lambda}$ der vor-·

gegebenen Genauigkeit. Diese Methode ist aber sehr aufwendig und erfordert
im ungünstigsten Fall r Funktionswertberechnungen, wenn man die Ermitt-
lung des kleinsten Wertes durch fortlaufenden Vergleich vornimmt und r
die größte Zahl mit $c + r\varepsilon \in [c,d]$ ist, z.B. $r = 100$ im Falle $d-c = 1$
und $\varepsilon = 10^{-2}$.

Ökonomischer ist die <u>Methode der sukzessiven Dreiteilung</u>. Dazu wählt man
zwei Zwischenpunkte v,w mit $c < v < w < d$ und berechnet $f(v)$ und $f(w)$.
Aus der Unimodalität von f folgt dann

$$f(v) < f(w) \implies \overline{\lambda} \in [c,w],$$
$$f(v) \geq f(w) \implies \overline{\lambda} \in [v,d].$$

Ein Spezialfall ist die <u>Methode der sukzessiven äquidistanten Dreiteilung</u>.
Bei dieser setzt man

$$v = c + \frac{1}{3}(d-c), \quad w = c + \frac{2}{3}(d-c).$$

Eine Iteration der Methode liegt auf der Hand und liefert nach n Schritten bei äquidistanter Dreiteilung ein Intervall der Länge $(\frac{2}{3})^n(d-c)$, in
dem $\overline{\lambda}$ liegt. Bei vorgegebener Genauigkeit $\varepsilon > 0$ wird man die kleinste
Zahl n von Schritten wählen, für die gilt

$$(\tfrac{2}{3})^n(d-c) \leq \varepsilon,$$

z.B. für $d-c = 1$ und $\varepsilon = 10^{-2}$ ergibt sich $n = 12$. Bei zwei Funktions-
auswertungen pro Schritt benötigt man also in diesem Beispiel maximal 24
Funktionswertberechnungen, um die Genauigkeit $\varepsilon = 10^{-2}$ zu erzielen.
Man kann diese Methode noch weiter verbessern. Dazu wählen wir zunächst

$$v = c + (1-\gamma)(d-c), \quad w = c + \gamma(d-c) \tag{2.3.41}$$

mit einer festen Zahl $\gamma \in (\frac{1}{2},1)$ (bei äquidistanter Dreiteilung wäre
$\gamma = \frac{2}{3}$).

Frage: Ist es möglich, γ so zu wählen, daß im Falle $f(v) < f(w)$, bei
dem $[c,w]$ als neues Intervall für den nächsten Schritt zu wählen wäre,
$w = v$ gesetzt werden kann, und im Falle $f(v) \geq f(w)$ mit $[v,d]$ als neu-
em Intervall im nächsten Schritt $v = w$ wählbar wäre?

Mit Ausnahme des ersten Schrittes brauchte man dann in jedem weiteren
Schritt nur einen neuen Funktionswert zu berechnen.

Wir nehmen einmal an, es sei $f(v) < f(w)$. Dann müßte $\gamma \in (\frac{1}{2},1)$ so gewählt werden, daß gilt

$$v = c + \gamma(w-c),$$

woraus

$$v = c + \gamma^2(d-c)$$

folgt. Andererseits ist

$$v = c + (1-\gamma)(d-c),$$

so daß man aus den beiden letzten Gleichungen die quadratische Gleichung $\gamma^2 + \gamma - 1 = 0$ erhält mit den beiden Lösungen

$$\gamma_1 = \frac{1}{2}(\sqrt{5} - 1), \quad \gamma_2 = \frac{1}{2}(-\sqrt{5} - 1).$$

Von diesen ist nur $\gamma = \gamma_1 = \frac{1}{2}(\sqrt{5}-1) \approx 0.618$ sinnvoll. Das gleiche Ergebnis erhält man im Falle $f(v) \geq f(w)$ (Übung!). Aus (2.3.41) erhält man

$$\gamma = \frac{w-c}{d-c} \quad \text{und} \quad 1-\gamma = 1 - \frac{w-c}{d-c} = \frac{d-w}{d-c},$$

mithin

$$\frac{1-\gamma}{\gamma} = \frac{d-w}{w-c}.$$

Aus $\gamma^2 + \gamma - 1$ ergibt sich

$$\frac{1-\gamma}{\gamma} = \gamma = \frac{w-c}{d-c}$$

und somit

$$\frac{d-w}{w-c} = \frac{w-c}{d-c}.$$

Durch den Punkt w wird die Strecke $[c,d]$ also im "Goldenen Schnitt" geteilt.

Zusammenfassend ergibt sich also (für den Schritt 2. des oben beschriebenen Einschachtelunsverfahrens) der folgende Algorithmus der sukzessiven Dreiteilung nach dem Goldenen Schnitt:

Man wähle eine Genauigkeit $\varepsilon > 0$.

1. Setze $k = 0$, $c_0 = c$, $d_0 = d$.

2. Ist $d_k - c_k \leq \varepsilon$, so setze $\bar{\lambda} = \frac{c_k + d_k}{2}$ und beende das Verfahren. Andernfalls fahre fort mit 3.

3. Bestimme, falls noch nicht bekannt,

$$v_k = c_k + \frac{3 - \sqrt{5}}{2}(d_k - c_k), \quad w_k = c_k + \frac{\sqrt{5} - 1}{2}(d_k - c_k)$$

sowie $f(v_k)$ und $f(w_k)$.

4. Ist $f(v_k) < f(w_k)$, so setze $c_{k+1} = c_k$, $d_{k+1} = w_k$, $w_{k+1} = v_k$, ersetze k durch $k+1$ und gehe nach 2.
Ist $f(v_k) \geq f(w_k)$, so setze $c_{k+1} = v_k$, $d_{k+1} = d_k$, $v_{k+1} = w_k$, ersetze k durch $k+1$ und gehe nach 2.

Die Mindestanzahl von Schritten zur Erreichung der Genauigkeit $\varepsilon > 0$ ist das kleinste n mit

$$(\frac{\sqrt{5}-1}{2})^n \ (d-c) \ \le \ \varepsilon, \qquad\qquad (2.3.42)$$

z.B. für $d-c = 1$ und $\varepsilon = 10^{-2}$ ergibt sich $n = 10$. Im ersten Schritt
benötigt man zwei Funktionsauswertungen, in jedem weiteren nur noch eine,
in diesem Beispiel also insgesamt 11 (gegenüber 24 bei äquidistanter Dreiteilung).

Wir wollen diese Methode an einem einfachen Beispiel demonstrieren: Sei

$$f(\lambda) \ = \ 4\lambda^2 + \frac{1}{\lambda} \ , \qquad \lambda > 0.$$

Diese Funktion ist unimodal (sogar strikt konvex) und hat $\lambda = \frac{1}{2}$ als ein-
deutigen Minimalpunkt.
Wir wählen $c = \frac{1}{4}$, $d = \frac{3}{4}$ und $\varepsilon = 10^{-2}$. Das kleinste n mit (2.3.42)
ist dann $n = 9$.
Wir setzen $c_0 = 0.25$, $d_0 = 0.75$ und erhalten $v_0 = 0.44098$,
$w_0 = 0.559015$. Damit ist

$$f(v_0) \ = \ 3.0455 > f(w_0) \ = \ 3.03886,$$

also $c_1 = 0.44098$, $d_1 = 0.75$, $v_1 = 0.559015$, und man berechnet
$w_1 = 0.63196$. Damit ist

$$f(v_1) \ = \ 3.03886 < f(w_1) \ = \ 3.17988,$$

also $c_2 = 0.44098$, $d_2 = 0.63196$, $w_2 = 0.559015$, und man berechnet
$v_2 = 0.51392$. Damit ist

$$f(v_2) \ = \ 3.00229 < f(w_2) \ = \ 3.03886,$$

also $c_3 = 0.44098$, $d_3 = 0.559015$, $w_3 = 0.51392$, und man berechnet
$v_3 = 0.48606$. Damit ist

$$f(v_3) \ = \ 3.00237 > f(w_3) \ = \ 3.00229,$$

also $c_4 = 0.48606$, $d_4 = 0.55902$, $v_4 = 0.51392$.
Die weiteren Rechenschritte (bis $c_9 = \ldots$, $d_9 = \ldots$) überlassen wir
dem Leser als Übung.

Als nächstes betrachten wir

b)   Methoden, die erste Ableitungen benutzen

Wir nehmen wieder an, daß die auf $I = [a,b)$ zu minimierende Funktion
$f = f(\lambda)$ dort unimodal sei und eine erste Ableitung $f' = f'(\lambda)$ besitze.
Der eindeutige Minimalpunkt $\overline{\lambda} \in [a,b)$ von f auf $[a,b)$ ist somit
durch die Bedingung $f'(\overline{\lambda}) = 0$ gekennzeichnet.
Den Schritt 1. der Einschachtelungsmethode können wir dann wie folgt aus-

führen: Wir geben uns wieder eine Zahl $\rho > 0$ mit $2\rho \leq b$ vor. Sodann berechnen wir $f'(a+\rho)$. Ist $f'(a+\rho) \geq 0$, so ist $\bar{\lambda} \in [a, a+\rho]$ (auf Grund der Unimodalität von f). Andernfalls berechne man $f'(a+2\rho)$ und mache den gleichen Test.

Allgemein gilt

$$f'(a+k\rho) \geq 0 \implies \bar{\lambda} \in [a+(k-1)\rho, a+k\rho]. \qquad (**)$$

Der Prozeß bricht wieder nach endlich vielen Schritten ab, d.h. $(**)$ tritt für ein $k \geq 1$ ein, z.B. in Abbildung 2.6 für $k = 3$. Mithin ist $\bar{\lambda} \in [a+2\rho, a+3\rho]$.

Schritt 2. der Einschachtelungsmethode geht wieder von einem Intervall $[c,d] \subseteq [a,b)$ aus, in dem $\bar{\lambda}$ liegt und das durch Schritt 1. ermittelt wurde. Wieder gibt man sich eine Genauigkeit $\epsilon > 0$ mit $\epsilon \leq d-c$ vor und versucht $\bar{\lambda}$ bis auf ϵ anzunähern. Am einfachsten ist hier die <u>Bisektionsmethode</u>, die folgendermaßen abläuft:

1. Man setzt $k = 0$, $c_0 = c$, $d_0 = d$.
2. Ist $d_k - c_k \leq \epsilon$, so setzt man $\bar{\lambda} = \frac{1}{2}(c_k + d_k)$ und bricht das Verfahren ab. Andernfalls geht man nach 3.
3. Setze $v_k = \frac{1}{2}(c_k + d_k)$.
4. Ist $f'(v_k) = 0$, so setzt man $\bar{\lambda} = v_k$ und bricht das Verfahren ab.
5. Ist $f'(v_k) > 0$, so setzt man $c_{k+1} = c_k$, $d_{k+1} = v_k$, ersetzt k durch $k+1$ und geht nach 2.
6. Ist $f'(v_k) < 0$, so setzt man $c_{k+1} = v_k$, $d_{k+1} = d_k$, ersetzt k durch $k+1$ und geht nach 2.

In jedem Schritt wird die Länge des Intervalls, welches $\bar{\lambda}$ enthält, halbiert. Die Mindestanzahl von Schritten zur Erreichung der Genauigkeit $\epsilon > 0$ ist also die kleinste Zahl n mit

$$\left(\frac{1}{2}\right)^n (d-c) \leq \epsilon, \qquad (2.3.43)$$

z.B. für $d-c = 1$ und $\epsilon = 10^{-2}$ ergibt sich $n = 7$. Wir betrachten wieder das Beispiel

$$f(\lambda) = 4\lambda^2 + \frac{1}{\lambda}, \quad \lambda > 0.$$

Dann ist

$$f'(\lambda) = 8\lambda - \frac{1}{\lambda^2}, \quad \lambda > 0.$$

Wir wählen $a = 0.2$, $b = \infty$ und $\rho = 0.25$. Damit ergibt sich

λ	0.2	0.45	0.7
$f'(\lambda)$	-23.4	-1.3382716	3.5591837

und es ist $c_o = 0.45$, $d_o = 0.7$ wählbar. Wir setzen $\epsilon = 10^{-2}$. Dann ist
$d_o - c_o > \epsilon$ und $v_o = 0.575$ sowie $f'(v_o) = 1.575 > 0$, mithin $c_1 = 0.45$,
$d_1 = 0.575$, $v_1 = 0.5125$ sowie $f'(v_1) = 0.292 > 0$, mithin $c_2 = 0.45$,
$d_2 = 0.5125$, $v_2 = 0.48125$, sowie $f'(v_2) = -0.467 < 0$, mithin
$c_3 = 0.48125$, $d_3 = 0.5125$, $v_3 = 0.496875$ sowie $f'(v_3) = -0.0754 < 0$,
mithin $c_4 = 0.496875$, $d_4 = 0.5125$, $v_4 = 0.5046875$ sowie
$f'(v_4) = 0.111 > 0$, mithin $c_5 = 0.496875$, $d_5 = 0.5046875$. Wegen

$$d_5 - c_5 = 0.0078125 < \epsilon \quad \text{ist} \quad \overline{\lambda} = \tfrac{1}{2}(c_5 + d_5) = 0.50078$$

zu setzen.

Der Abbruch des Verfahrens nach $n = 5$ Schritten ergibt sich auch aus der
Abschätzung (2.3.43).

Zum Abschluß betrachten wir noch

c)   <u>Das Newton-Verfahren und Sekantenverfahren</u>

Wir legen wieder die Situation wie in b) zugrunde und denken uns mit Hilfe
des dort beschriebenen Schrittes 1. ein Intervall $[c,d] \subseteq [a,b)$ konstruiert mit

$\quad f'(c) < 0, \quad f'(d) > 0$ und $\overline{\lambda}$ (= Minimalpunkt von f) $\in (c,d)$.

Weiterhin nehmen wir an, daß f'' auf $[c,d]$ existiert und

$\quad f''(\lambda) \neq 0$ ist für alle $\lambda \in [c,d]$.

Zur Bestimmung von $\overline{\lambda}$ (mit $f'(\overline{\lambda}) = 0$) wenden wir zunächst das <u>Newton-</u>
<u>Verfahren</u> an, das, beginnend mit einer Zahl $\lambda_o \in [c,d]$, eine Folge
$(\lambda_k)_{k=0,1,\ldots}$ konstruiert nach der Vorschrift

$$\lambda_{k+1} = \lambda_k - \frac{f'(\lambda_k)}{f''(\lambda_k)}, \quad k = 0,1,\ldots \qquad (2.3.44)$$

Das Verfahren ist unbegrenzt durchführbar, wenn alle λ_k im Intervall
$[c,d]$ liegen (was nicht unter allen Umständen der Fall ist!). Hinreichend
dafür sind die folgenden Bedingungen:

$$f''(\lambda) > 0 \quad \text{für alle} \quad \lambda \in [c,d], \qquad (2.3.45)$$

f' ist konvex bzw. konkav auf $[c,d]$ und

$$-\frac{f'(c)}{f''(c)} \leq d-c \quad \text{bzw.} \quad \frac{f'(d)}{f''(d)} \leq d-c. \qquad (2.3.46)$$

Das läßt sich anschaulich leicht, wie folgt, klarmachen:

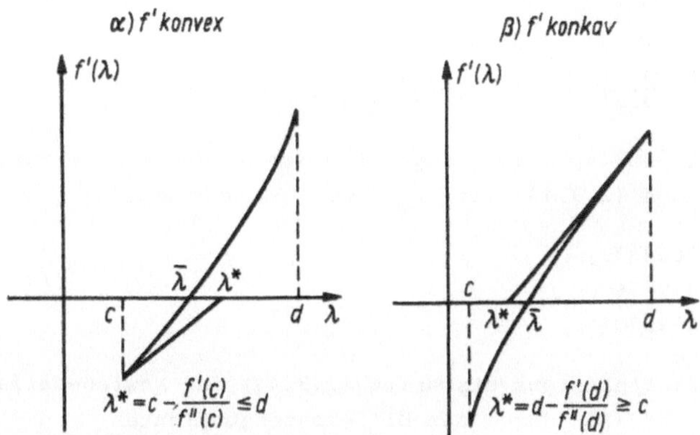

Abbildung 2.7

Im Falle α) sieht man unmittelbar Folgendes:

$$\lambda_k \in [\bar{\lambda},d] \;\Rightarrow\; \lambda_{k+1} \in [\bar{\lambda},\lambda_k), \tag{2.3.47a}$$

$$\lambda_k \in [c,\bar{\lambda}] \;\Rightarrow\; \lambda_{k+1} \in [\bar{\lambda},d]. \tag{2.3.47b}$$

Im Falle β) ergibt sich:

$$\lambda_k \in [c,\bar{\lambda}] \;\Rightarrow\; \lambda_{k+1} \in (\lambda_k,\bar{\lambda}], \tag{2.3.48a}$$

$$\lambda_k \in [\bar{\lambda},d] \;\Rightarrow\; \lambda_{k+1} \in [c,\bar{\lambda}]. \tag{2.3.48b}$$

Aus den Implikationen (2.3.47a + b) im Falle α) ergibt sich, daß ab $k = 1$
alle Iterierten λ_k, die nach der Vorschrift (2.3.44) gewonnen werden,
rechts von $\bar{\lambda}$ liegen und monoton fallend gegen $\bar{\lambda}$ konvergieren. Analog
gilt im Falle β), daß ab $k = 1$ alle Iterierten λ_k nach (2.3.44) links
von $\bar{\lambda}$ liegen und monoton wachsend gegen $\bar{\lambda}$ konvergieren.
Wir betrachten noch einmal das Beispiel

$$f(\lambda) = 4\lambda^2 + \frac{1}{\lambda}, \quad \lambda > 0.$$

Hier ist

$$f''(\lambda) = 8 + \frac{2}{\lambda^3} > 0 \quad \text{für alle} \quad \lambda > 0$$

und

$$f'''(\lambda) = -\frac{6}{\lambda^4} < 0 \quad \text{für alle} \quad \lambda > 0,$$

mithin f' auf $(0,\infty)$ konkav (sogar strikt konkav - vgl. Abschnitt 2.2.2). Wir wählen d = 0.7 und berechnen c nach der Vorschrift (2.3.44), d.h.

$$c = 0.7 - \frac{f'(0.7)}{f''(0.7)} = 0.7 - \frac{3.559183673}{13.83090379} \geq 0.44.$$

Für das Intervall [0.44, 0.7] liegt also der obige Fall β) vor. Wir beginnen die Iteration (2.3.44) mit $\lambda_o = 0.44$ und erhalten

$$\lambda_1 = 0.4922669339,$$
$$\lambda_2 = 0.4998791760,$$
$$\lambda_3 = 0.4999999707.$$

Ersetzt man in der Iterationsvorschrift (2.3.44) des Newton-Verfahrens die zweite Ableitung $f''(\lambda_k)$ durch den Differenzenquotienten

$$\frac{f'(\lambda_k) - f'(\lambda_{k-1})}{\lambda_k - \lambda_{k-1}} \quad \text{für} \quad k \geq 1,$$

so erhält man, ausgehend von zwei Anfangswerten $\lambda_o, \lambda_1 \in [c,d]$, die Iterationsfolge des <u>Sekantenverfahrens</u> gemäß

$$\lambda_{k+1} = \lambda_k - f'(\lambda_k) \frac{\lambda_k - \lambda_{k-1}}{f'(\lambda_k) - f'(\lambda_{k-1})}$$

$$= \frac{\lambda_{k-1} f'(\lambda_k) - \lambda_k f'(\lambda_{k-1})}{f'(\lambda_k) - f'(\lambda_{k-1})} , \tag{2.3.49}$$

sofern $f'(\lambda_k) \neq f'(\lambda_{k-1})$ ist. Geometrisch ist λ_{k+1} der Schnittpunkt der λ-Achse mit der Geraden ("Sekante") durch die Punkte $(\lambda_{k-1}, f'(\lambda_{k-1}))$ und $(\lambda_k, f'(\lambda_k))$, im Bild, z.B.

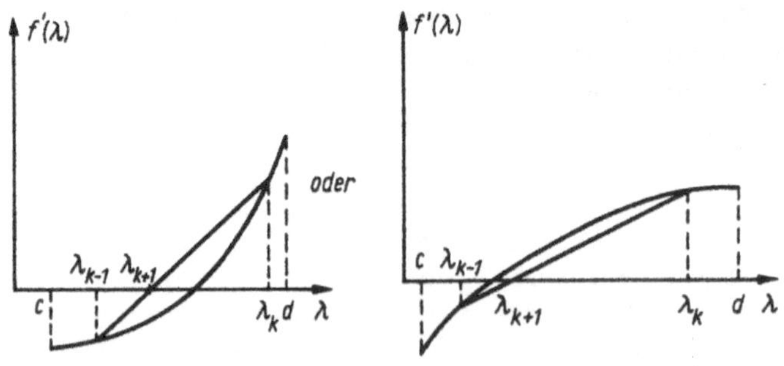

Abbildung 2.8

Ausgehend von $\lambda_o = c$, $\lambda_1 = b$, $f'(\lambda_o) < 0$, $f'(\lambda_1) > 0$ berechnet man λ_{k+1} aus λ_{k-1}, λ_k gemäß (2.3.49). Unter geeigneten Voraussetzungen läßt sich dann zeigen, daß $\lim_{k \to \infty} \lambda_k = \bar{\lambda}$ ist, sofern λ_o und λ_1 nahe genug bei $\bar{\lambda}$ gewählt werden.

Durch eine Zusatz-Vorschrift, die zur sog. <u>Regula falsi</u> führt, läßt sich Konvergenz erzwingen, ohne daß λ_o und λ_1 nahe genug bei $\bar{\lambda}$ gewählt werden müssen. Zu dem Zweck wählt man λ_o und λ_1 mit $f'(\lambda_o) < 0$ und $f'(\lambda_1) > 0$ und berechnet im k-ten Schritt $(k \geq 1)$ zunächst

$$\lambda = \lambda_k - f'(\lambda_k) \frac{\lambda_k - \lambda_{k-1}}{f'(\lambda_k) - f'(\lambda_{k-1})} \quad \text{(wobei } f'(\lambda_{k-1}) < 0, \quad f'(\lambda_k) > 0).$$

Dann macht man die folgende Fallunterscheidung:

a) Ist $f'(\lambda) = 0$, so setzt man $\bar{\lambda} = \lambda$ und bricht ab.

b) Ist $f'(\lambda) > 0$, so setzt man $\lambda_k = \lambda_{k-1}$, $\lambda_{k+1} = \lambda$, was $f'(\lambda_{k+1}) - f'(\lambda_k) > 0$ impliziert.

c) Ist $f'(\lambda) < 0$, so setzt man $\lambda_k = \lambda$, $\lambda_{k+1} = \lambda_k$, was ebenfalls $f'(\lambda_{k+1}) - f'(\lambda_k) > 0$ impliziert.

Bei dieser Methode ist die Konvergenz der λ_k gegen $\bar{\lambda}$ gesichert. Diese ist jedoch i.a. langsamer als bei der Sekantenmethode. In jedem Schritt gilt aber bei der Regula falsi $\lambda_{k-1} \leq \bar{\lambda} \leq \lambda_k$, was bei der Sekantenmethode nicht notwendig zutrifft.

Wir demonstrieren die beiden Methoden wieder an dem Beispiel

$$f(\lambda) = 4\lambda^2 + \frac{1}{\lambda}, \quad \lambda > 0.$$

Wir wählen wie bei der Bisektionsmethode wieder $c = 0.45$, $d = 0.7$ und setzen $\lambda_o = c$, $\lambda_1 = d$. Dann ist

$$f'(\lambda_o) = -1.338271604 \quad \text{und} \quad f'(\lambda_1) = 3.559183673,$$

und man erhält nach (2.3.49)

$$\lambda_2 = 0.5183146414, \qquad f'(\lambda_2) = 0.4242027862,$$
$$\lambda_3 = 0.4937303016, \qquad f'(\lambda_3) = -01523916472,$$
$$\lambda_4 = 0.5002278461, \qquad f'(\lambda_4) = 0.0054658183,$$
$$\lambda_5 = 0.5000028685.$$

Bei der Durchführung der Regula falsi erhält man, wiederum ausgehend von $\lambda_o = 0.45$ und $\lambda_1 = 0.7$,

$$\lambda = 0.5183146414, \qquad f'(\lambda) = 0.4242027862 > 0,$$

mithin

$$\lambda_1 = \lambda_o = 0.45 \quad \text{und} \quad \lambda_2 = \lambda = 0.5183146414.$$

Damit erhält man

$$\lambda = 0.5018722684, \qquad f'(\lambda) = 0.04476702 > 0,$$

mithin

$$\lambda_2 = \lambda_1 = 0.45 \quad \text{und} \quad \lambda_3 = \lambda = 0.5018722684.$$

An dieser Stelle brechen wir ab und überlassen weitere Schritte dem Leser.

2.4. Bibliographische Bemerkungen

Die in Abschnitt 2.1. behandelte Ausgleichsrechnung nach der Methode der
kleinsten Quadrate wurde nur in ihren Grundzügen dargestellt. Insbesondere wurde ihre schon auf C.F. Gauß zurückgehende Begründung im Rahmen der
mathematischen Statistik nicht berücksichtigt. Hierzu sei auf die Bücher
[26] von J.W. Linnik und [27] von R. Ludwig verwiesen, in denen auch auf
praktisch-numerische Aspekte eingegangen wird.

Die lineare Ausgleichsrechnung erweist sich als problematisch, wenn die
Koeffizientenmatrix (c_{kj}) in (2.1.3) nicht den vollen Rang m hat, so
daß die Matrik (N_{ik}) der Normalgleichungen (2.1.7) (nach Satz 2.2.9)
singulär wird. In dem Fall gibt es auch noch Methoden zur Lösung des Problems, welche z.B. ausführlich in dem Buch [24] von Ch. L. Lawson und
R.J. Hanson dargestellt werden. Auf derartige Methoden muß man auch zu-
rückgreifen, wenn die Matrix (N_{ik}) der Normalgleichungen (2.1.7) zwar
theoretisch nicht-singulär, praktisch aber nahezu singulär ist.

Die in Abschnitt 2.2. hergeleiteten Aussagen über die Minimierung differenzierbarer Funktionen sind allgemeiner Standard und unentbehrliche Grund-
lage zum Verständnis darauf aufbauender Methoden.

Die Literatur über Abstiegsmethoden zur Minimierung von Funktionen ohne
Nebenbedingungen ist sehr umfangreich. Wir geben daher stellvertretend
die Bücher [2] von M.S. Bazaraa und C.M. Shetty, [14] Ch. Großmann und
A.A. Kaplan, [15] Ch. Großmann und H. Kleinmichel, [19] von R. Horst und
[29] von G. Luenberger an. Einen kurzen Abriß der Konvergenztheorie und
zahlreiche Hinweise auf einschlägige Originalarbeiten findet man auch in
Kapitel 14 des Buches [39] von G. Zoutendijk.

Auf Minimierungsmethoden ohne Benutzung von Ableitungen wird u.a. ausführlich in dem Buch [1] von M. Avriel eingegangen.

Schließlich sei noch auf zwei zusammenfassende Darstellungen hingewiesen,
die sich ausschließlich mit unrestringierten Optimierungsproblemen befas-

sen, und zwar das Buch [21] von J. Kowalik und M.R. Osborne, in welchem
auch auf Fehlerquadratprobleme eingegangen wird, und die Reihe [33] von
Aufsätzen, herausgegeben von W. Murray.

3. Minimierung von Funktionen unter linearen Nebenbedingungen

<u>3.1. Ausgleichsrechnung unter linearen Nebenbedingungen und allgemeine Problemstellung</u>

Wir greifen das Problem der linearen Ausgleichsrechnung aus Abschnitt 2.1. noch einmal auf. Oft liegen bei den zugehörigen Meßdaten grob fehlerhafte Ergebnisse vor, die man nicht mehr durch zufällige Irrtümer erklären kann und die das Endergebnis grob verfälschen. Wir wollen das an einem Beispiel erläutern: Gegeben seien zwei Temperaturskalen t und s, die über ein lineares Gesetz der Gestalt

$$s = x_1 t + x_2$$

miteinander gekoppelt sind (wie z.B. die Celsius- und die Fahrenheitsskala über das Gesetz $s = \frac{5}{9}(t-32)$). Die Koeffizienten x_1 und x_2 sind unbekannt und sollen aus Messungen ermittelt werden. Für diese liegen die folgenden Tabellen korrespondierender Temperaturwerte vor:

a)

t	0	1	2	3	4
s	2.5	3.1	3.9	4.9	5.7

b)

t	0	1	2	3	4
s	2.5	3.1	12.0	4.9	5.7

Die Skala b) unterscheidet sich von der Skala a) nur in dem Wert $s = 12.0$ für $t = 2$, der wahrscheinlich auf einem groben Meßfehler beruht. Die Berechnung von x_1 und x_2 nach der in Abschnitt 2.1. beschriebenen Methode der kleinsten Quadrate ergibt

a) $x_1 = 0.82$; $x_2 = 2.38$.   b) $x_1 = 0.82$; $x_2 = 4$.

Für den Fehler $\varepsilon = x_1 t + x_2 - s$ ergibt sich damit:

a)

t	0	1	2	3	4
ε	-0.12	0.1	0.12	-0.06	-0.04

b)

t	0	1	2	3	4
ε	1.5	1.72	-6.36	1.56	1.58

Im Falle a) sieht man, daß die "Ausgleichsgerade" $s(t) = x_1 t + x_2$ betragsmäßig kleine positive und negative Abweichungen von den gemessenen Werten hat. Im Falle b) hat sie mit Ausnahme von $t = 2$ nur positive Abweichungen von den gemessenen Werten, die betragsmäßig beträchtlich größer

sind als im Falle a). Durch den "Ausreißerwert" $s = 12$ für $t = 2$ wird
die Ausgleichsgerade um den Wert 1.62 nach oben verschoben und damit wert-
los.

Im Falle b) wäre es daher von vornherein günstiger gewesen, den grob feh-
lerhaften Wert $s = 12$ für $t = 2$ auszuschließen und nur mit der Skala

t	0	1	3	4
s	2.5	3.1	4.9	5.7

zu operieren. Als Ergebnis hätte man erhalten:

$$x_1 = 0.82; \quad x_2 = 2.41.$$

Oft ist es schwierig, grob fehlerhafte Messungen von vornherein zu erkennen und auszumerzen (z.B. wenn sehr viele Meßdaten vorliegen). Wir nehmen
aber an, daß es möglich sei, für die zufälligen Fehler a priori eine Grö-
ßenordnung $\gamma > 0$ zu schätzen. Man könnte dann die Fehlerquadratsumme
$\sum_{i=1}^{n} \varepsilon_i^2$ unter den Nebenbedingungen $|\varepsilon_i| \leq \gamma$ für $i = 1,\ldots,n$ zum Minimum zu machen versuchen. Im obigen Falle wäre z.B. $\gamma = 0.15$ eine mögli-
che Schätzung, die im Falle a) dasselbe Ergebnis liefern würde, da die
Fehler, die bei der minimalen Fehlerquadratsumme auftreten, alle betrags-
mäßig kleiner sind als 0.15, so daß die Nebenbedingungen $|\varepsilon_i| \leq 0.15$ für
$i = 1,\ldots,4$ keine Einschränkung bedeuten. Im Falle b) hätte man die Bedingungen

$$|x_2 - 2.5| \leq 0.15,$$
$$|x_1 + x_2 - 3.1| \leq 0.15,$$
$$|2x_1 + x_2 - 12| \leq 0.15, \qquad\qquad (3.1.1)$$
$$|3x_1 + x_2 - 4.9| \leq 0.15,$$
$$|4x_1 + x_2 - 5.7| \leq 0.15.$$

zu erfüllen. Das ist aber unmöglich; denn aus der ersten und dritten Ungleichung folgert man

$$2.35 \leq x_2 \leq 2.65 \quad \text{und} \quad 4.6 \leq x_1 \leq 4.9,$$

mithin $3.85 \leq x_1 + x_2 - 3.1$, was der zweiten Ungleichung widerspricht.
Die Minimierung der Fehlerquadratsumme unter den Nebenbedingungen (3.1.1)
ist also nicht möglich, da die Nebenbedingungen auf Grund des groben Meß-
fehlers nicht erfüllbar sind. Durch Minimierung der Fehlerquadratsumme unter Nebenbedingungen der Form (3.1.1) für die zufälligen Fehler ist es also möglich zu erkennen, daß die Daten grobe Meßfehler enthalten. Für den
Wert $\gamma = 0.1$ erfüllt die unter a) angegebene uneingeschränkte Fehlerqua-

dratlösung $x_1 = 0.82$, $x_2 = 2.38$ nicht mehr die Nebenbedingung (3.1.1)
mit "3.9" anstelle von "12" und "0.1" anstelle von "0.15". Für $x_1 = 0.8$
und $x_2 = \cdot 2.4$ ist das aber der Fall. Hierfür ergibt sich für die Fehlerquadratsumme der Wert 0.05 gegenüber dem Wert 0.044 für $x_1 = 0,82$,
$x_2 = 2.38$. Aus den sogleich folgenden Betrachtungen ergibt sich die Lösbarkeit des "bedingten Fehlerquadratproblems" für $\gamma = 0.1$. Der gesuchte
Minimalwert für die Fehlerquadratsumme wird zwischen 0.044 und 0.05
liegen. Wir kommen auf dieses Beispiel noch zurück. Zunächst betrachten
wir allgemein die <u>Methode der kleinsten Quadrate unter Beschränkung der</u>
<u>Fehlerbeträge</u>. Die Situation ist die folgende: Vorgegeben seien m linear
unabhängige Vektoren $a_1, \ldots, a_m \in \mathbb{R}^n$, wobei $m < n$, und ein Vektor $b \in \mathbb{R}^n$;
im obigen Beispiel ist $m = 2$, $n = 5$, $a_1 = (0,1,2,3,4)^T$,
$a_2 = (1,1,1,1,1)^T$ und $b = (2.5,\ 3.1,\ 3.9,\ 4.9,\ 5.7)^T$ im Falle a) sowie
$b = (2.5,\ 3.1,\ 12,\ 4.9,\ 5.7)^T$ im Falle b). Weiterhin sei eine Zahl $\gamma > 0$
vorgegeben. Gesucht ist ein Vektor $x \in \mathbb{R}^m$ derart, daß unter den Nebenbedingungen

$$\left| \sum_{i=1}^{m} a_{ij}x_i - b_j \right| \leq \gamma \quad \text{für} \quad j = 1, \ldots, n \tag{3.1.2}$$

die Fehlerquadratsumme

$$\phi(x) = \sum_{j=1}^{n} \left(\sum_{i=1}^{m} a_{ij}x_i - b_j \right)^2 \tag{3.1.3}$$

minimal ausfüllt.
Im Falle b) des obigen Beispiels sind die Nebenbedingungen (3.1.2) für
$\gamma = 0.15$ von der Form (3.1.1).
Wir definieren die <u>Menge der zulässigen Lösungen</u> durch

$$Z = \left\{ x \in \mathbb{R}^m \,\middle|\, \left| \sum_{i=1}^{m} a_{ij}x_i - b_j \right| \leq \gamma, \quad j = 1, \ldots, n \right\}. \tag{3.1.4}$$

Dann gilt der

Satz 3.1.1: Ist die Menge Z (3.1.4) der zulässigen Lösungen nichtleer,
so gibt es ein $\hat{x} \in Z$ mit

$$\phi(\hat{x}) \leq \phi(x) \quad \text{für alle} \quad x \in Z \tag{3.1.5}$$

(und ϕ nach (3.1.3)).

<u>Beweis:</u> Wir bemerken zunächst, daß die Menge Z abgeschlossen ist, da
die Funktionen

$$g_j(x) = \left| \sum_{i=1}^{m} a_{ij}x_i - b_j \right|, \quad j = 1, \ldots, n,$$

stetig sind; denn ist (x^k) eine Folge in Z, die gegen ein $x \in \mathbb{R}^m$ konvergiert, so folgt aus

$$g_j(x^k) \leq \gamma, \quad j = 1,\ldots,n \quad \text{für alle } k$$

durch Grenzübergang $g_j(x) \leq \gamma$, $j = 1,\ldots,n$, mithin $x \in Z$. Wenn wir noch zeigen, daß die Menge Z auch beschränkt ist, folgt (3.1.5) aus der Stetigkeit von ϕ und der Tatsache, daß eine stetige Funktion auf einer nichtleeren abgeschlossenen und beschränkten Teilmenge des $\mathbb{R}^m$ ihr Infimum annimmt. Um die Beschränktheit von Z einzusehen, stellen wir zunächst fest, daß für jedes $x \in Z$ gilt

$$\left| \sum_{i=1}^{m} a_{ij}x_i \right| - |b_j| \leq \left| \sum_{i=1}^{m} a_{ij}x_i - b_j \right| \leq \gamma, \quad \text{mithin}$$

$$\left| \sum_{i=1}^{m} a_{ij}x_i \right| \leq \max_{k=1,\ldots,n} |b_k| + \gamma = \beta \quad \text{für } j = 1,\ldots,n.$$

Wir betrachten nun die stetige Funktion

$$x \to m(x) = \max_{k=1,\ldots,m} \left| \sum_{i=1}^{m} a_{ik}x_i \right|, \quad x \in \mathbb{R}^m,$$

auf der abgeschlossenen und beschränkten "Sphäre"

$$S = \{x \in \mathbb{R}^m \mid \max_{i=1,\ldots,m} |x_i| = 1\}.$$

Dann gibt es ein $x^* \in S$ mit

$$m(x^*) = m = \inf \{m(x) \mid x \in S\}.$$

Sicher ist $m(x^*) > 0$; denn sonst wäre $\sum_{i=1}^{m} x_i^* a_i = \theta_n$, mithin $x^* = \theta_m$ (auf Grund der linearen Unabhängigkeit von $a_1,\ldots,a_m$), ein Widerspruch gegen $\max_{i=1,\ldots,m} |x_i^*| = 1$. Daraus folgt für jedes $x \neq \theta_m$

$$0 < m \leq m((\max_{i=1,\ldots,m} |x_i|)^{-1}x) = (\max_{i=1,\ldots,m} |x_i|)^{-1} m(x),$$

mithin

$$\max_{i=1,\ldots,m} |x_i| \leq \frac{1}{m} m(x)$$

(was trivialerweise auch für $x = \theta_m$ zutrifft). Damit ergibt sich für jedes $x \in Z$ $\max_{i=1,\ldots,m} |x_i| \leq \frac{\beta}{m}$, was die Beschränktheit von Z beweist und den Beweis beendet.

Die Nebenbedingungen (3.1.2) sind gleichwertig mit

$$-\gamma \leq \sum_{i=1}^{m} a_{ij}x_i - b_j \leq \gamma \quad \text{für} \quad j = 1,\ldots,n. \tag{3.1.6}$$

Definiert man die Matrix

$$A = \begin{bmatrix} a_{11} & a_{12} & \cdots & a_{1n} \\ a_{21} & a_{22} & \cdots & a_{2n} \\ \vdots & & & \\ a_{m1} & a_{m2} & \cdots & a_{mn} \end{bmatrix} \quad, \quad \text{bestehend aus den Zeilenvektoren}$$

a_j^T, $j = 1,\ldots,m$, und dem Vektor $e = (1,\ldots,1)^T \in \mathbb{R}^n$, so kann man für (3.1.6) auch schreiben

$$-\gamma e \leq A^T x - b \leq \gamma e$$

oder

$$\begin{aligned} A^T x &\geq b - \gamma e, \\ -A^T x &\geq -b - \gamma e, \end{aligned} \tag{3.1.7}$$

und die durch (3.1.3) definierte quadratische Funktion ϕ lautet

$$\phi(x) = x^T A A^T x - 2b^T A^T x + b^T b. \tag{3.1.8}$$

Um zu überprüfen, ob die durch (3.1.4) definierte Menge Z der zulässigen Lösungen nichtleer ist, kann man die linearen Ungleichungen (3.1.7) auf Lösbarkeit hin überprüfen, und zwar auf folgende Weise: Wir ersetzen γ durch eine weitere Variable x_{m+1} und betrachten das <u>Problem der linearen Optimierung</u>, unter den Nebenbedingungen

$$\begin{aligned} A^T x + x_{m+1} e &\geq b, \\ -A^T x + x_{m+1} e &\geq -b, \end{aligned} \tag{3.1.9}$$

$x \in \mathbb{R}^m$, $x_{m+1} \in \mathbb{R}$ die lineare Funktion

$$c(x_1,\ldots,x_{m+1}) = x_{m+1}$$

zum Minimum zu machen.
Zunächst bemerken wir, daß für jeden Vektor $(x_1,\ldots,x_{m+1})^T$, der (3.1.9) erfüllt, notwendig $x_{m+1} \geq 0$ ist. Weiter gibt es eine Lösung $(x_1,\ldots,x_{m+1})^T$ von (3.1.9), z.B. $x_1 = \ldots = x_m = 0$ und

$x_{m+1} = \max_{k=1,\ldots,m} |b_k|$. Zur Lösung des obigen linearen Optimierungspro-

blems kann die in Kapitel 1. beschriebene Simplexmethode herangezogen werden.Die eleganteste Form hierfür würde man durch Dualisierung erreichen, auf die jedoch nicht eingegangen wurde, so daß sie hier nicht beschrieben werden kann.

In jedem Fall gelangt man aber nach endlich vielen Schritten zu einer Optimallösung $(\hat{x}_1,\ldots,\hat{x}_{m+1})^T$ mit $\hat{x}_{m+1} \geq 0$.

Fallunterscheidung:

a) $\hat{x}_{m+1} > \gamma$; dann ist (3.1.7) nicht lösbar.

b) $\hat{x}_{m+1} \leq \gamma$; dann ist $\hat{x} = (\hat{x}_1,\ldots,\hat{x}_m)^T$ eine Lösung von (3.1.7) und damit $\hat{x} \in Z$.

Die Unlösbarkeit von (3.1.7) kann man mit weniger Aufwand auch folgendermaßen überprüfen: Sei $\hat{x} \in \mathbb{R}^m$ der Minimalpunkt von ϕ (3.1.8). Dann gilt

$$\text{grad } \phi(\hat{x}) = 2AA^T\hat{x} - 2Ab = \Theta_m$$

oder

$$A(A^T\hat{x} - b) = \Theta_m.$$

Setzt man

$$\hat{v} = A^T\hat{x} - b \qquad\qquad (3.1.10)$$

so ist

$$\hat{v}^T A^T = \Theta_m^T$$

und somit

$$|\hat{v}^T b| = |\hat{v}^T (A^T x - b)| \leq \gamma \sum_{i=1}^{n} |v_i| \quad \text{für alle } x \in Z,$$

mithin (im Falle $\hat{v} \neq \Theta_n$)

$$\frac{|\hat{v}^T b|}{\sum\limits_{i=1}^{n} |\hat{v}_i|} \leq \gamma, \quad \text{falls } Z \text{ (3.1.4) nichtleer ist.}$$

Daraus folgt die Implikation (im Falle $\hat{v} \neq \Theta_n$)

$$\frac{|\hat{v}^T b|}{\sum\limits_{i=1}^{m} |\hat{v}_i|} > \gamma \quad \Longrightarrow \quad Z \text{ (3.1.4) ist leer.} \qquad\qquad (3.1.11)$$

Wir wollen das am Fall b) des obigen Beispiels erläutern: Dort ist $m = 2$, $n = 5$ und $\hat{x}_1 = 0.82$, $\hat{x}_2 = 4$, woraus man

$$\hat{v} = A^T\hat{x} - b = (1.5,\ 1.72,\ -6.36,\ 1.56,\ 1.58)^T$$

erhält. Für $\gamma = 0.15$ ergibt sich somit $\dfrac{|\hat{v}^T b|}{\sum\limits_{i=1}^{5} |\hat{v}_i|} = \dfrac{48.588}{12.62} > \gamma$, d.h. die

Unlösbarkeit der Ungleichungen (3.1.1), die wir oben auch schon auf direktem Wege eingesehen haben.

Zum Abschluß dieses Abschnitts kommen wir zur <u>allgemeinen Problemstellung</u>. Diese besteht darin, unter den Nebenbedingungen

$$Ax \geq b, \quad x \in \mathbb{R}^m \tag{3.1.12}$$

eine Funktion $\phi = \phi(x)$ zum Minimum zu machen. Dabei ist A eine vorgegebene $n \times m$-Matrix und $b \in \mathbb{R}^n$ ein vorgegebener Vektor. Von der Funktion ϕ nehmen wir an, daß sie auf einer offenen Obermenge V der Menge

$$Z = \{x \in \mathbb{R}^m \mid Ax \geq b\} \tag{3.1.13}$$

der zulässigen Lösungen stetige partielle Ableitungen
$\phi_{x_i} = \phi_{x_i}(x)$, $i = 1,\ldots,m$, $x \in V$, besitze.

Im allgemeinen genügt es nicht (wie im Falle von Nebenbedingungen der Art (3.1.7)) anzunehmen, daß Z nichtleer sei, um die Existenz eines $\hat{x} \in Z$ mit

$$\phi(\hat{x}) \leq \phi(x) \quad \text{für alle} \quad x \in Z \tag{3.1.14}$$

sicherzustellen.
Es gilt jedoch der

<u>Satz 3.1.2:</u> Ist Z (3.1.13) nichtleer und gibt es ein $x^o \in Z$ derart, daß die Menge

$$Z^o = \{x \in Z \mid \phi(x) \leq \phi(x^o)\}$$

beschränkt ist, dann gibt es ein $\hat{x} \in Z$ mit (3.1.14).

<u>Beweis:</u> Offenbar ist

$$\inf \{\phi(x) \mid x \in Z\} = \inf \{\phi(x) \mid x \in Z^o\}, \tag{3.1.15}$$

und Z^o ist abgeschlossen, da Z abgeschlossen ist und ϕ auf $V \supseteq Z$ stetig. Damit nimmt ϕ auf der abgeschlossenen und beschränkten Menge Z^o sein Infimum für ein $x \in Z^o$ an, welches wegen (3.1.15) auch (3.1.14) erfüllt.

Jedes $\hat{x} \in Z$ mit (3.1.14) heißt <u>Minimalpunkt von ϕ auf Z</u>. Im nächsten Abschnitt werden wir notwendige und hinreichende Bedingungen für Minimalpunkte von ϕ auf Z herleiten.

3.2. Notwendige und hinreichende Bedingungen für Minimalpunkte

Wir legen die allgemeine Problemstellung am Ende des vorigen Abschnitts zugrunde. Zunächst definieren wir für jedes $x \in Z$ den Kegel der zulässigen Richtungen in x als Menge

$$KZ(x) = \{h \in \mathbb{R}^m \mid x + \lambda h \in Z \text{ für alle } \lambda \in [0, \lambda_h]$$

$$\text{für ein } \lambda_h > 0\}. \tag{3.2.1}$$

Anschaulich besteht $KZ(x)$ aus allen Richtungen in die man, ausgehend von $x \in Z$, ein kleines Stück fortschreiten kann, ohne die Menge Z zu verlassen:

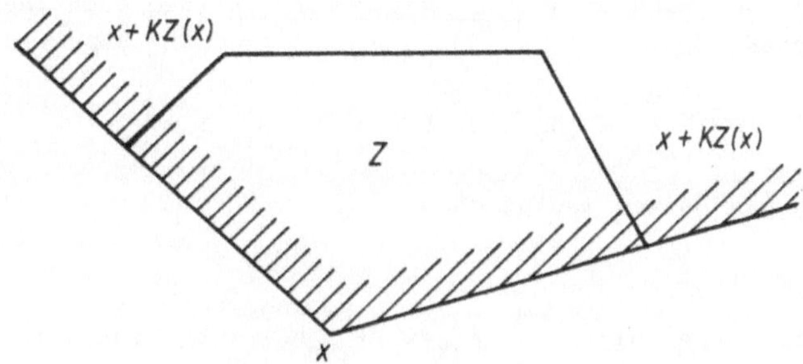

Abbildung 3.1

Die Menge $KZ(x)$ ist ein Kegel, d.h. mit jedem $h \in KZ(x)$ gehört für jedes $\rho \geq 0$ auch das Vielfache ρh zu $KZ(x)$. Für $\rho = 0$ ist das klar. Ist $\rho > 0$ und $h \in KZ(x)$, so folgt $x + \lambda(\rho h) \in Z$ für alle $\lambda \in [0, \frac{\lambda_h}{\rho}]$. Weiterhin gilt

$$h_1, h_2 \in KZ(x) \implies h_1 + h_2 \in KZ(x); \tag{3.2.2}$$

denn nach Annahme gilt

$$x + \lambda h_i \in Z \text{ für alle } \lambda \in [0, \lambda_{h_i}] \text{ für ein } \lambda_{h_i} > 0, \quad i = 1,2,$$

und somit $x + \frac{\lambda}{2}(h_1 + h_2) \in Z$ für alle $\lambda \in [0, \lambda_{h_1 + h_2}]$ mit $\lambda_{h_1 + h_2} = \min\{\lambda_{h_1}, \lambda_{h_2}\}$ wegen der Konvexität von Z. Aus (3.2.2) und der Kegeleigenschaft folgt sogar, daß $KZ(x)$ für jedes $x \in Z$ eine konvexe Menge (und damit ein konvexer Kegel) ist.
Wir wollen zunächst $KZ(x)$, $x \in Z$, noch genauer kennzeichnen und beweisen zu dem Zweck den

__Satz 3.2.1:__ Für jedes $x \in Z$ besteht der Kegel $KZ(x)$ der zulässigen Richtungen in x aus allen

$$h \in \mathbb{R}^m \quad \text{mit} \quad \sum_{k=1}^{m} a_{jk} h_k \geq 0 \quad \text{für alle} \quad j \in \{1,\ldots,n\}$$

$$\text{mit} \quad \sum_{k=1}^{m} a_{jk} x_k = b_j. \tag{3.2.3}$$

__Beweis:__ Für jedes $x \in Z$ definieren wir die Menge

$$I(x) = \{j \in \{1,\ldots,n\} \mid \sum_{k=1}^{m} a_{jk} x_k = b_j\} \tag{3.2.4}$$

der Indizes der sogenannten __aktiven Restriktionen__ (die auch leer sein kann) und setzen weiter

$$L(x) = \{h \in \mathbb{R}^m \mid \sum_{k=1}^{m} a_{jk} h_k \geq 0 \quad \text{für alle} \quad j \in I(x)\}. \tag{3.2.5}$$

Die Behauptung des Satzes lautet dann

$$KZ(x) = L(x). \tag{3.2.6}$$

Sei $h \in KZ(x)$. Dann folgt $\sum_{k=1}^{m} a_{jk}(x_k + \lambda_h h_k) \geq b_j$ für alle $j \in \{1,\ldots,m\}$ und ein gewisses $\lambda_h > 0$. Insbesondere folgt für jedes $j \in I(x)$, daß $\lambda_h \sum_{k=1}^{m} a_{jk} h_k \geq 0$ und somit $\sum_{k=1}^{m} a_{jk} h_k \geq 0$ ist, d.h. $h \in L(x)$. Damit ist $KZ(x) \subseteq L(x)$ gezeigt.

Sei $h \in L(x)$. Dann definieren wir

$$N(x) = \{j \in \{1,\ldots,n\} \mid \sum_{k=1}^{m} a_{jk} h_k < 0\}$$

und setzen

$$\lambda_h = \begin{cases} \min \left\{ \dfrac{\sum\limits_{k=1}^{m} a_{jk} x_k - b_j}{-\sum\limits_{k=1}^{m} a_{jk} h_k} \quad j \in N(x)\right\}, & \text{falls } N(x) \text{ nichtleer ist,} \\[2em] \infty & \text{sonst.} \end{cases}$$

Damit erhalten wir

$$\sum_{k=1}^{m} a_{jk}(x_k + \lambda h_k) - b_j = \sum_{k=1}^{m} a_{jk} x_k - b_j + \lambda \sum_{k=1}^{m} a_{jk} h_k \geq 0$$

für alle $j \in \{1,\ldots,n\}$ und alle $\lambda \in [0,\lambda_h]$, mithin $h \in KZ(x)$. Damit ist $L(x) \subseteq KZ(x)$ gezeigt und der Satz bewiesen.

Wir wollen diesen Satz an einem Beispiel erläutern. Die Nebenbedingungen (3.1.12) seien gegeben durch

$$x_1 + x_2 \geq 4,$$
$$2x_1 + x_2 \geq 5.$$

Wählt man $\hat{x}_1 = 1.6$, $\hat{x}_2 = 2.4$, so gilt $(\hat{x}_1,\hat{x}_2)^T \in Z$. Weiter ist $I(\hat{x}) = \{1\}$. Nach Satz 3.2.1 gilt daher

$$KZ(\hat{x}) = \{(h_1,h_2)^T \mid h_1 + h_2 \geq 0\}.$$

Anschaulich ergibt sich die folgende Abbildung 3.2:

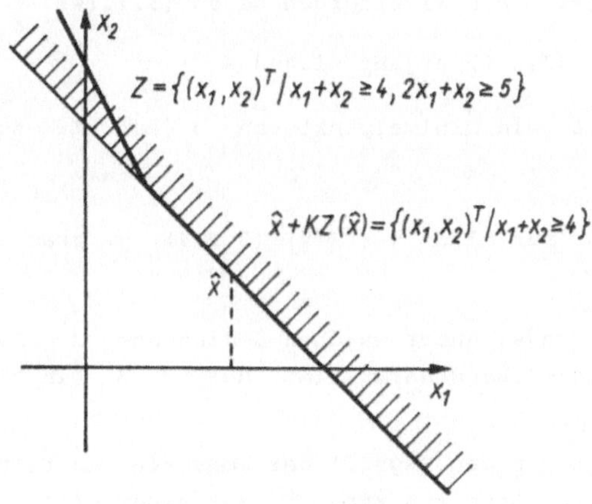

Abbildung 3.2

Wählt man $\hat{x}_1 = 1$, $\hat{x}_2 = 3$, so ist $(\hat{x}_1,\hat{x}_2)^T \in Z$ und $I(\hat{x}) = \{1,2\}$. Nach Satz 3.2.1 ist daher

$$KZ(\hat{x}) = \left\{(h_1,h_2)^T \,\middle|\, \begin{array}{c} h_1 + h_2 \geq 0 \\ 2h_1 + h_2 \geq 0 \end{array}\right\}$$

und

$$\hat{x} + KZ(\hat{x}) = Z.$$

Mit Hilfe des Kegels der zulässigen Richtungen können wir jetzt eine <u>notwendige Bedingung für Minimalpunkte</u> formulieren, und zwar den

Satz 3.2.2: Sei $\hat{x} \in Z$ ein Minimalpunkt von ϕ auf Z (d.h. es gelte (3.1.14)). Dann gilt

$$\operatorname{grad} \phi(\hat{x})^T h \geq 0 \quad \text{für alle} \quad h \in KZ(\hat{x}) = L(\hat{x}) \qquad (3.2.7)$$

(vgl. (3.2.6)).

<u>Beweis:</u> Wir nehmen an, es gäbe ein $h \in KZ(\hat{x})$ mit

$$\operatorname{grad} \phi(\hat{x})^T h < 0.$$

Dann gilt $\hat{x} + \lambda h \in Z$ für alle $\lambda \in [0, \lambda_h]$ für ein $\lambda_h > 0$, und

$$0 > \operatorname{grad} \phi(\hat{x})^T h = \lim_{\lambda \to 0+} \frac{\phi(\hat{x} + \lambda h) - \phi(\hat{x})}{\lambda} .$$

Damit ist für genügend kleines $\lambda \in (0, \lambda_h]$

$$\phi(\hat{x} + \lambda h) < \phi(\hat{x}), \quad \text{ein Widerspruch gegen (3.1.14)}.$$

Unter Benutzung von (3.2.6) ergibt sich das

<u>Korollar:</u> Ist $\hat{x} \in Z$ ein Minimalpunkt von ϕ auf Z, so gilt die Implikation

$$\sum_{k=1}^{m} a_{jk} h_k \geq 0 \quad \text{für alle} \quad j \in I(\hat{x}) \quad (3.2.4) \implies \operatorname{grad} \phi(\hat{x})^T h \geq 0.$$

$$(3.2.8)$$

Es erhebt sich die Frage, unter welchen Bedingungen die Aussagen (3.2.7) $\Longleftrightarrow$ (3.2.8) auch hinreichend dafür sind, daß $\hat{x} \in Z$ ein Minimalpunkt von ϕ auf Z ist.

Dazu verallgemeinern wir den Begriff der konvexen Funktion (vgl. Abschnitt 2.2.2.) und definieren: Eine Funktion ϕ auf einer offenen Menge V, die für jedes $x \in V$ alle partiellen Ableitungen $\phi_{x_i}(x)$, $i = 1, \ldots, m$, besitzt, heißt dort <u>pseudo-konvex</u>, wenn für jedes Paar $x, x^* \in V$ gilt

$$\operatorname{grad} \phi(x^*)^T (x - x^*) \geq 0 \implies \phi(x) - \phi(x^*) \geq 0. \qquad (3.2.9)$$

Ist V offen und konvex und ϕ eine konvexe Funktion auf V, die für jedes $x \in V$ alle partiellen Ableitungen $\phi_{x_i}(x)$, $i = 1, \ldots, m$, besitzt, so ist ϕ auf Grund von Satz 2.2.8 auf V pseudo-konvex.
Umgekehrt ist nicht jede pseudo-konvexe Funktion auch konvex. Zum Beispiel ist die Funktion $\phi(x) = x + x^3$, $x \in \mathbb{R}$, nicht konvex, aber pseudo-konvex auf $\mathbb{R}$; denn es ist $\phi'(x) = 1 + 3x^2 > 0$ für alle $x \in \mathbb{R}$. Ist also $\phi'(x^*)(x - x^*) \geq 0$, so folgt $x - x^* \geq 0$, mithin $x^3 - x^{*3} \geq 0$ und somit $\phi(x) \geq \phi(x^*)$. Nun gilt als <u>hinreichende Bedingung für Minimalpunkte</u> der

<u>Satz 3.2.3:</u> Sei ϕ auf der offenen Obermenge V von Z pseudo-konvex. Ist dann für ein $\hat{x} \in Z$ die Bedingung (3.2.7) oder die äquivalente Bedingung (3.2.8) erfüllt, so ist $\hat{x}$ ein Minimalpunkt von ϕ auf Z.

Beweis: Sei $\hat{x} \in Z$ vorgegeben. Dann ist $h = x - \hat{x} \in KZ(\hat{x})$; denn wegen der Konvexität von Z ist

$$\hat{x} + \lambda h = (1-\lambda)\hat{x} + \lambda x \in Z \quad \text{für alle} \quad \lambda \in [0,1].$$

Auf Grund von (3.2.7) ist daher $\operatorname{grad} \phi(\hat{x})^T (x-\hat{x}) \geq 0$, was auf Grund der Pseudokonvexität von ϕ die Aussage $\phi(x) \geq \phi(\hat{x})$ impliziert und den Beweis vollendet.

Wir wollen diesen Satz auf das im vorigen Abschnitt behandelte <u>Problem der Ausgleichsrechnung unter Beschränkung der Fehlerbeträge</u> anwenden. Dabei geht es darum, die konvexe quadratische Funktion ϕ (3.1.8) auf $\mathbb{R}^m$ unter den Nebenbedingungen (3.1.7) zum Minimum zu machen. Wir denken uns ein $\hat{x} \in \mathbb{R}^m$ vorgegeben, das diese Nebenbedingungen erfüllt.

Wir nehmen für das Folgende an, daß $\gamma > 0$ ist, und setzen

$$M(\hat{x}) = \{j \in \{1,\ldots,n\} \mid \left| \sum_{k=1}^{m} a_{jk}\hat{x}_k - b_j \right| = \gamma\}. \tag{3.2.10}$$

Nach Satz 3.2.1 gehört ein Vektor $h \in \mathbb{R}^m$ genau dann zum Kegel $KZ(\hat{x})$ der zulässigen Richtungen in $\hat{x}$, wenn gilt

$$(A^T h)_j = \sum_{k=1}^{m} a_{jk}h_k \geq 0, \quad \text{falls} \quad \hat{v}_j = \sum_{k=1}^{m} a_{jk}\hat{x}_k - b_j = -\gamma, \quad \text{und}$$

$$(A^T h)_h = \sum_{k=1}^{m} a_{jk}h_k \leq 0, \quad \text{falls} \quad \hat{v}_j = \sum_{k=1}^{m} a_{jk}\hat{x}_k - b_j = \gamma \quad \text{ist.}$$

Unter Benutzung von (3.2.10) kann man das auch kürzer folgendermaßen ausdrücken: Es gilt $h \in KZ(\hat{x})$ genau dann, wenn

$$\operatorname{sgn} \hat{v}_j (A^T h)_j \leq 0 \quad \text{ist für alle} \quad j \in M(\hat{x}), \tag{3.2.11}$$

wobei

$$\operatorname{sgn} \hat{v}_j = \begin{cases} +1, & \text{falls } \hat{v}_j \ (= \gamma) > 0 \text{ ist,} \\ -1, & \text{falls } \hat{v}_j \ (= -\gamma) > 0 \text{ ist.} \end{cases}$$

Da die Funktion ϕ (3.1.8) auf $\mathbb{R}^m$ konvex ist (und stetig differenzierbar nach allen Variablen), ist sie auch pseudo-konvex, so daß sich aus Satz 3.2.2 und Satz 3.2.3 die folgende Aussage ergibt: Ein Punkt $\hat{x}$, der die Nebenbedingungen (3.1.7) erfüllt, ist genau dann ein Minimalpunkt von ϕ (3.1.8) unter diesen Nebenbedingungen, wenn die folgende Implikation gilt

$$(3.2.11) \implies \hat{v}^T A^T h \geq 0. \tag{3.2.12}$$

Dabei ist die Prämisse, wie wir oben gesehen haben, gleichwertig mit $h \in KZ(\hat{x})$ und die Conclusio mit

$$\text{grad } \phi(\hat{x})^T h = 2\hat{v}^T A^T h \geq 0.$$

Ist $M(\hat{x})$ (nach (3.2.10)) leer, so ist (3.2.11) für jedes $h \in \mathbb{R}^m$ erfüllt (d.h. es ist $KZ(\hat{x}) = \mathbb{R}^m$). Aus (3.2.12) ergibt sich daher

$$h^T A\hat{v} = 0 \quad \text{für alle} \quad h \in \mathbb{R}^m,$$

was mit $A\hat{v} = \Theta_m$ gleichbedeutend ist. Das bedeutet, daß $\hat{x}$ Minimalpunkt von ϕ (3.1.8) auf $\mathbb{R}^m$ ist (vgl. Abschnitte 2.1. und 2.2.2.).

Wir wollen die obige Aussage an dem Beispiel zu Beginn von Abschnitt 3.1. demonstrieren: Wir betrachten den Fall a) und wählen $\gamma = 0.1$. Aus

$$A = \begin{pmatrix} 0 & 1 & 2 & 3 & 4 \\ 1 & 1 & 1 & 1 & 1 \end{pmatrix}, \qquad b = (2.5,\ 3.1,\ 3.9,\ 4.9,\ 5.7)^T$$

ergibt sich dann für $\hat{x} = (0.8,\ 2.4)^T$

$$\hat{v} = A^T\hat{x} - b = \begin{bmatrix} -0.1 \\ 0.1 \\ 0.1 \\ -0.1 \\ -0.1 \end{bmatrix}, \quad \text{d.h.} \quad \hat{x} \text{ erfüllt (3.1.7)} \quad (\Longleftarrow (3.1.2)) \quad \text{für} \quad \gamma = 0.1,$$

und (3.2.11) ist gleichwertig mit dem Bestehen der Ungleichungen

$$\begin{aligned} h_2 &\geq 0, \\ h_1 + h_2 &\leq 0, \\ 2h_1 + h_2 &\leq 0, \\ 3h_1 + h_2 &\geq 0, \\ 4h_1 + h_2 &\geq 0, \end{aligned}$$

aus denen man leicht folgert, daß $h_1 = h_2 = 0$ ist. Damit impliziert (3.2.11), daß $h = \Theta_2$ ist, d.h. $KZ(\hat{x}) = \{\Theta_2\}$, so daß die Implikation (3.2.12) trivialerweise gilt.

Damit ist der Punkt $\hat{x} = (0.8,\ 2.4)^T$ ein Minimalpunkt von ϕ (3.1.8) $\Longleftrightarrow$ (3.1.3) unter den Nebenbedingungen (3.1.7) $\Longleftrightarrow$ (3.1.2) für $\gamma = 0.1$.

Wir wenden uns wieder der allgemeinen Problemstellung zu, unter den Nebenbedingungen (3.1.12) eine auf einer offenen Obermenge von Z (3.1.13) differenzierbare Funktion ϕ zum Minimum zu machen.
Unser nächstes Ziel besteht jetzt darin, die notwendige Bestimmung (3.2.8) für einen Minimalpunkt $\hat{x} \in Z$ von ϕ auf Z durch eine dazu äquivalente <u>Multiplikatorenregel</u> zu ergänzen, die sowohl für theoretische als auch für praktische Zwecke sehr nützlich ist. Zu dem Zweck beweisen wir zunächst

den folgenden

Satz 3.2.4 (Lemma von Farkas): Sei A eine r×m-Matrix und sei b ein Vektor aus $\mathbb{R}^m$. Dann sind die beiden folgenden Aussagen äquivalent:

a) Es ist $b^T h \geq 0$ für alle Lösungen $h \in \mathbb{R}^m$ des linearen Ungleichungssystems $Ah \geq \Theta_r$.

b) Es gibt ein $u \in \mathbb{R}^r$ mit $u \geq \Theta_r$ und $b = A^T u$.

Beweis: 1. Sei b) erfüllt. Ist dann ein $h \in \mathbb{R}^m$ mit $Ah \geq \Theta_r$ vorgegeben, so folgt

$$b^T h = u^T Ah \geq 0, \quad \text{d.h. a) ist erfüllt.}$$

2. Wir nehmen an, b) sei nicht erfüllt, und zeigen, daß dann auch a) nicht erfüllt ist. Definiert man

$$K = \{y \in \mathbb{R}^m \mid y = A^T u \quad \text{für ein} \quad u \geq \Theta_r\},$$

so ist K ein abgeschlossener konvexer Kegel in $\mathbb{R}^m$ (Übung, vgl. Abbildung 3.3).

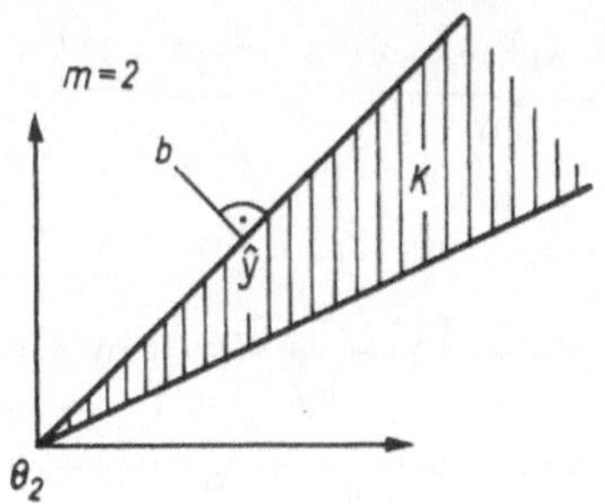

Abbildung 3.3

Da b) nicht erfüllt ist, folgt $b \notin K$. Wir definieren

$$\rho = \inf \{\|y-b\|_2 \mid y \in K\},$$

wobei

$$\|y-b\|_2 = \left(\sum_{j=1}^{m} (y_j - b_j)^2 \right)^{1/2}.$$

Gilt $\|y\|_2 > \|b\|_2$, so folgt wegen $\Theta_m \in K$

$$\rho \leq \|\Theta_m - b\|_2 = \|b\|_2 < \|y\|_2$$

und somit

$$\rho = \inf \{ \|y-b\|_2 \mid y \in K(b) \},$$

wobei

$$K(b) = \{ y \in K \mid \|y\|_2 \leq \|b\|_2 \}$$

eine nichtleere abgeschlossene und beschränkte Teilmenge von $\mathbb{R}^m$ ist. Die stetige Funktion $y \to \|y-b\|_2$ nimmt daher auf der Menge $K(b)$ ihr Infimum ρ an, d.h. es gibt ein $\hat{y} \in K(b) \subseteq K$ mit $\|\hat{y}-b\|_2 = \rho$. Wir behaupten nun, daß

$$(b-\hat{y})^T(y-\hat{y}) \leq 0 \quad \text{ist für alle} \quad y \in K. \tag{3.2.13}$$

Wäre nämlich

$$(b-\hat{y})^T(y^* - \hat{y}) > 0 \quad \text{für ein} \quad y^* \in K,$$

so wäre für jedes $\lambda \in [0,1]$

$$\hat{y} + \lambda(y^* - \hat{y}) = (1-\lambda)\hat{y} + \lambda y^* \in K$$

und somit

$$\begin{aligned}
\|\hat{y}-b\|_2^2 &\leq \|\hat{y} + \lambda(y^* - \hat{y}) - b\|_2^2 \\
&= \|\hat{y}-b\|_2^2 + 2\lambda \underbrace{(\hat{y}-b)^T(y^* - \hat{y})}_{<\,0} + \lambda^2 \underbrace{\|y^* - \hat{y}\|_2^2}_{>\,0} \\
&< \|\hat{y}-b\|_2^2
\end{aligned}$$

für alle $\lambda \in (0,1]$ mit $\lambda < \dfrac{2(b-\hat{y})^T(y^* - \hat{y})}{\|y^* - y\|_2^2}$, ein Widerspruch.

Damit ist (3.2.13) gezeigt. Wählt man $y = \Theta_m$ bzw. $y = 2\hat{y}$, so folgt aus (3.2.13) $(b-\hat{y})^T\hat{y} \geq 0$ bzw. $(b-\hat{y})^T\hat{y} \leq 0$, mithin $(b-\hat{y})^T\hat{y} = 0$, und weiter

$$(b-\hat{y})^Ty \leq 0 \quad \text{für alle} \quad y \in K.$$

Setzt man $h = \hat{y}-b$, so folgt aus der Definition von K

$$h^T A^T u \geq 0 \quad \text{für alle} \quad u \geq \Theta_r,$$

was nur für $Ah \geq \Theta_m$ möglich ist. Andererseits ist wegen $h^T\hat{y} = 0$ und $h \neq \Theta_m$ (da $b \notin K$)

$$b^T h = (b-\hat{y})^T h = -h^T h = -\|h\|_2^2 < 0.$$

Damit ist a) verletzt und der Satz bewiesen.

Aus Satz 3.2.4, dem Korollar zu Satz 3.2.2 und Satz 3.2.3 erhalten wir damit den

Satz 3.2.5 (Multiplikatorenregel): a) Ist $\hat{x} \in Z$ ein Minimalpunkt von ϕ auf Z, so gibt es Multiplikatoren $u_j \in \mathbb{R}$, $j \in I(\hat{x})$ (3.2.4), mit $u_j \geq 0$ und

$$\text{grad } \phi(\hat{x}) = \sum_{j \in I(x)} u_j a_j, \tag{3.2.14}$$

wobei a_j^T der j-te Zeilenvektor der Matrix A in (3.1.12) ist.

b) Ist ϕ pseudo-konvex und gibt es zu einem $\hat{x} \in Z$ Multiplikatoren $u_j \geq 0$, $j \in I(\hat{x})$, mit (3.2.14), so ist $\hat{x}$ ein Minimalpunkt von ϕ auf Z.

Beweis: a) Sei $\hat{x} \in Z$ ein Minimalpunkt von ϕ auf Z. Ist $I(\hat{x})$ leer, so folgt aus dem Korollar zu Satz 3.2.2 grad $\phi(\hat{x})^T h \geq 0$ für alle $h \in \mathbb{R}^m$, was grad $\phi(\hat{x}) = \Theta_m$ impliziert. Damit gilt (3.2.14), wenn man (wie üblich) die Summe über eine leere Indexmenge gleich Null setzt.
Ist $I(\hat{x})$ nichtleer, so folgt aus (3.2.8) mit Satz 3.2.4 (wobei $A = (a_{jk})_{j \in I(\hat{x})}$, $k = 1,\ldots,m$, $b = $ grad $\phi(\hat{x})$) die Existenz von Multiplikatoren $u_j \geq 0$, $j \in I(\hat{x})$, mit (3.2.14).

b) Die Behauptung ist eine unmittelbare Folge aus den Sätzen 3.2.3 und 3.2.4.

Beispiel: Zu minimieren sei $\phi(x_1,x_2,x_3) = x_1^2 + x_2^2 + x_3^2$ unter den Nebenbedingungen

$$\begin{aligned}
x_1 &\geq 2, \\
x_1 + x_2 &\geq 12, \\
x_1 + x_2 + x_3 &\geq 15.
\end{aligned} \tag{3.2.15}$$

Wählt man $\hat{x} = (6,6,3)^T$, so sind die Nebenbedingungen erfüllt, und (3.2.14) lautet $(I(\hat{x}) = \{2,3\})$

$$\begin{aligned}
12 &= u_2 + u_3, \\
12 &= u_2 + u_3, \\
6 &= u_3,
\end{aligned}$$

und hat als Lösung $u_2 = u_3 = 6 > 0$. Da ϕ auf $\mathbb{R}^3$ konvex und damit pseudo-konvex ist, ist $\hat{x} = (6,6,3)^T$ ein Minimalpunkt von ϕ unter den Nebenbedingungen (3.2.15).
Abschließend formulieren wir noch eine Eindeutigkeitsaussage.

Satz 3.2.6: Ist ϕ auf Z strikt konvex, so gibt es höchstens einen Minimalpunkt von ϕ auf Z.

Der Beweis ist dem von Satz 2.2.10 völlig analog und soll daher hier nicht geführt werden.

3.3. Methoden der zulässigen Richtungen

3.3.1. Die Idee der Methoden

Wir betrachten wieder das Problem, eine Funktion ϕ, die auf einer offenen Obermenge von Z (3.1.13) stetige partielle Ableitungen $\phi_{x_i}(x)$, $i = 1,\ldots,m$, $x \in Z$, besitzt, auf Z zum Minimum zu machen.
Wir denken uns zunächst ein $\hat{x} \in Z$ vorgegeben. Gibt es dann ein $h \in \mathbb{R}^m$ mit

$$\sum_{k=1}^{m} a_{jk}h_k \geq 0 \quad \text{für alle} \quad j \in I(\hat{x}) \quad (3.2.4) \qquad\qquad (3.3.1)$$

und

$$\operatorname{grad} \phi(\hat{x})^T h < 0, \qquad\qquad (3.3.2)$$

so ist $\hat{x}$ nach dem Korollar zu Satz 3.2.2 kein Minimalpunkt von ϕ auf Z. Das soll hier noch einmal "konstruktiv" bestätigt werden. Zu dem Zweck definieren wir für jedes $\lambda \geq 0$

$$x(\lambda) = \hat{x} + \lambda h$$

und erhalten mit (3.3.1)

$$\sum_{k=1}^{m} a_{jk}\, x(\lambda)_k = b_j + \lambda \sum_{k=1}^{m} a_{jk}h_k \geq b_j$$

für alle $j \in I(\hat{x})$.
Ist $j \notin I(\hat{x})$, so ist

$$\sum_{k=1}^{m} a_{jk}\hat{x}_k > b_j$$

und

$$\sum_{k=1}^{m} a_{jk}\, x(\lambda)_k = \sum_{k=1}^{m} a_{jk}\hat{x}_k + \lambda \sum_{k=1}^{m} a_{jk}h_k \geq b_j,$$

falls

$$\sum_{k=1}^{m} a_{jk}\hat{x}_k - b_j \geq -\lambda \sum_{k=1}^{m} a_{jk}h_k$$

ist. Ist

$$\sum_{k=1}^{m} a_{jk}h_k \geq 0,$$

so ist das für alle $\lambda \geq 0$ der Fall, andernfalls für alle

$$\lambda \leq \Big(\sum_{k=1}^{m} a_{jk}\hat{x}_k - b_j \Big) \Big/ \Big(-\sum_{k=1}^{m} a_{jk}h_k \Big).$$

Sei

$$N_-(\hat{x}) = \{j \in \{1,\dots,n\} \mid \sum_{k=1}^{m} a_{jk}h_k < 0\}.$$

Setzt man dann

$$\lambda^* = \begin{cases} \min\left\{ \dfrac{\sum\limits_{k=1}^{m} a_{jk}\hat{x}_k - b_j}{-\sum\limits_{k=1}^{m} a_{jk}h_k} \;\middle|\; j \in N_-(\hat{x})\right\}, & \text{falls } N_-(\hat{x}) \text{ nichtleer,} \\[4mm] +\infty \quad \text{sonst,} \end{cases} \qquad (3.3.3)$$

so folgt auf Grund der obigen Betrachtungen

$$x(\lambda) \in Z \quad \text{für alle} \quad \lambda \in [0,\lambda^*]. \qquad (3.3.4)$$

Weiter folgt aus (3.3.2) (wie in Abschnitt 2.3.1.), daß für genügend kleines $\lambda \in (0,\lambda^*]$ gilt

$$\phi(x(\lambda)) < \phi(\hat{x}). \qquad (3.3.5)$$

Man nennt daher jedes $h \in \mathbb{R}^m$ mit (3.3.1) und (3.3.2) eine <u>zulässige Abstiegsrichtung</u>; denn auf Grund von (3.3.4) ist h eine zulässige Richtung in $\hat{x}$ (vgl. Abschnitt 2.2.) und auf Grund von (3.3.5) eine Abstiegsrichtung. Damit ergibt sich das <u>Konzept der Methode der zulässigen Richtungen</u> wie folgt: Sei $\hat{x} \in Z$ (3.1.13) vorgegeben. Im ersten Schritt bestimmt man eine zulässige Abstiegsrichtung in $\hat{x}$, d.h. ein $h \in \mathbb{R}^m$ mit (3.3.1) und (3.3.2). Ist das möglich, so bestimmt man $\hat{\lambda} \in [0,\lambda^*]$ mit λ^* nach (3.3.3) derart, daß gilt

$$\phi(\hat{x} + \hat{\lambda}h) = \min \{\phi(\hat{x} + \lambda h) \mid \lambda \in [0,\lambda^*]\}. \qquad (3.3.6)$$

Ist das möglich, so folgt

$$\phi(\hat{x} + \lambda h) < \phi(\hat{x}),$$

und das Verfahren kann anstelle von $\hat{x}$ mit $\hat{x} + \hat{\lambda}h$ fortgesetzt werden.

<u>Beispiel:</u> Zu minimieren sei wieder

$$\phi(x_1,x_2,x_3) = x_1^2 + x_2^2 + x_3^2$$

unter den Nebenbedingungen

$$\begin{aligned} x_1 &\geq 2, \\ x_1 + x_2 &\geq 12, \\ x_1 + x_2 + x_3 &\geq 15. \end{aligned} \qquad (3.2.15)$$

Wir wählen $\hat{x} = (2,10,3)^T$, welches den Nebenbedingungen genügt. Es ist dann $I(\hat{x}) = \{1,2,3\}$, und im ersten Schritt ist ein $h \in \mathbb{R}^3$ gesucht mit

$$
\begin{aligned}
h_1 &\geq 0, \\
h_1 + h_2 &\geq 0, \\
h_1 + h_2 + h_3 &\geq 0
\end{aligned}
\tag{3.3.1'}
$$

und

$$\operatorname{grad} \phi(\hat{x})^T h = 4h_1 + 20h_2 + 6h_3 < 0. \tag{3.3.2'}$$

Wählt man $h = (1,-1,1)^T$, so sind (3.3.1') und (3.3.2') erfüllt, d.h. h ist eine zulässige Abstiegsrichtung. Für λ^* nach (3.3.3) ergibt sich $\lambda^* = \infty$, und wir haben $\hat{\lambda} \geq 0$ so zu bestimmen, daß

$$
\begin{aligned}
\phi(\hat{x} + \hat{\lambda}h) &= (2+\hat{\lambda})^2 + (10-\hat{\lambda})^2 + (3+\hat{\lambda})^2 \\
&\leq \phi(\hat{x} + \lambda h) = (2+\lambda)^2 + (10-\lambda)^2 + (3+\lambda)^2
\end{aligned}
\tag{3.3.6'}
$$

ist für alle $\lambda \geq 0$. Hieraus erhält man $\hat{\lambda} = \frac{5}{3}$ und $\hat{x} + \hat{\lambda}h = \begin{bmatrix} \frac{11}{3} \\ \frac{25}{3} \\ \frac{14}{3} \end{bmatrix}$ mit

$\phi(\hat{x} + \hat{\lambda}h) = 104.64\overline{4}\ldots < \phi(\hat{x}) = 113$.

Wählt man $h = (1,-1,0)^T$, so sind ebenfalls (3.3.1') und (3.3.2') erfüllt. Wiederum ist $\lambda^* = \infty$, und wir haben $\hat{\lambda} \geq 0$ so zu bestimmen, daß

$$
\begin{aligned}
\phi(\hat{x} + \hat{\lambda}h) &= (2+\hat{\lambda})^2 + (10-\hat{\lambda})^2 + 9 \\
&\leq \phi(x + \lambda h) = (2+\lambda)^2 + (10-\lambda)^2 + 9
\end{aligned}
$$

ist für alle $\lambda \geq 0$. Jetzt ergibt sich $\hat{\lambda} = 4$ und $\hat{x} + \hat{\lambda}h = \begin{pmatrix} 6 \\ 6 \\ 3 \end{pmatrix}$ mit $\phi(\hat{x} + \hat{\lambda}h) = 81$.

In Abschnitt 3.2. haben wir gezeigt, daß $\hat{x} + \hat{\lambda}h = (6,6,3)^T$ ein Minimalpunkt von ϕ unter den Nebenbedingungen (3.2.15) ist (nach Satz 3.2.6 sogar der einzige).

Dieses Beispiel zeigt bereits, daß die Effektivität der Methode sehr stark von der Wahl der zulässigen Abstiegsrichtungen abhängt, für die auf Grund von (3.3.1) und (3.3.2) ein großer Spielraum besteht.
Offen ist auch noch die Frage, wie man ein $\hat{x} \in Z$ bestimmt, mit dem das Verfahren begonnen werden kann. Hier gehen wir analog vor wie in Abschnitt 3.1. bei der Minimierung von Fehlerquadratsummen unter Beschränkung der Fehlerbeträge. Dazu bemerken wir zunächst, daß die Ungleichungen (3.1.12) gleichwertig sind mit dem Bestehen der Gleichungen

$$Ax - z = b$$

und $z \in \mathbb{R}^n$, $z \geq \theta_n$ und weiter mit

$$Ax^1 - Ax^2 - Ez = b \tag{3.3.7}$$

$x^1, x^2 \in \mathbb{R}^m$, $x^1 \geq \Theta_m$, $x^2 \geq \Theta_m$, $z \in \mathbb{R}^n$, $z \geq \Theta_n$,   wobei E die n×n-Einheitsmatrix bezeichnet.

Die Erfüllbarkeit von (3.3.7) läßt sich dann mit dem in Abschnitt 1.3.4. beschriebenen Verfahren zur Gewinnung einer Startlösung für die Simplexmethode überprüfen. Erhält man auf diese Weise eine Lösung $x^1, x^2 \in \mathbb{R}^m$, $x^1 \geq \Theta_m$, $x^2 \geq \Theta_m$, $z \in \mathbb{R}^n$, $z \geq \Theta_n$ von (3.3.7), so kann man die Methode der zulässigen Richtungen mit $\hat{x} = x^1 - x^2$ starten. Andernfalls gibt es keine zulässigen Lösungen, d.h. Z (3.1.13) ist leer.

3.3.2. Spezielle Formen

Im folgenden gehen wir davon aus, daß ein $\hat{x} \in Z$ bekannt sei, mit dem die Methode begonnen werden kann.

3.3.2.1. Methode des steilsten Abstieges

Erfüllt ein Vektor $h \in \mathbb{R}^m$ die Bedingungen (3.3.1) und (3.3.2), so gilt das auch für jedes Vielfache λh mit $\lambda > 0$. Wenn man also nach Lösungen von (3.3.1) und (3.3.2) sucht, genügt es, nach solchen zu suchen, die in einer geeigneten Weise normiert sind. Hier bieten sich verschiedene Möglichkeiten an, von denen wir die folgende herausgreifen:

$$|h_j| \leq 1 \quad \text{oder} \quad -1 \leq h_j \leq 1 \quad \text{für alle} \quad j = 1, \ldots, n. \tag{3.3.8}$$

Zur Bestimmung eines Vektors $h \in \mathbb{R}^m$ mit (3.3.1), (3.3.2) betrachten wir dann das folgende Problem:

Gesucht ist ein $h \in \mathbb{R}^m$, das unter den Nebenbedingungen (3.3.1), (3.3.2) und (3.3.8) die lineare Funktion $\operatorname{grad} \phi(\hat{x})^T h$ zum Minimum macht. Die Menge

$$Z(\hat{x}) = \{h \in \mathbb{R}^m \mid h \text{ erfüllt } (3.3.1), (3.3.2), (3.3.8)\} \tag{3.3.9}$$

der zulässigen Lösungen ist nichtleer (z.B. $\Theta_m \in Z$), abgeschlossen und beschränkt. Damit gibt es ein $\hat{h} \in Z(\hat{x})$ mit

$$\operatorname{grad} \phi(\hat{x})^T \hat{h} \leq \operatorname{grad} \phi(\hat{x})^T h \quad \text{für alle} \quad h \in Z(\hat{x}). \tag{3.3.10}$$

Da es sich hierbei um ein Problem der linearen Optimierung handelt, kann es (nach geeigneter Umformung in die Normalform) mit Hilfe der Simplexmethode gelöst werden.

Fallunterscheidung: a) $\operatorname{grad} \phi(\hat{x})^T \hat{h} < 0$;   dann erfüllt $\hat{h}$ die Bedingungen (3.3.1) und (3.3.2) und ist eine <u>Richtung des steilsten Abstieges</u> (bezüglich der Normierung (3.3.8)).

b) grad $\phi(\hat{x})^T\hat{h} \geq 0$; dann gibt es kein $h \in \mathbb{R}^m$ mit (3.3.1) und (3.3.2), mit anderen Worten: Es gilt die Implikation (3.2.8). Das Verfahren bricht dann ab. Ist ϕ pseudo-konvex, so folgt mit Satz 3.2.3, daß $\hat{x} \in Z$ ein Minimalpunkt von ϕ auf Z ist. Wir betrachten noch einmal das Beispiel,

$$\phi(x_1,x_2,x_3) = x_1^2 + x_2^2 + x_3^2$$

unter den Nebenbedingungen (3.2.15) zu minimieren. Wir wählen wieder den zulässigen Punkt $\hat{x} = (2.10,3)^T$. Die Bestimmung einer Richtung des steilsten Abstieges in $\hat{x}$ führt hier auf das Problem, unter den Nebenbedingungen (3.3.1') und

$$-1 \leq h_1 \leq +1, \quad -1 \leq h_2 \leq +1, \quad -1 \leq h_3 \leq +1 \qquad\qquad (3.3.8')$$

die lineare Funktion

$$\text{grad } \phi(\hat{x})^T h = 4h_1 + 20h_2 + 6h_3$$

zum Minimum zu machen.

Dieses Problem kann man leicht folgendermaßen lösen (ohne erst die Simplex methode heranziehen zu müssen). Dazu gehen wir aus von der Darstellung

$$\text{grad } \phi(\hat{x})^T h = 4(h_1 + h_2) + 10h_2 + 6(h_2 + h_3),$$

wobei $h_1 + h_2 \geq 0$ (nach (3.3.1')), $h_2 \geq -1$ (nach (3.3.8')) und $h_2 + h_3 \geq -h_1 \geq -1$ (nach (3.3.1') und (3.3.8')). Hieraus liest man die Lösung direkt ab, nämlich $h_1 = 1$, $h_2 = -1$ und $h_3 = 0$, für die sich grad $\phi(\hat{x})^T h = -10$ ergibt. In Abschnitt 3.3.1. haben wir bereits gesehen, daß diese Richtung mit einem Schritt zu dem Minimalpunkt von ϕ auf Z führt.

<u>Zusammenfassende Beschreibung:</u>

1. Nach dem in Abschnitt 1.3.4. beschriebenen Verfahren bestimmt man zunächst ein $x^0 \in \mathbb{R}^m$ und ein $z \in \mathbb{R}^n$ mit $z \geq \Theta_n$ derart, daß gilt

$$Ax^0 - z = b.$$

Ist das nicht möglich, so bricht das Verfahren ab, da Z (3.1.13) leer ist. Andernfalls setzt man $k = 0$ und geht zu

2. Es wird ein $h^k \in \mathbb{R}^m$ bestimmt, welches den Nebenbedingungen

$$a_j^T h^k \geq 0 \quad \text{für } j \in I(x^k) \qquad (3.2.4)$$

sowie

$$-1 \leq h_i^k \leq +1 \quad \text{für } i = 1,\dots,n$$

genügt (a_j^T = j-ter Zeilenvektor von A in (3.1.12)) und die lineare
Funktion $g(x^k)^T h^k$ zum Minimum macht ($g(x)$ = grad $\phi(x)$).
Ist $g(x^k)^T h^k \geq 0$, so bricht das Verfahren mit x^k als "Lösung" ab.
Ist $g(x^k)^T h^k < 0$, so wird mit

$$N_-(x^k) = \{j \in \{1,\ldots,n\} \mid a_j^T h^k < 0\} \qquad (3.3.3a)_k$$

$$\lambda_k^* = \begin{cases} \min \left\{ \dfrac{a_j^T x^k - b_j}{-a_j^T h^k} \,\middle|\, j \in N_-(x^k) \right\}, & \text{falls } N_-(x^k) \text{ nichtleer ist,} \\[2ex] +\infty \quad \text{sonst.} \end{cases} \qquad (3.3.3b)_k$$

gesetzt und fortgesetzt mit

3. Es wird $\lambda_k \in [0, \lambda_k^*]$ so bestimmt, daß

$$\phi(x^k + \lambda_k h^k) = \min \{\phi(x^k + \lambda h^k) \mid \lambda \in [0, \lambda_k^*]\}$$

ist und $x^{k+1} = x^k + \lambda_k h^k$ gesetzt. Danach wird k durch $k+1$ ersetzt
und zu 2. gegangen.

3.3.2.2. Verfahren der projizierten Gradienten

Zu vorgegebenem $\hat{x} \in Z$ (3.1.13) setzen wir $g(\hat{x})$ = grad $\phi(\hat{x})$ und bezeichnen mit $\hat{A}$ die Teilmatrix von A in (3.1.12), die aus den Zeilenvektoren a_j^T von A für $j \in I(\hat{x})$ (3.2.4) besteht, sofern $I(\hat{x})$ nichtleer ist.
Wir nehmen an, $I(\hat{x})$ sei nichtleer und definieren den linearen Teilraum

$$\begin{aligned} M(\hat{x}) &= \{h \in \mathbb{R}^m \mid a_j^T h = 0 \text{ für } j \in I(\hat{x})\} \\ &= \{h \in \mathbb{R}^m \mid Ah = \Theta_r\} \end{aligned} \qquad (3.3.11)$$

(r = Anzahl der Elemente von $I(\hat{x})$) von $\mathbb{R}^m$, der in dem Kegel $KZ(\hat{x})$
der zulässigen Richtungen in $\hat{x}$ enthalten ist (vgl. Satz 3.2.1).
Um zu einer zulässigen Abstiegsrichtung zu gelangen, betrachten wir das
folgende Problem: Gesucht ist ein $\hat{h} \in M(\hat{x})$ mit

$$\|-g(\hat{x}) - \hat{h}\|_2 \leq \|-g(\hat{x}) - h\|_2 \quad \text{für alle } h \in M(\hat{x}), \qquad (3.3.12)$$

wobei $\|\cdot\|_2$ die Euklidische Norm in $\mathbb{R}^m$ bezeichnet, d.h.

$$\|y\|_2 = \left(\sum_{i=1}^m y_i^2 \right)^{1/2}, \quad y \in \mathbb{R}^m.$$

Gesucht ist also ein Punkt $\hat{h} \in M(\hat{x})$, der unter allen Punkten aus $M(\hat{x})$

den kürzesten Abstand von $-g(\hat{x})$ hat im Sinne der Euklidischen Norm. Man bezeichnet $\hat{h}$ auch als <u>Projektion des negativen Gradienten $-g(\hat{x})$ auf $M(\hat{x})$</u>. Wir beweisen zunächst den

<u>Satz 3.3.1:</u> Hat die Matrix $\hat{A}$ den Rang r ($\Longrightarrow r \leq m$), so gibt es genau eine Projektion des negativen Gradienten $-g(\hat{x})$ auf $M(\hat{x})$, welche gegeben ist durch

$$\hat{h} = -g(\hat{x}) + \hat{A}^T (\hat{A}\hat{A}^T)^{-1} \hat{A} g(\hat{x}). \tag{3.3.13}$$

Ist $\hat{h} \neq \Theta_m$, so ist

$$g(\hat{x})^T \hat{h} < 0$$

und somit $\hat{h}$ eine zulässige Abstiegsrichtung.

<u>Beweis:</u> Ein $\hat{h} \in M(\hat{x})$ erfüllt (3.3.12) genau dann, wenn es die strikt konvexe quadratische Funktion

$$\psi(h) = \frac{1}{2} \|g(\hat{x}) + h\|_2^2 = \frac{1}{2} h^T h + g(\hat{x})^T h + \frac{1}{2} g(\hat{x})^T g(\hat{x})$$

unter den Nebenbedingungen

$$\hat{A} h \geq \Theta_r,$$
$$-\hat{A} h \geq \Theta_r$$

zum Minimum macht. Auf Grund von Satz 3.2.5 ist das genau dann der Fall, wenn es Multiplikatoren $u^1, u^2 \in \mathbb{R}^r$ gibt mit $u^1 \geq \Theta_r$, $u^2 \geq \Theta_r$ und

$$\operatorname{grad} \psi(\hat{h}) = \hat{h} + g(\hat{x}) = \hat{A}^T u^1 - \hat{A}^T u^2$$

oder, wenn es ein $u \in \mathbb{R}^r$ (nämlich $u = u^1 - u^2$) gibt mit

$$\hat{h} + g(\hat{x}) = \hat{A}^T u, \tag{3.3.14}$$

woraus

$$g(\hat{x})^T \hat{h} = -\hat{h}^T \hat{h} + u^T \underbrace{\hat{A} \hat{h}}_{=\Theta_r} = -\hat{h}^T \hat{h} \tag{3.3.15}$$

folgt.

Aus (3.3.14) erhält man wegen $\hat{A} h = \Theta_r$

$$\hat{A}\hat{A}^T u = \hat{A} g(x)$$

und weiter

$$u = (\hat{A}\hat{A}^T)^{-1} \hat{A} g(\hat{x}),$$

da auf Grund von r = Rang von $\hat{A}$ die $r \times r$-Matrix $\hat{A}\hat{A}^T$ nicht-singulär ist. Einsetzen von u in (3.3.14) liefert (3.3.13). Definiert man umgekehrt $\hat{h}$ durch (3.3.13), so ist (3.3.14) erfüllt, woraus mit Satz 3.2.5 folgt, daß $\hat{h}$ eine Projektion des negativen Gradienten $-g(\hat{x})$ auf $M(\hat{x})$ ist und nach Satz 3.2.6 auch die einzige.

Die Aussage $g(\hat{x})^T\hat{h} < 0$ für $\hat{h} \neq \Theta_m$ ergibt sich aus (3.3.15). Damit ist der Beweis beendet.

Ergibt sich unter der Voraussetzung von Satz 3.3.1 $\hat{h} = \Theta_m$ für $\hat{h}$ nach (3.3.13), so folgt aus (3.3.14)

$$g(\hat{x}) = \hat{A}^T u = \sum_{j \in I(\hat{x})} u_j a_j.$$

Fallunterscheidung:

a) $u \geq \Theta_r$; dann erfüllt $\hat{x}$ die Multiplikatorenregel (3.2.14).

b) $u \not\geq \Theta_r$; dann wählen wir $u_i < 0$ so, daß gilt

$$u_i = \min \{u_j \mid u_j < 0\} \tag{3.3.16}$$

und streichen in $\hat{A}$ die i-te Zeile. Die entstehende Matrix bezeichnen wir mit $\hat{\hat{A}}$ und setzen

$$\hat{\hat{M}}(\hat{x}) = \{h \in \mathbb{R}^m \mid \hat{\hat{A}}h = \Theta_{r-1}\}. \tag{3.3.17}$$

Der Rang von $\hat{\hat{A}}$ ist $r-1$. Daher gibt es genau eine Projektion von $-g(\hat{x})$ auf $\hat{\hat{M}}(\hat{x})$, die nach Satz 3.3.1 gegeben ist durch

$$\hat{\hat{h}} = -g(\hat{x}) + \hat{\hat{A}}^T(\hat{\hat{A}}\hat{\hat{A}}^T)^{-1}\hat{\hat{A}}g(x).$$

<u>Behauptung:</u> $\hat{\hat{h}} \neq \Theta_m$, so daß nach Satz 3.3.1 gilt $g(\hat{x})^T\hat{\hat{h}} < 0$, d.h. $\hat{\hat{h}}$ ist eine Abstiegsrichtung.

<u>Beweis der Behauptung:</u> Wäre $\hat{\hat{h}} = \Theta_m$, so wäre $g(\hat{x}) = \hat{\hat{A}}^T\hat{u}$ für ein passendes $\hat{u} \in \mathbb{R}^{r-1}$, woraus

$$\sum_{j \in I(\hat{x})} u_j a_j = \hat{A}^T u = g(\hat{x}) = \hat{\hat{A}}^T\hat{u} = \sum_{\substack{j \in I(\hat{x}) \\ j \neq i}} u_j a_j$$

folgt. Daraus folgt wegen $u_i < 0$ weiter

$$a_i = \sum_{\substack{j \in I(x) \\ j \neq i}} \frac{\hat{u}_j - u_j}{u_i} a_j,$$

ein Widerspruch dagegen, daß $\hat{A}$ den Rang r hat. Schließlich ist
$0 > g(\hat{x})^T\hat{\hat{h}} = u^T\hat{A}\hat{\hat{h}} = u_i a_i^T\hat{\hat{h}}$, mithin $a_i^T\hat{\hat{h}} > 0$, was in Verbindung mit $\hat{\hat{A}}\hat{\hat{h}} = \Theta_{r-1}$ zeigt, daß $\hat{\hat{h}}$ eine zulässige Abstiegsrichtung ist. Damit ist

der Beweis vollendet.

<u>Beispiel:</u> Wir betrachten wieder

$$\phi(x_1,x_2,x_3) = x_1^2 + x_2^2 + x_3^2 \overset{!}{=} \text{Min}$$

unter den Nebenbedingungen

$$\begin{aligned}
x_1 &\geq 2, \\
x_1 + x_2 &\geq 12, \\
x_1 + x_2 + x_3 &\geq 15.
\end{aligned}$$

Wir wählen $\hat{x} = (2,10,3)^T$.

Dann ist $g(\hat{x}) = (4,20,6)^T$, $\hat{A} = \begin{pmatrix} 1 & 0 & 0 \\ 1 & 1 & 0 \\ 1 & 1 & 1 \end{pmatrix}$.

Man errechnet

$$(\hat{A}\hat{A}^T)^{-1} = \begin{pmatrix} 2 & -1 & 0 \\ -1 & 2 & -1 \\ 0 & -1 & 1 \end{pmatrix} \quad \text{und damit} \quad u = (\hat{A}\hat{A}^T)^{-1}\hat{A}g(\hat{x}) = \begin{pmatrix} -16 \\ 14 \\ 6 \end{pmatrix}, \quad \text{woraus sich}$$

$$\hat{h} = -g(\hat{x}) + \hat{A}^T(\hat{A}\hat{A}^T)^{-1}\hat{A}g(\hat{x}) = \begin{pmatrix} -4 \\ -20 \\ -6 \end{pmatrix} + \begin{pmatrix} 4 \\ 20 \\ 6 \end{pmatrix} = \begin{pmatrix} 0 \\ 0 \\ 0 \end{pmatrix}$$

ergibt. Dieses Ergebnis ist wegen $M(\hat{x}) = \{\theta_3\}$ zu erwarten.

Auf Grund von (3.3.16) ist die erste Zeile von $\hat{A}$ zu streichen, woraus

sich $\hat{\hat{A}} = \begin{pmatrix} 1 & 1 & 0 \\ 1 & 1 & 1 \end{pmatrix}$ ergibt und weiter $(\hat{\hat{A}}\hat{\hat{A}}^T)^{-1} = \begin{pmatrix} \frac{3}{2} & -1 \\ -1 & 1 \end{pmatrix}$ sowie

$$\hat{\hat{h}} = -g(\hat{x}) + \hat{\hat{A}}^T(\hat{\hat{A}}\hat{\hat{A}}^T)^{-1}\hat{\hat{A}}g(\hat{x}) = \begin{pmatrix} 8 \\ -8 \\ 0 \end{pmatrix}.$$

Wegen $\hat{\hat{A}}\hat{\hat{h}} \geq \theta_3$ ergibt sich wiederum $\lambda^* = +\infty$ aus (3.3.3), so daß die Bestimmung von $\hat{\lambda}$ nach (3.3.6) dazu führt, ein $\hat{\lambda} \geq 0$ mit

$$\begin{aligned}
\phi(\hat{x} + \hat{\lambda}\hat{\hat{h}}) &= (2 + 8\hat{\lambda})^2 + (10 - 8\hat{\lambda})^2 + 9 \\
&\leq (2 + 8\lambda)^2 + (10 - 8\lambda)^2 + 9 = \phi(\hat{x} + \lambda\hat{\hat{h}})
\end{aligned}$$

für alle $\lambda \geq 0$ zu finden. Als Lösung erhält man $\hat{\lambda} = \frac{1}{2}$ und damit
$\hat{x} + \hat{\lambda}\hat{\hat{h}} = (6,6,3)^T$. Wie bei der Methode des steilsten Abstieges sind wir
auch hier wieder durch einen Schritt des Verfahrens zu der Lösung des Problems gelangt.

Abbildung 3.4 gibt eine geometrische Veranschaulichung für $m = n = 2$ unter
der Annahme $M(\hat{x}) = \{\theta_2\}$ (vgl. (3.3.11)), aus der sich $\hat{h} = \theta_2$ (vgl.
(3.3.12) und (3.3.13)) ergibt.

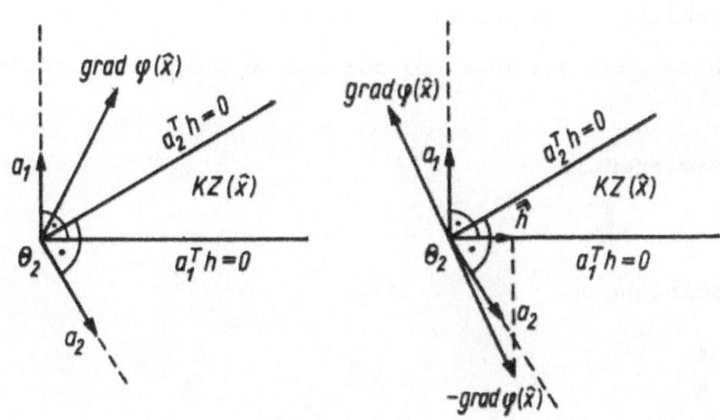

Abbildung 3.4

$\text{grad } \phi(\hat{x}) = u_1 a_1 + u_2 a_2$
mit $u_1 > 0$ und $u_2 > 0$,
d.h. $\hat{x}$ erfüllt die Multiplikationsregel (3.2.14).

$\text{grad } \phi(\hat{x}) = u_1 a_1 + u_2 a_2$
mit $u_1 > 0$ und $u_2 < 0$.
Damit ist
$\hat{M}(\hat{x}) = \{h \in \mathbb{R}^2 \mid a_1^T h = 0\}$
(vgl. (3.3.17)).

Zusammenfassende Beschreibung:

1. Dieser Schritt ist der gleiche wie bei der Methode des steilsten Abstieges.

2. Ist $I(x^k)$ leer, so wird

$$h^k = -g(x^k) = -\text{grad } \phi(x^k)$$

gesetzt. Andernfalls wird die Teilmatrix A^k von A in (3.1.12) gebil-
det, die aus den Zeilen a_j^T von A besteht für $j \in I(x^k)$. Damit wird

$$h^k = -g(x^k) + (A^k)^T(A^k(A^k)^T)^{-1}A^k g(x^k) \qquad (3.3.13)_k$$

berechnet.
Ist $h^k = \theta_m$ und $I(x^k)$ leer, so bricht das Verfahren mit x^k als "Lö-
sung" ab.
Ist $h^k = \theta_m$ und $I(x^k)$ nicht-leer, so wird

$$u^k = (A^k(A^k)^T)^{-1}A^k g(x^k) \qquad (3.3.18)$$

berechnet.
Ist $u^k \geq \theta_m$, so bricht das Verfahren mit x^k als "Lösung" ab.
Ist $u^k \not\geq \theta_m$, so wird ein $i \in I(x^k)$ bestimmt mit

$$u_i^k = \min \{u_j^k \mid u_j^k < 0\}. \qquad\qquad (3.3.16)_k$$

Danach wird $I(x^k)$ durch $I(x^k) / \{i\}$ ersetzt und zu Schritt 2. gegangen. Ist $h^k \neq \Theta_m$, so werden $N_-(x^k)$ bzw. λ_k^* nach $(3.3.3a)_k$ bzw. $(3.3.3b)_k$ bestimmt und zu Schritt 3. gegangen.

3. Dieser Schritt ist der gleiche wie bei der Methode des steilsten Abstieges.

Beispiel: Zu minimieren ist

$$\phi(x_1, x_2) = x_1^2 + x_2^2$$

unter den Nebenbedingungen

$$x_1 + x_2 \geq 4,$$
$$2x_1 + x_2 \geq 5.$$

Wir starten mit $x^o = (1,4)^T$. Dann ist $I(x^o)$ leer und

$$h^o = -\text{grad } \phi(x^o) = -\binom{2}{8} \neq \Theta_2.$$

Wir gehen daher zu Schritt 3. und erhalten zunächst für λ_o^* nach $(3.3.3a + b)_o$

$$\lambda_o^* = \min \{\tfrac{1}{10}, \tfrac{1}{12}\} = \tfrac{1}{12}.$$

Für $\lambda_o \in [0, \lambda_o^*]$ mit

$$\phi(x^o + \lambda_o h^o) = \min \{\phi(x^o + \lambda h^o) \mid \lambda \in [0, \lambda_o^*]\}$$

erhalten wir $\lambda_o = \tfrac{1}{12}$ und somit

$$x^1 = x^o + \lambda_o h^o = (\tfrac{5}{6}, \tfrac{10}{3})^T.$$

Damit ist $I(x^1) = \{2\}$ und $A^1 = (2,1)$ sowie

$$g(x^1) = \text{grad } \phi(x^1) = (\tfrac{5}{3}, \tfrac{20}{3})^T.$$

Man errechnet aus $(3.3.13)_1$

$$h^1 = -\begin{pmatrix} \dfrac{5}{3} \\[2mm] \dfrac{20}{3} \end{pmatrix} + \begin{pmatrix} 4 \\[2mm] 2 \end{pmatrix} = \begin{pmatrix} \dfrac{7}{3} \\[2mm] -\dfrac{14}{3} \end{pmatrix} \neq \Theta_2.$$

Für λ_1^* nach $(3.3.3a + b)_1$ erhalten wir $\lambda_1^* = \dfrac{\tfrac{1}{6}}{\tfrac{7}{3}} = \dfrac{1}{14}$ und damit für $\hat{\lambda}_1$ aus Schritt 3. ebenfalls $\hat{\lambda}_1 = \tfrac{1}{14}$, was

$$x^2 = x^1 + \hat{\lambda}_1 h^1 = (1,3)^T$$

ergibt. Damit ist $I(x^2) = \{1,2\}$ und $A^2 = \begin{pmatrix} 1 & 1 \\ 2 & 1 \end{pmatrix}$ sowie

$$g(x^2) = \text{grad } \phi(x^2) = (2,6)^T.$$

Man errechnet aus $(3.3.13)_2$

$$h^2 = \begin{pmatrix} -2 \\ -6 \end{pmatrix} + \begin{pmatrix} 2 \\ 6 \end{pmatrix} = \theta_2.$$

Dieses Ergebnis war zu erwarten, da

$$M(x^2) = \left\{ (h_1,h_2)^T \in \mathbb{R}^2 \,\middle|\, \begin{array}{l} h_1 + h_2 = 0 \\ 2h_1 + h_2 = 0 \end{array} \right\}$$

nur aus dem Nullvektor θ_2 besteht.
Für u^2 nach (3.3.18) erhalten wir

$$u^2 = \begin{pmatrix} 5 & -3 \\ -3 & 2 \end{pmatrix} \begin{pmatrix} 8 \\ 10 \end{pmatrix} = \begin{pmatrix} 10 \\ -6 \end{pmatrix}.$$

Aus $(3.3.16)_2$ folgt daher $i=2$, d.h. in $A^2 = \begin{pmatrix} 1 & 1 \\ 2 & 1 \end{pmatrix}$ ist die zweite Zeile zu streichen und erneut h^2 nach $(3.3.13)_2$ zu berechnen. Man erhält

$$h^2 = \begin{pmatrix} -2 \\ -6 \end{pmatrix} + \begin{pmatrix} 4 \\ 4 \end{pmatrix} = \begin{pmatrix} 2 \\ -2 \end{pmatrix}.$$

Für λ_2^* nach $(3.3.3a + b)_2$ erhalten wir $\lambda_2^* = +\infty$ und damit für $\hat{\lambda}_2$ aus Schritt 3.

$$\frac{d}{d\lambda} \phi(x^2 + \hat{\lambda}_2 h^2) = 0 \implies \hat{\lambda}_2 = \frac{1}{2}.$$

Somit ist $x^3 = x^2 + \hat{\lambda}_2 h^2 = (2,2)^T$, und wir erhalten

$$g(x^3) = \text{grad } \phi(x^3) = (4,4)^T.$$

Ferner ist $I(x^3) = \{1\}$, $A^3 = (1,1)$ und

$$h^3 = \begin{pmatrix} -4 \\ -4 \end{pmatrix} + \begin{pmatrix} 4 \\ 4 \end{pmatrix} = \theta_2.$$

Für u^3 nach (3.3.18) ergibt sich $u^3 = \frac{1}{2} \cdot 8 = 4 > 0$. Damit ist x^3 "optimal". Anschaulich verläuft das Verfahren wie in Abbildung 3.5 dargestellt.

3.4. Quadratische Optimierung

3.4.1. Allgemeine Aussagen

Unter quadratischer Optimierung versteht man die Minimierung einer quadratischen Funktion

$$\phi(x) = \frac{1}{2} x^T Cx + c^T x + \gamma \qquad (3.2.11)$$

unter linearen Nebenbedingungen

$$Ax \geq b. \qquad (3.1.12)$$

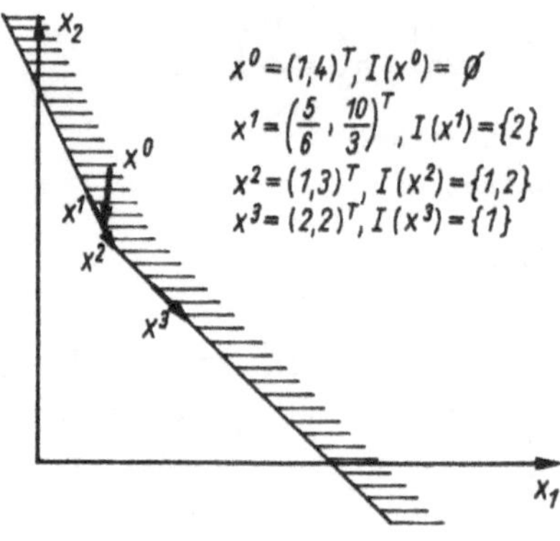

Abbildung 3.5

Dabei ist $x \in \mathbb{R}^m$, C eine symmetrische m×m-Matrix, $c \in \mathbb{R}^m$, $\gamma \in \mathbb{R}$, A eine m×m-Matrix und $b \in \mathbb{R}^n$.

Das in Abschnitt 3.1. betrachtete Problem der Ausgleichsrechnung unter linearen Nebenbedingungen ist ein typisches Problem der quadratischen Optimierung.

Unter den bisher getroffenen Voraussetzungen ist die Lösbarkeit des Problems im allgemeinen nicht sichergestellt. Ist jedoch $\hat{x} \in Z$ (3.1.13) eine Lösung des Problems, so folgt aus Satz 3.2.5 notwendig (wegen grad $\phi(x) = Cx + c$), daß es einen Vektor $u \in \mathbb{R}^n$ gibt mit $u \geq \theta_n$ und

$$C\hat{x} + c = A^T u \qquad (3.4.1)$$

sowie

$$u^T(A\hat{x} - b) = 0 \qquad (3.4.2)$$

(Übung).

Ist die Matrix C positiv semi-definit und damit die Funktion ϕ konvex (vgl. Abschnitt 2.2.2) und ist $\hat{x} \in Z$ derart vorgegeben, daß ein $u \in \mathbb{R}^n$ mit $u \geq \theta_n$ existiert, welches (3.4.1) und (3.4.2) erfüllt, so ist (ebenfalls nach Satz 3.2.5) $\hat{x}$ ein Minimalpunkt von ϕ auf Z. Sei Z im folgenden nichtleer. Ist überdies ϕ auf Z nach unten beschränkt, so nimmt ϕ auf Grund eines bekannten Satzes aus der quadratischen Optimierung (vgl. z.B. Anhang 2 in dem Buch [9] von Collatz-Wetterling) ihr Infimum auf Z an, so daß die Existenz eines Minimalpunktes $\hat{x} \in Z$ von ϕ auf Z sichergestellt ist.

Wir nehmen für das Folgende weiterhin an, daß C positiv definit und damit die Funktion ϕ strikt konvex ist. Ferner sei ϕ auf Z (nichtleer) nach unten beschränkt. Dann gibt es auf Grund der obigen Bemerkungen und des Satzes 2.2.6 genau einen Minimalpunkt $\hat{x} \in Z$ von ϕ auf Z, für den die Bedingungen (3.4.1) und (3.4.2) notwendig und hinreichend sind. Darüber hinaus gilt der

<u>Satz 3.4.1:</u> Sei C positiv definit. Dann sind die folgenden beiden Aussagen äquivalent:

a) Es gilt $\hat{x} \in Z$ und

$$\phi(\hat{x}) \leq \phi(x) \quad \text{für alle} \quad x \in Z. \tag{3.1.14}$$

b) Es gibt Vektoren $y, u \in \mathbb{R}^n$ mit

$$y = AC^{-1}A^T u - AC^{-1}c - b, \tag{3.4.3}$$

$$y \geq \Theta_n, \quad u \geq \Theta_n, \quad y^T u = 0 \tag{3.4.4}$$

derart, daß gilt

$$\hat{x} = C^{-1}A^T u - C^{-1}c. \tag{3.4.5}$$

<u>Beweis:</u> 1. Sei $\hat{x} \in Z$ derart vorgegeben, daß (3.1.14) erfüllt ist. Dann gibt es einen Vektor $u \in \mathbb{R}^n$ mit $u \geq \Theta_n$ und (3.4.1), (3.4.2). Setzt man

$$y = A\hat{x} - b, \tag{$*$}$$

so folgt $y \in \mathbb{R}^n$, $y \geq \Theta_n$ und $y^T u = u^T y = 0$. Auflösung von (3.4.1) nach $\hat{x}$ ergibt (3.4.5), und Einsetzen in ($*$) liefert (3.4.3). Damit ist die Implikation a) $\Rightarrow$ b) gezeigt.

2. Es gelte b). Dann folgt aus (3.4.3) und (3.4.5), daß ($*$) gilt. Unter Benutzung von (3.4.4) folgt weiter $\hat{x} \in Z$. Schließlich folgen (3.4.1) und (3.4.2) mit $u \geq \Theta_n$ aus (3.4.4) und (3.4.5), woraus sich (3.1.14) ergibt. Damit ist der Beweis vollendet.

Um die quadratische Funktion ϕ (3.2.11) mit positiv definiter Matrix C unter den Nebenbedingungen (3.1.12) zu minimieren, kann man also versuchen, ein Paar $y, u \in \mathbb{R}^n$ mit (3.4.3), (3.4.4) zu ermitteln, und erhält damit den eindeutigen Minimalpunkt von ϕ auf Z durch (3.4.5).

Das führt uns zur

3.4.2. Lösung quadratischer Optimierungsprobleme als Komplementaritäts-probleme

Unter einem Komplementaritätsproblem versteht man die folgende Aufgabe: Zu vorgegebener $n \times n$-Matrix M und zu vorgegebenem Vektor $q \in \mathbb{R}^n$ wird ein Paar von Vektoren $u, y \in \mathbb{R}^n$ gesucht mit

$$u \geq \Theta_n, \quad y \geq \Theta_n, \quad y^T u = 0 \qquad (3.4.6)$$

und

$$y = Mu + q. \qquad (3.4.7)$$

Auf Grund der Forderung $y^T u = 0$, die wegen $u \geq \Theta_n$, $y \geq \Theta_n$ gleichwertig ist mit

$$u_i > 0 \;\Rightarrow\; y_i = 0, \qquad (3.4.8)$$

heißen die Vektoren u und y komplementär zueinander, woraus sich auch der Name für das Problem ergibt.

Auf Grund von Satz 3.4.1 ist ein quadratisches Optimierungsproblem mit positiv definiter Matrix C in (2.2.11) stets auf ein äquivalentes Komplementaritätsproblem rückführbar.

Ist $q \geq \Theta_n$, so hat das obige Problem die triviale Lösung $u = \Theta_n$ und $y = q$.
Wir nehmen daher für das Folgende an, es sei $q \ngeq \Theta_n$, und betrachten die Aufgabe, unter den Bedingungen (3.4.6) sowie

$$y = Mu + ez_0 + q, \quad z_0 \in \mathbb{R}, \quad z_0 \gtrless 0 \qquad (3.4.9)$$

die Zahl z_0 zum Minimum zu machen.
Ohne die Komplementaritätsbedingung (3.4.8) wäre diese Aufgabe ein lineares Optimierungsproblem, auf das die Simplexmethode direkt angewandt werden könnte. Es liegt daher der Gedanke nahe, unter Berücksichtigung der Bedingung (3.4.8) eine Art Simplexmethode durchzuführen. Wäre es damit möglich, eine Lösung (u^T, y^T, z_0) mit $z_0 = 0$ zu berechnen, so hätte man das Komplementaritätsproblem gelöst.
Um eine Ausgangslösung von (3.4.6), (3.4.9) zu gewinnen, bestimmen wir zunächst ein $i = s$ derart, daß

$$q_s = \min_{i=1,\ldots,n} q_i \qquad (3.4.10)$$

ist (was wegen $q \ngeq \Theta_n$ impliziert, daß $q_s < 0$ ist). Setzt man dann

$$u = \Theta_n, \quad y = ez_0 + q \quad \text{und} \quad z_0 = -q_s, \qquad (3.4.11)$$

so erhält man die gewünschte Ausgangslösung von (3.4.6), (3.4.9).

Auflösung der s-ten Gleichung in (3.4.9) nach z_o und Einsetzen in die restlichen Gleichungen liefert dann ein System der Form

$$y_i = \sum_{j=1}^{n} M_{ij}^1 (-u_j) - (-y_s) + q_i^1 \quad \text{für } i \neq s,$$

$$z_o = \sum_{j=1}^{n} M_{sj}^1 (-u_j) - (-y_s) + q_s^1,$$

$$(3.4.9)_1$$

wobei $M_{ij}^1 = M_{sj} - M_{ij}$ für alle $i \neq s$ und alle j, $q_j^1 = q_i - q_s$ für alle $i \neq s$, $M_{sj}^1 = M_{sj}$ für alle j und $q_s^1 = -q_s$.

Der Übergang von (3.4.9) zu $(3.4.9)_1$ ist genau ein Schritt der in Abschnitt 1.3.2. beschriebenen Jordan-Elimination.

Mit dem System $(3.4.9)_1$ beginnt der erste Schritt der modifizierten Simplex-Methode, die man das Verfahren von Lemke nennt. Die Ausgangslösung (3.4.10) von (3.4.6), (3.4.9) erhält man aus $(3.4.9)_1$, indem man alle $u_j = 0$ setzt für $j = 1,\dots,n$ und ebenfalls $y_s = 0$. Als nächstes versuchen wir, zu einem äquivalenten System $(3.4.9)_2$ überzugehen (wiederum durch einen Jordan-Eliminationsschritt), in welchem $u_s > 0$ ist und dafür ein passendes $y_r = 0$ (welches mit u_s vertauscht wird), alle $y_i \geq 0$ für $i \neq r$, alle $u_j = 0$ für $j \neq s$ und z_o nicht größer als $q_s^1 = -q_s$. Die letzte Forderung ist nur erfüllbar, wenn $M_{ss}^1 \geq 0$ ist. Ist das der Fall, so gibt es zwei Möglichkeiten:

a) $M_{is}^1 \leq 0$ für alle $i \neq s$.
Wählt man dann $u_s > 0$ beliebig, setzt $u_j = 0$ für $j \neq s$ sowie $y_s = 0$, so folgt

$$y_i = M_{is}^1 (-u_s) + q_i^1 \geq 0 \quad \text{für } i \neq s.$$

Ist $M_{ss}^1 = 0$, so erhält man hierdurch für jedes $u_s > 0$ eine Lösung von (3.4.6), (3.4.9) mit $z_o = q_s^1 > 0$. Das Verfahren bricht dann ab, ohne eine Lösung von (3.4.6), (3.4.7) ermittelt zu haben.

Ist $M_{ss}^1 > 0$, so erhält man durch die obige Wahl für $u_s = \dfrac{q_s^1}{M_{ss}^1}$ (> 0) eine Lösung von (3.4.6), (3.4.9) mit $z_o = 0$, d.h. eine Lösung von (3.4.6), (3.4.7).

b) $M_{is}^1 > 0$ für ein $i \neq s$.
Dann ermittelt man ein $r \in \{1,\dots,n\}$ mit

$$\frac{q_r^1}{M_{rs}^1} = \min \left\{ \frac{q_i^1}{M_{is}^1} \,\middle|\, M_{is} > 0 \right\}.$$

$$(3.4.12)_1$$

Setzt man dann in $(3.4.9)_1$

$$u_s = \frac{q_r^1}{M_{rs}^1}, \quad u_j = 0 \quad \text{für} \quad j = s \quad \text{und} \quad y_s = 0,$$

so erhält man eine Lösung von (3.4.6), (3.4.9). Ist $r = s$, so ist $z_o = 0$ in dieser Lösung, und wir haben wiederum eine Lösung von (3.4.6), (3.4.7) ermittelt. Ist $r \neq s$, so wird mit Hilfe eines Jordan-Eliminationsschrittes die r-te Gleichung in $(3.4.9)_1$ nach u_s aufgelöst und u_s in die restlichen Gleichungen eingesetzt. Damit erhält man ein System der Form

$$y_i = \sum_{j \neq s} M_{ij}^2 (-u_j) + N_{ir}^2 (-y_r) + N_{is}^2 (-y_s) + q_i^2, \quad i \neq r,s,$$

$$u_s = \sum_{j \neq s} M_{rj}^2 (-u_j) + N_{rr}^2 (-y_r) + N_{rs}^2 (-y_s) + q_r^2, \qquad (3.4.9)_2$$

$$z_o = \sum_{j \neq s} M_{sj}^2 (-u_j) + N_{sr}^2 (-y_r) + N_{ss}^2 (-y_s) + q_s^2,$$

mit welchem die Methode fortgesetzt werden kann.

Die Rolle von u_s im ersten Schritt wird jetzt von u_r übernommen, da das Paar (u_r, y_r) auf der rechten Seite von $(3.4.9)_2$ auftritt und y_r gerade zuvor gegen u_s ausgetauscht worden ist.
Bevor wir das Verfahren an einem Beispiel erläutern, soll noch darauf hingewiesen werden, daß es auch ohne eine Lösung von (3.4.6), (3.4.7) abbricht, wenn $M_{ss}^1 < 0$ ist, weil dann durch Wahl von $u_s > 0$ der Wert $q_s^1 = -q_s$ von z_o vergrößert wird.
Ohne die Forderung, daß z_o in jedem Schritt höchstens verkleinert werden soll, könnte man aber in einem solchen Fall das Verfahren noch fortsetzen.
Als Beispiel betrachten wir wieder die quadratische Optimierungsaufgabe, unter den Nebenbedingungen

$$\begin{aligned}
x_1 &\geq 2, \\
x_1 + x_2 &\geq 12, \\
x_1 + x_2 + x_3 &\geq 15
\end{aligned}$$

die quadratische Funktion $\phi(x_1, x_2, x_3) = x_1^2 + x_2^2 + x_3^2$ zu minimieren.

Auf Grund von Satz 3.4.1 ist diese Aufgabe äquivalent mit dem Komplementaritätsproblem, Vektoren $y, u \in \mathbb{R}^3$ zu finden mit (3.4.6), (3.4.7) für $n = 3$, wobei

$$M = AC^{-1}A^T = \begin{bmatrix} 1 & 0 & 0 \\ 1 & 1 & 0 \\ 1 & 1 & 1 \end{bmatrix} \cdot \begin{bmatrix} \frac{1}{2} & 0 & 0 \\ 0 & \frac{1}{2} & 0 \\ 0 & 0 & \frac{1}{2} \end{bmatrix} \cdot \begin{bmatrix} 1 & 1 & 1 \\ 0 & 1 & 1 \\ 0 & 0 & 1 \end{bmatrix}$$

$$= \begin{bmatrix} \frac{1}{2} & \frac{1}{2} & \frac{1}{2} \\ \frac{1}{2} & 1 & 1 \\ \frac{1}{2} & 1 & \frac{3}{2} \end{bmatrix}, \quad q = \begin{bmatrix} -2 \\ -12 \\ -15 \end{bmatrix}.$$

Wir schreiben das zugehörige System (3.4.9) gleich in Form des folgenden Schemas:

	q	$-u_1$	$-u_2$	$-u_3$	$-z_0$
y_1	-2	$-\frac{1}{2}$	$-\frac{1}{2}$	$-\frac{1}{2}$	-1
y_2	-12	$-\frac{1}{2}$	-1	-1	-1
y_3	-15	$-\frac{1}{2}$	-1	$-\frac{3}{2}$	-1

Aus (3.4.10) ergibt sich $s = 3$, so daß z_0 mit y_3 zu vertauschen ist. Damit erhalten wir das $(3.4.9)_1$ entsprechende Schema (durch Jordan-Elimination):

	q	$-u_1$	$-u_2$	$-u_3$	$-y_3$
y_1	13	0	$\frac{1}{2}$	1	-1
y_2	3	0	0	$\frac{1}{2}$	-1
z_0	15	$\frac{1}{2}$	1	$\frac{3}{2}$	-1

Es ist $M^1_{33} = \frac{3}{2} > 0$, und es liegt der Fall b) der obigen Fallunterscheidung vor. Aus $(3.4.12)_1$ ergibt sich $r = 2$. Damit ist u_3 gegen y_2 auszutauschen, und wir erhalten das $(3.4.9)_2$ entsprechende Schema

	q	$-u_1$	$-u_2$	$-y_2$	$-y_3$
y_1	7	0	$\frac{1}{2}$	-2	1
u_3	6	0	0	2	-2
z_0	6	$\frac{1}{2}$	1	-3	2

Die Rolle von u_3 im ersten Schritt übernimmt jetzt u_2, da das Paar

(u_2, y_2) auf der rechten Seite des Schemas auftritt und y_2 zuvor gerade dorthin aufgenommen wurde. Wir stellen fest, daß $M_{32}^2 = 1 > 0$ ist sowie $M_{12}^2 = \frac{1}{2} > 0$. Aus der Bedingung

$$\frac{q_r^2}{M_{r3}^2} = \min \left\{ \frac{q_i^2}{M_{i3}^2} \,\middle|\, M_{i3}^2 > 0 \right\} \qquad (3.4.12)_2'$$

ergibt sich $r = 3$. Wir setzen daher

$$u_2 = \frac{q_3^2}{M_{33}^2} = 6, \quad u_1 = 0, \quad y_2 = y_3 = 0 \quad \text{und erhalten} \quad y_1 = 4, \quad u_3 = 6, \quad z_0 = 0.$$

Die Vektoren $u = (0,6,6)^T$ und $y = (4,0,0)^T$ lösen somit das Komplementaritätsproblem, und mit (3.4.5) erhalten wir als Lösung der quadratischen Optimierungsaufgabe den Vektor

$$x = C^{-1}A^T u = \begin{bmatrix} \frac{1}{2} & 0 & 0 \\ 0 & \frac{1}{2} & 0 \\ 0 & 0 & \frac{1}{2} \end{bmatrix} \cdot \begin{bmatrix} 1 & 1 & 1 \\ 0 & 1 & 1 \\ 0 & 0 & 1 \end{bmatrix} \cdot \begin{bmatrix} 0 \\ 6 \\ 6 \end{bmatrix} = \begin{bmatrix} 6 \\ 6 \\ 3 \end{bmatrix}.$$

Wir wollen abschließend noch den <u>allgemeinen Schritt des Verfahrens</u> beschreiben, und zwar ohne die Forderung, daß z_0 dabei höchstens verkleinert wird. Die Ausgangssituation ist dann ein System der Form

$$y_i = \sum_{j \in I_1} M_{ij}^k (-u_j) + \sum_{j \in I_2} N_{ij}^k (-y_j) + M_{ir}^k (-u_r) + N_{ir}^k (-y_r) + q_i^k$$

$$\text{für } i \in I_1,$$

$$u_i = \sum_{j \in I_1} M_{ij}^k (-u_j) + \sum_{j \in I_2} N_{ij}^k (-y_j) + M_{ir}^k (-u_r) + N_{ir}^k (-y_r) + q_i^k$$

$$\text{für } i \in I_2 \text{ und}$$

$$z_0 = \sum_{j \in I_1} M_{oj}^k (-u_j) + \sum_{j \in I_2} N_{oj}^k (-y_j) + M_{or}^k (-u_r) + N_{or}^k (-y_r) + q_o^k.$$

$$(3.4.9)_k$$

Dabei ist $I_1 \cap I_2$ leer, $I_1 \cup I_2 \cup \{r\} = \{1, \ldots, n\}$. Wir nehmen an, daß y_r zuletzt in die rechte Seite von $(3.4.9)_k$ aufgenommen worden ist, so daß als nächstes versucht werden muß, $u_r > 0$ zu wählen. (Der umgekehrte Fall verläuft völlig analog.) Wir nehmen an, es sei $q_o^k > 0$; sonst erhielte man durch $u_j = 0$ für $j \in I_1$, $y_j = 0$ für $j \in I_2$ und $u_r = y_r = 0$ aus $(3.4.9)_k$ eine Lösung des Komplementaritätsproblems.

Schritt 1: Es wird geprüft, ob

$$M_{ir}^k \leq 0 \text{ ist für alle } i \in I_1 \cup I_2 \cup \{0\}.$$

Ist das der Fall, so bricht das Verfahren ab, und man erhält keine Lösung des Komplementaritätsproblems. Ist $M_{ir}^{k} > 0$ für ein $i \in I_1 \cup I_2 \cup \{0\}$, so geht man zu

Schritt 2: Man wählt ein s mit

$$\frac{q_s^k}{M_{sr}^k} = \min \{ \frac{q_i^k}{M_{ir}^k} \mid M_{ir}^k > 0 \}.$$

Ist $s = 0$, so setzt man $u_r = \frac{q_s^k}{M_{sr}^k}$, $u_j = 0$ für $j \in I_1$, $y_j = 0$ für $j \in I_2$ und $y_r = 0$. Damit erhält man aus $(3.4.9)_k$ eine Lösung des Komplementaritätsproblems. Ist $s \neq 0$, so vertauscht man u_r mit u_s bzw. y_s, falls $s \in I_2$ bzw. $s \in I_1$ ist, und geht zu Schritt 1.

3.5. Bibliographische Bemerkungen

Die in Abschnitt 3.3. beschriebenen Methoden zulässiger Richtungen werden u.a. ausführlich in dem Buch [19] von R. Horst dargestellt, wo auch auf Konvergenzaussagen eingegangen wird. Ein klassisches Verfahren ist die von Frank und Wolfe entwickelte Linearisierungsmethode, die aber in ungünstigen Fällen sehr schlecht konvergiert (vgl. dazu Abschnitt 16.2 in dem Buch [39] von Zoutendijk, wo sich noch weitere Literaturhinweise dazu finden).

M.S. Bazaraa und C.M. Shetty beschäftigten sich in Kapitel 10 ihres Buches [2] ebenfalls mit Methoden zulässiger Richtungen bei linearen Nebenbedingungen. Außer dem in Abschnitt 3.3.2.2. dargestellten Verfahren der projizierten Gradienten von Rosen gehen sie auch auf die Methode der reduzierten Gradienten von Wolfe und die konvexe Simplexmethode von Zangwill ein, die auf Nebenbedingungen in Form von Gleichungen mit nicht-negativen Variablen zugeschnitten sind.

Eine ausführliche Beschreibung der Methode der reduzierten Gradienten mit einem numerischen Beispiel kann in dem Buch [11] von Elster nachgelesen werden.

Naheliegend ist es, die sehr wirksamen Methoden der konjugierten Richtungen in Abschnitt 2.3.2.1. und die Quasi-Newton-Verfahren in Abschnitt 2.3.2.3. auch auf Probleme mit linearen Nebenbedingungen anzuwenden. Das geschieht z.B. in den Abschnitten 16.3 und 16.4 des Buches [39] von Zoutendijk.

Alle diese Verfahren können auch auf Probleme der quadratischen Optimierung angewandt werden, wozu z.B. auf die Abschnitte 15.3 und 15.4 in [39] verwiesen sei. Neben dem in Abschnitt 3.4.2. beschriebenen Verfahren von

Lemke gibt es noch eine ganze Reihe spezieller Methoden, die die Struktur
des Problems ausnutzen, wie z.B. das in dem Buch [11] von K.-H. Elster
dargestellte Verfahren von Beale. Umfangreiche Darstellungen der quadratischen Optimierung findet man in den Büchern [7] von J.C.G. Boot, [23]
von H.P. Künzi, W. Krelle und R. von Randow und [16] von G. Hadley.

4. Minimierung von Funktionen unter nichtlinearen Nebenbedingungen

4.1. Nebenbedingungen in Form von Gleichungen

4.1.1. Die Lagrangesche Multiplikatorenregel

Die klassische Fragestellung der nichtlinearen Optimierung besteht darin,
eine Funktion unter endlich vielen Nebenbedingungen in Form von Gleichungen zum Minimum zu machen. Genauer betrachten wir die folgende Problemstellung: Gegeben seien Funktionen f und $g_1,\ldots,g_n$ auf einer nichtleeren
offenen Teilmenge X von $\mathbb{R}^m$. Gesucht ist ein Minimalpunkt von f auf
der Menge

$$S = \{x \in X \mid g_j(x) = 0 \quad \text{für} \quad j = 1,\ldots,n\}, \tag{4.1.1}$$

d.h. ein Punkt $\hat{x} \in S$ mit

$$f(\hat{x}) \leq f(x) \quad \text{für alle} \quad x \in S. \tag{4.1.2}$$

Wir machen die Annahme

$$m > n;$$

denn sonst wäre die Menge S entweder leer, d.h. die Nebenbedingungen

$$g_j(x) = 0 \quad \text{für} \quad j = 1,\ldots,n \tag{4.1.3}$$

wären für kein $x \in X$ erfüllbar, da die n Gleichungen (4.1.3) für $m \leq n$
Unbekannte $x_1,\ldots,x_m$ einander widersprechen oder für kein $x \in X$ erfüllt
werden können, oder (4.1.3) hätte u.U. nur endlich viele Lösungen in X.
In dem einen Fall wäre die Minimierung von f unmöglich und in dem anderen eine Aufgabe, aus endlich vielen Zahlen eine kleinste herauszusuchen.
Ließen sich die Nebenbedingungen (4.1.3) nach n Variablen, etwa nach
$x_1,\ldots,x_n$, auflösen, d.h. wäre (4.1.3) etwa gleichbedeutend mit dem Bestehen der Gleichungen

$$x_j = h_j(x_{n+1},\ldots,x_m), \quad j = 1,\ldots,n, \tag{4.1.4}$$

so wäre die Minimierung von f auf S (4.1.1) gleichbedeutend mit der
Minimierung von

$$g(x_{n+1},\ldots,x_m) = f(h_1(x_{n+1},\ldots,x_m),\ldots,h_m(x_{n+1},\ldots,x_m),$$
$$x_{n+1},\ldots,x_m)$$

auf der Menge aller $(x_{n+1},\ldots,x_m)^T \in \mathbb{R}^{m-n}$ mit
$(h_1(x_{n+1},\ldots,x_m),\ldots,h_n(x_{n+1},\ldots,x_m), x_{n+1},\ldots,x_m)^T \in X$.

Eine Auflösung von (4.1.3) in der Form (4.1.4) wird im allgemeinen nicht möglich sein.

Daher geht man nach Lagrange folgendermaßen vor. Man definiert eine sog. Lagrange-Funktion durch

$$L(x,\lambda) = f(x) + \sum_{j=1}^{n} \lambda_j g_j(x), \quad x \in X, \quad \lambda = (\lambda_1,\ldots,\lambda_n)^T \in \mathbb{R}^n. \qquad (4.1.5)$$

Die Zahlen $\lambda_1,\ldots,\lambda_n$ heißen Lagrangesche Multiplikatoren.

Die Idee besteht jetzt darin, die Minimierung von f auf S (4.1.1) auf die Minimierung von $L(\cdot,\lambda)$ auf der Menge X zurückzuführen, wobei der Multiplikatorenvektor $\lambda \in \mathbb{R}^n$ noch geeignet zu wählen ist.

Hierzu wird man durch die folgende triviale Bemerkung geführt: Wäre ein $\hat{x} \in S$ derart gefunden, daß für ein passendes $\hat{\lambda} \in \mathbb{R}^n$ gilt

$$L(\hat{x},\hat{\lambda}) \leq L(x,\hat{\lambda}) \quad \text{für alle} \quad x \in X, \qquad (4.1.6)$$

so wäre $\hat{x}$ offenbar auch ein Minimalpunkt von f auf S; denn (4.1.2) ist eine unmittelbare Folge von (4.1.6) und der Definition (4.1.5) von L. Interessanter ist die Umkehrung dieser Aussage, nämlich, daß zu einem Minimalpunkt $\hat{x} \in S$ von f auf S ein Multiplikatorenvektor $\hat{\lambda} \in \mathbb{R}^n$ derart existiert, daß (4.1.6) gilt.

Wir nehmen an, daß die Funktionen f und $g_1,\ldots,g_n$ auf X stetige partielle Ableitungen besitzen. Nach Satz 2.2.2 folgt dann aus (4.1.6) notwendig

$$\text{grad}_x \, L(\hat{x},\hat{\lambda}) = \begin{bmatrix} L_{x_1}(\hat{x},\hat{\lambda}) \\ \vdots \\ L_{x_m}(\hat{x},\hat{\lambda}) \end{bmatrix} = \Theta_m, \qquad (4.1.7)$$

was gleichwertig ist mit

$$\text{grad} \, f(\hat{x}) + \sum_{j=1}^{n} \hat{\lambda}_j \, \text{grad} \, g_j(\hat{x}) = \Theta_m. \qquad (4.1.8)$$

Das Bestehen von (4.1.8) nennt man auch die

Lagrangesche Multiplikatorenregel

Es erhebt sich auf Grund der bisherigen Betrachtungen die Frage, ob die Lagrangesche Multiplikatorenregel (4.1.8) für einen Minimalpunkt $\hat{x} \in S$ von f auf S eine notwendige Bedingung ist. Ist das der Fall, so genügen $\hat{x}$ und der unbekannte Miltiplikatorenvektor $\hat{\lambda}$ dem nichtlinearen Gleichungssystem

$$f_{x_k}(\hat{x}) + \sum_{j=1}^{n} \hat{\lambda}_j g_{x_k}(\hat{x}) = 0, \quad k = 1,\ldots,m,$$

$$g_j(\hat{x}) = 0, \quad j = 1,\ldots,n,$$

$$(4.1.9)$$

bestehend aus m+n Gleichungen für m+n Unbekannte $\hat{x}_1,\ldots,\hat{x}_m$,
$\hat{\lambda}_1,\ldots,\hat{\lambda}_n$ mit $\hat{x} = (\hat{x}_1,\ldots,\hat{x}_m)^T \in X$.

Wir wollen das an einem einfachen Beispiel erläutern. Gesucht ist ein
kreiszylinderförmiges Gefäß mit vorgegebenem Volumen V und minimaler
Oberfläche. Seien $x_1 > 0$ bzw. $x_2 > 0$ der Radius bzw. die Höhe des Ge-
fäßes. Dann sind das Volumen V bzw. die Oberfläche F gegeben durch

$$V = \pi x_1^2 x_2 \quad \text{bzw.} \quad F = 2\pi(x_1^2 + x_1 x_2).$$

Die Aufgabe besteht also darin, unter den Nebenbedingungen

$$g_1(x_1,x_2) = \pi x_1^2 x_2 - V = 0, \quad x_1 > 0, \quad x_2 > 0 \qquad (4.1.3')$$

die Funktion

$$f(x_1,x_2) = 2\pi(x_1^2 + x_1 x_2)$$

zum Minimum zu machen.

Das Gleichungssystem (4.1.9) lautet in diesem Falle

$$\begin{aligned}
2\pi(2\hat{x}_1 + \hat{x}_2) + 2\pi\hat{\lambda}_1\hat{x}_1\hat{x}_2 &= 0, \\
2\pi\hat{x}_1 + \pi\hat{\lambda}_1\hat{x}_1^2 &= 0, \\
\pi\hat{x}_1^2\hat{x}_2 - V &= 0
\end{aligned} \qquad (4.1.9')$$

und hat die eindeutige Lösung

$$\hat{x}_1 = -\frac{2}{\hat{\lambda}_1}, \quad \hat{x}_2 = -\frac{4}{\hat{\lambda}_1}, \quad \hat{\lambda}_1 = -2\sqrt[3]{\frac{2\pi}{V}}.$$

Wüßten wir, daß bei diesem Beispiel die Lagrangesche Multiplikatorenregel
notwendig für einen Minimalpunkt von $f(x_1,x_2) = 2\pi(x_1^2 + x_1 x_2)$ auf

$$S = \{(x_1,x_2)^T \in X \mid \pi x_1^2 x_2 - V = 0\}$$

mit

$$(4.1.1')$$

$$X = \{(x_1,x_2)^T \in \mathbb{R}^2 \mid x_1 > 0, \quad x_2 > 0\}$$

ist, so wäre der einzig mögliche Minimalpunkt gegeben durch

$$\hat{x}_1 = \sqrt[3]{\frac{V}{2\pi}}, \quad \hat{x}_2 = 2\hat{x}_1 \qquad (4.1.10)$$

Man kann sich in diesem Fall auch leicht davon überzeugen, daß dieser tatsächlich ein Minimalpunkt von f auf S ist. Löst man nämlich die Nebenbedingung nach $\hat{x}_2$ auf und setzt $\hat{x}_2$ in f ein, so erhält man die äquivalente Aufgabe, die Funktion

$$g(x_1) = 2\pi(x_1^2 + \frac{V}{\pi x_1})$$

unter der Bedingung $x_1 > 0$ zum Minimum zu machen. Da g auf $\{x_1 \in \mathbb{R} \mid x_1 > 0\}$ konvex ist (Übung), ist $\hat{x}_1 > 0$ genau dann ein Minimalpunkt, wenn $g'(\hat{x}_1) = 0$ ist. Hieraus und aus $\hat{x}_2 = \dfrac{V}{\pi \hat{x}_1^2}$ ergibt sich dann (4.1.10).

Eine allgemeine Aussage über die Notwendigkeit der Lagrangeschen Multiplikationsregel für Minimalpunkte macht der

Satz 4.1.1: Sei $\hat{x} \in S$ (4.1.1) ein Minimalpunkt von f auf S derart, daß die Vektoren

$$\operatorname{grad} g_j(\hat{x}) = \begin{bmatrix} g_{j_{x_1}}(\hat{x}) \\ \vdots \\ g_{j_{x_m}}(\hat{x}) \end{bmatrix} , \quad j = 1,\ldots,n, \tag{4.1.11}$$

linear unabhängig sind. Dann gibt es genau einen Multiplikatorenvektor $\hat{\lambda} \in \mathbb{R}^n$ derart, daß die Multiplikatorenregel (4.1.8) gilt.

Beweis[+]: Bei geeigneter Numerierung der Nebenbedingungen (4.1.3) können wir auf Grund der Voraussetzung des Satzes annehmen, daß die Matrix

$$\begin{bmatrix} g_{1_{x_1}}(\hat{x}) & \cdots & g_{1_{x_n}}(\hat{x}) \\ \vdots & & \vdots \\ g_{n_{x_1}}(\hat{x}) & \cdots & g_{n_{x_n}}(\hat{x}) \end{bmatrix} \tag{4.1.12}$$

nicht-singulär ist. Auf Grund des Hauptsatzes über implizite Funktionen gibt es daher eine offene Umgebung U des Punktes $\hat{z} = (\hat{x}_{n+1},\ldots,\hat{x}_m)^T \in \mathbb{R}^{m-n}$ und n Funktionen $h_i \colon U \to \mathbb{R}$, $i = 1,\ldots,n$, mit stetigen partiellen Ableitungen auf U derart, daß gilt

$$\hat{x}_i = h_i(\hat{x}_{n+1},\ldots,\hat{x}_m), \quad i = 1,\ldots,n,$$

und

$$g_j(h(z),z) = 0 \quad \text{für} \quad j = 1,\ldots,n, \tag{4.1.13}$$

wobei $h(z) = (h_1(z),\ldots,h_n(z))^T$ und $z = (x_{n+1},\ldots,x_m)^T$ sowie

---

[+] Dieser Beweis ist für mathematisch nicht versierte Leser nicht leicht zu verstehen.

$(h(z),z) \in X$ für alle $z \in U$.

Setzt man $g(z) = f(h(z),z)$, $z \in U$,   so gilt für $\hat{z} = (\hat{x}_{n+1},\ldots,\hat{x}_m)^T$ auf Grund der Annahme, daß $\hat{x}$ ein Minimalpunkt von f auf S sei, die Aussage

$$g(\hat{z}) \le g(z) \quad \text{für alle} \quad z \in U$$

und damit nach Satz 2.2.2

$$g_{z_k}(\hat{z}) = \sum_{i=1}^{n} f_{x_i}(\hat{x}) h_{i_{z_k}}(\hat{z}) + f_{x_{n+k}}(\hat{x}) = 0$$

$$\text{für} \quad k = 1,\ldots,m-n \tag{4.1.14}$$

Weiterhin folgt mit $f_j(z) = g_j(h(z),z)$, $j = 1,\ldots,n$, $z \in U$,   aus (4.1.13)

$$f_{j_{z_k}}(\hat{z}) = \sum_{i=1}^{n} g_{j_{x_i}}(\hat{x}) h_{i_{z_k}}(\hat{z}) + g_{j_{x_{n+k}}}(\hat{x}) = 0$$

$$\text{für} \quad k = 1,\ldots,n-n. \tag{4.1.15}$$

Auf Grund der Nichtsingularität der Matrix (4.1.12) gibt es genau einen Vektor $\hat{\lambda} \in \mathbb{R}^n$ mit

$$f_{x_i}(\hat{x}) = \sum_{j=1}^{n} (-\hat{\lambda}_j) g_{j_{x_i}}(\hat{x}) \quad \text{für} \quad i = 1,\ldots,n.$$

Daraus folgt mit (4.1.14) und (4.1.15)

$$f_{x_{n+k}}(\hat{x}) = - \sum_{i=1}^{n} f_{x_i}(\hat{x}) h_{i_{z_k}}(\hat{z}) = - \sum_{i=1}^{n} \sum_{j=1}^{n} (-\hat{\lambda}_j) g_{j_{x_i}}(\hat{x}) h_{i_{z_k}}(\hat{z})$$

$$= - \sum_{j=1}^{n} (-\hat{\lambda}_j) \sum_{i=1}^{n} g_{j_{x_i}}(\hat{x}) h_{i_{z_k}}(\hat{z}) = \sum_{j=1}^{n} (-\hat{\lambda}_j) g_{j_{x_{n+k}}}(\hat{x})$$

für alle $k = 1,\ldots,m-n$.

Damit ist die Gültigkeit von (4.1.8) gezeigt. Die Eindeutigkeit der Multiplikatoren $\hat{\lambda}_j$, $j = 1,\ldots,n$,   ist eine Folge der linearen Unabhängigkeit der Vektoren (4.1.11).

Mit Hilfe dieses Satzes läßt sich für das obige Beispiel die Notwendigkeit der Lagrangeschen Multiplikatorenregel und damit das Erfülltsein von (4.1.9') für einen Minimalpunkt $\hat{x} \in S$ (4.1.1') von
$f(x_1,x_2) = 2\pi(x_1^2 + x_1 x_2)$ auf S einsehen. Für jeden Punkt
$x = (x_1,x_2)^T \in S$ gilt nämlich für g_1 nach (4.1.3'), daß

$$\text{grad } g_1(x) = \begin{pmatrix} 2\pi(2x_1 + x_2) \\ 2\pi x_1 \end{pmatrix} \neq \Theta_2$$

ist, woraus die lineare Unabhängigkeit folgt. Damit ist die Voraussetzung des Satzes 4.1.1 sogar für jedes $x \in S$ erfüllt.

Bezüglich der Hinlänglichkeit der Lagrangeschen Multiplikatorenregel für Minimalpunkte gilt der

Satz 4.1.2: Sei X konvex. Sind für ein $\hat{x} \in X$ und ein $\hat{\lambda} \in \mathbb{R}^n$ die Gleichungen (4.1.9) erfüllt und ist die durch (4.1.5) definierte Lagrange-Funktion $L = L(x,\lambda)$ für $\lambda = \hat{\lambda}$ konvex auf X (vgl. Abschnitt 2.2.2), so ist $\hat{x} \in S$ ein Minimalpunkt von f auf S.

Beweis: Auf Grund der Konvexität von $L(\cdot,\hat{\lambda})$ folgt aus Satz 2.2.6

$$L(x,\hat{\lambda}) - L(\hat{x},\hat{\lambda}) \geq \text{grad}_x L(\hat{x},\hat{\lambda})^T(x-\hat{x}) \quad \text{für alle } x \in X.$$

Da (4.1.8) und damit (4.1.7) in (4.1.9) enthalten ist, folgt (4.1.6) und daraus, wie wir an der Stelle bereits bemerkt haben, die Behauptung.

Ist X konvex und existieren für alle $x \in X$ die zweiten partiellen Ableitungen von $f, g_1, \ldots, g_n$ und sind diese stetig, so ist die Funktion $L(\cdot,\hat{\lambda})$ nach Satz 2.2.8 genau dann auf X konvex, wenn die Hesse-Matrix bezüglich x, d.h.

$$H_L^x(x,\lambda) = \begin{bmatrix} L_{x_1 x_1}(x,\hat{\lambda}) & \ldots & L_{x_1 x_m}(x,\hat{\lambda}) \\ \vdots & & \\ L_{x_m x_1}(x,\hat{\lambda}) & \ldots & L_{x_m x_m}(x,\hat{\lambda}) \end{bmatrix} , \qquad (4.1.16)$$

für alle $x \in X$ positiv semi-definit ist. In dem obigen Beweis ist das allerdings nicht der Fall. Hier lautet die Hesse-Matrix bezüglich x

$$H_L^x(x_1,x_2,\hat{\lambda}_1) = \begin{pmatrix} 2\pi(2 + \hat{\lambda}_1 x_2) & 2\pi(1 + \hat{\lambda}_1 x_1) \\ 2\pi(1 + \hat{\lambda}_1 x_1) & 0 \end{pmatrix}$$

mit $\hat{\lambda}_1 = -2\sqrt[3]{\frac{2\pi}{V}}$ und ist nicht für alle $(x_1,x_2) \in \mathbb{R}^2$ mit $x_1 > 0$, $x_2 > 0$ positiv semi-definit.

Allgemein ist es schwierig zu zeigen, daß die Gleichungen (4.1.9) für $\hat{x} \in X$ und $\hat{\lambda} \in \mathbb{R}^n$ hinreichend für (4.1.2) sind oder wenigstens dafür, daß $\hat{x} \in X$ ein lokaler Minimalpunkt von f auf S (4.1.1) ist (vgl. Abschnitt 2.2.1). Oft ist jedoch aus dem technischen oder physikalischen Zusammenhang heraus klar, daß man durch Auflösung von (4.1.9) einen Minimalpunkt von f auf S gewinnt.

4.1.2. Ein Spezialfall mit einer Anwendung

Im Falle einer einzigen quadratischen Nebenbedingung und einer quadratischen Funktion, die zu minimieren ist, kann man die Lagrangesche Multiplikatorenregel wie folgt zur Lösung des Problems heranziehen. Zu minimieren sei also die Funktion

$$f(x) = \frac{1}{2} x^T A x + a^T x, \quad x \in \mathbb{R}^m, \tag{4.1.17}$$

(in diesem Fall ist $X = \mathbb{R}^m$) unter der Nebenbedingung

$$g_1(x) = \frac{1}{2} x^T B x + b^T x + \beta = 0. \tag{4.1.18}$$

Dabei sind A und B vorgegebene symmetrische m×m-Matrizen, $a, b \in \mathbb{R}^m$ vorgegebene Vektoren und $\beta \in \mathbb{R}$ eine vorgegebene Zahl.

Die Multiplikatorenregel (4.1.8) lautet in diesem Fall

$$(A + \hat{\lambda}_1 B)\hat{x} + a + \hat{\lambda}_1 b = \Theta_m. \tag{4.1.19}$$

Kann man $\hat{\lambda}_1 \in \mathbb{R}$ so wählen, daß die Matrix $A + \hat{\lambda}_1 B$ positiv definit ist, so ist die eindeutige Lösung von (4.1.19) gegeben durch

$$\hat{x} = -(A + \hat{\lambda}_1 B)^{-1}(a + \hat{\lambda}_1 b) \tag{4.1.20}$$

und nach Abschnitt 2.2.2. zugleich der eindeutige Minimalpunkt von

$$L(x, \hat{\lambda}_1) = \frac{1}{2} x^T(A + \hat{\lambda}_1 B)x + (a + \hat{\lambda}_1 b)^T x + \hat{\lambda}_1 \beta \quad \text{auf} \quad X = \mathbb{R}^m.$$

Gilt überdies

$$g_1(\hat{x}) = \frac{1}{2} \hat{x}^T B \hat{x} + b^T \hat{x} + \beta = 0,$$

so ist auf Grund der Ausführungen in Abschnitt 4.1.1. $\hat{x}$ ein Minimalpunkt von f (4.1.17) auf $X = \mathbb{R}^m$ unter der Nebenbedingung (4.1.18).

Als Anwendung dieses Sachverhaltes betrachten wir die folgende Aufgabe: Gegeben seien zwei Kurven in der Ebene, repräsentiert durch zwei Punktmengen

$$\{(\sigma_i, \tau_i) \in \mathbb{R}^2 \mid i = 1, \ldots, r\} \quad \text{und} \quad \{(s_i, t_i) \in \mathbb{R}^2 \mid i = 1, \ldots, r\}$$

Um festzustellen, bis zu welchem Grade die beiden Kurven in Abbildung 4.1 deckungsgleich sind, soll mit einer orthogonalen Transformation, d.h. mit einer Verschiebung und Drehung der Ebene in sich, versucht werden, die erste Menge in die zweite überzuführen oder ihr wenigstens nahe zu bringen.

Eine solche orthogonale Transformation $T: \mathbb{R}^2 \to \mathbb{R}^2$ ist formelmäßig gegeben durch

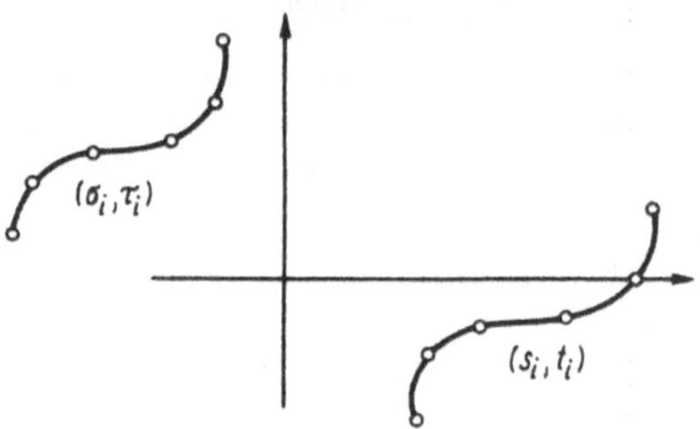

Abbildung 4.1

$$T(\sigma,\tau) = \begin{pmatrix} x_1\sigma + x_2\tau + x_3 \\ -x_2\sigma + x_1\tau + x_4 \end{pmatrix} \quad , \quad (\sigma,\tau) \in \mathbb{R}^2,$$

mit festen Zahlen $x_1,x_2,x_3,x_4 \in \mathbb{R}$ derart, daß

$$x_1^2 + x_2^2 = 1 \qquad\qquad (4.1.21)$$

ist. Als Abstand der beiden Mengen

$$\{T(\sigma_i,\tau_i) \mid i = 1,\ldots,r\} \quad \text{und} \quad \{(s_i,t_i) \in \mathbb{R}^2 \mid i = 1,\ldots,r\}$$

wählen wir die Größe

$$\sum_{i=1}^{r} (T(\sigma_i,\tau_i) - (s_i,t_i))^2. \qquad\qquad (4.1.22)$$

Das Problem besteht dann darin, $x_1,x_2,x_3,x_4 \in \mathbb{R}$ mit (4.1.21) so zu wählen, daß die Größe (4.1.22) minimal ausfällt, mit anderen Worten: Unter der Nebenbedingung

$$g_1(x) = x_1^2 + x_2^2 - 1 = 0 \qquad\qquad (4.1.21')$$

ist die Funktion

$$\hat{f}(x) = \sum_{i=1}^{r} (x_1\sigma_i + x_2\tau_i + x_3 - s_i)^2 + (-x_2\sigma_i + x_1\tau_i + x_4 - t_i)^2, \qquad (4.1.22')$$

$x \in \mathbb{R}^4$, zum Minimum zu machen. Die Funktion $\hat{f}$ kann man in eine quadratische Funktion umschreiben. Zu dem Zweck definieren wir

$$a_{11} = a_{22} = 2 \sum_{i=1}^{r} \sigma_i^2 + \tau_i^2, \quad a_{12} = 0,$$

$$a_{13} = 2 \sum_{i=1}^{r} \sigma_i, \quad a_{14} = a_{23} = 2 \sum_{i=1}^{r} \tau_i,$$

$$a_{24} = -a_{13}, \quad a_{33} = a_{44} = 2r, \quad a_{34} = 0,$$

$$a_{ij} = a_{ji} \quad \text{für alle} \quad i \neq j, \tag{4.1.23}$$

$$a_1 = -2 \sum_{i=1}^{r} \sigma_i s_i + \tau_i t_i, \quad a_3 = -2 \sum_{i=1}^{r} s_i,$$

$$a_2 = 2 \sum_{i=1}^{r} \sigma_i t_i - \tau_i s_i, \quad a_4 = -2 \sum_{i=1}^{r} t_i,$$

$$\alpha = \sum_{i=1}^{r} s_i^2 + t_i^2 .$$

Mit $A = (a_{ij})_{i,j=1,\ldots,4}$, $a = (a_1,\ldots,a_4)^T$ lautet dann die Funktion (4.1.22')

$$\hat{f}(x) = \frac{1}{2} x^T A x + a^T x + \quad , \quad x \in \mathbb{R}^4.$$

Minimiert man $f = \hat{f} - \alpha$ anstelle von $\hat{f}$ und setzt

$$B = \begin{pmatrix} 2 & 0 & 0 & 0 \\ 0 & 2 & 0 & 0 \\ 0 & 0 & 0 & 0 \\ 0 & 0 & 0 & 0 \end{pmatrix}, \quad b = \begin{pmatrix} 0 \\ 0 \\ 0 \\ 0 \end{pmatrix}, \quad \beta = -1, \tag{4.1.24}$$

so besteht die zu lösende Aufgabe endgültig darin, die Funktion f (4.1.17) auf $X = \mathbb{R}^4$ mit A und a nach (4.1.23) unter der Nebenbedingung (4.1.18) mit B, b und β nach (4.1.24) zum Minimum zu machen. Die Matrix $A = \hat{\lambda}_1 B$, auf deren positive Definitheit es ankommt, lautet

$$A + \hat{\lambda}_1 B = \begin{bmatrix} a_{11} + \hat{\lambda}_1 & 0 & a_{13} & a_{14} \\ 0 & a_{11} + \hat{\lambda}_1 & a_{14} & -a_{13} \\ a_{13} & a_{14} & 2r & 0 \\ a_{14} & -a_{13} & 0 & 2r \end{bmatrix}$$

Sie hat zwei doppelte reelle Eigenwerte μ_1, μ_2, die die quadratische Gleichung

$$(a_{11} + \hat{\lambda}_1 - \mu)(2r - \mu) - a_{13}^2 - a_{14}^2 = 0$$

lösen und somit gegeben sind durch

$$\mu_{1,2} = r + \frac{1}{2}(a_{11} + \hat{\lambda}_1) \pm \sqrt{(r + \frac{1}{2}(a_{11} + \hat{\lambda}_1))^2 + a_{13}^2 + a_{14}^2 - 2r(a_{11} + \hat{\lambda}_1)}.$$

Die Matrix $A + \hat{\lambda}_1 B$ ist genau dann positiv definit, wenn gilt $\mu_1 > 0$ und $\mu_2 > 0$, was offenbar mit

$$a_{13}^2 + a_{14}^2 - 2r(a_{11} + \hat{\lambda}_1) < 0 \iff a_{11} + \hat{\lambda}_1 - \frac{1}{2r}(a_{13}^2 + a_{14}^2) > 0 \qquad (4.1.25)$$

gleichbedeutend ist. Die Multiplikatorenregel (4.1.19) lautet in diesem Fall

$$\begin{aligned}
(a_{11} + \hat{\lambda}_1)\hat{x}_1 + a_{13}\hat{x}_3 + a_{14}\hat{x}_4 + a_1 &= 0, \\
(a_{11} + \hat{\lambda}_1)\hat{x}_2 + a_{14}\hat{x}_3 - a_{13}\hat{x}_4 + a_2 &= 0, \\
a_{13}\hat{x}_1 + a_{14}\hat{x}_2 + 2r\hat{x}_3 + a_3 &= 0, \\
a_{14}\hat{x}_1 - a_{13}\hat{x}_2 + 2r\hat{x}_4 + a_4 &= 0
\end{aligned} \qquad (4.1.19')$$

und ist äquivalent mit dem Bestehen der Gleichungen

$$\begin{aligned}
(a_{11} + \hat{\lambda}_1 - \frac{1}{2r}(a_{13}^2 + a_{14}^2))\hat{x}_1 &= -a_1 + \frac{1}{2r}(a_3 a_{13} + a_4 a_{14}), \\
(a_{11} + \hat{\lambda}_1 - \frac{1}{2r}(a_{13}^2 + a_{14}^2))\hat{x}_2 &= -a_2 + \frac{1}{2r}(a_3 a_{14} - a_4 a_{13}), \\
\hat{x}_3 &= \frac{1}{2r}(-a_3 - a_{13}\hat{x}_1 - a_{14}\hat{x}_2), \\
\hat{x}_4 &= \frac{1}{2r}(-a_4 - a_{14}\hat{x}_1 + a_{13}\hat{x}_2),
\end{aligned} \qquad (4.1.19'')$$

aus denen $\hat{x}_1, \hat{x}_2, \hat{x}_3, \hat{x}_4$ eindeutig berechnet werden können, wenn (4.1.25) erfüllt ist.

Wir nehmen jetzt an, daß gilt

$$-a_1 + \frac{1}{2r}(a_3 a_{13} + a_4 a_{14}) \neq 0 \quad \text{oder} \quad -a_2 + \frac{1}{2r}(a_3 a_{14} - a_4 a_{13}) \neq 0. \qquad (4.1.26)$$

Dann ist

$$\Delta = + \sqrt{(-a_1 + \frac{1}{2r}(a_3 a_{13} + a_4 a_{14}))^2 + (-a_2 + \frac{1}{2r}(a_3 a_{14} - a_4 a_{13}))^2} > 0,$$

und wählt man jetzt

$$\hat{\lambda}_1 = \frac{1}{2r}(a_{13}^2 + a_{14}^2) - a_{11} + \Delta,$$

so ist die Bedingung (4.1.25) erfüllt, und man erhält die eindeutige Lösung von (4.1.19') in der Form

$$\begin{aligned}
\hat{x}_1 &= \frac{1}{\Delta}(-a_1 + \frac{1}{2r}(a_3 a_{13} + a_4 a_{14})), \\
\hat{x}_2 &= \frac{1}{\Delta}(-a_2 + \frac{1}{2r}(a_3 a_{14} - a_4 a_{13}))
\end{aligned}$$

und $\hat{x}_3, \hat{x}_4$ nach (4.1.19"). Offenbar gilt auch

$$\frac{1}{2} \hat{x}^T B \hat{x} + b^T \hat{x} + \beta = \hat{x}_1^2 + \hat{x}_2^2 - 1 = 0,$$

so daß auf Grund der obigen Betrachtungen $.(\hat{x}_1, \hat{x}_2, \hat{x}_3, \hat{x}_4)^T$ die gestellte Aufgabe löst.

Der Fall, daß die Bedingung (4.1.26) verletzt ist, läßt sich auch noch diskutieren. Er kann vermutlich nur in der trivialen Situation $r = 1$ auftreten.

4.1.3. Der Fall affin-linearer Nebenbedingungen

Wir betrachten das Problem, eine Funktion f auf einer nichtleeren offenen Teilmenge X von $\mathbb{R}^m$, auf der sie überall stetige partielle Ableitungen besitzt, unter affin-linearen Nebenbedingungen (vgl. Satz 2.2.5)

$$g_j(x) = a_j^T x + \alpha_j = 0, \quad j = 1, \ldots, n, \tag{4.1.27}$$

mit fest gegebenen Vektoren $a_1, \ldots, a_n \in \mathbb{R}^m$ und Zahlen $\alpha_1, \ldots, \alpha_n \in \mathbb{R}$ zum Minimum zu machen.

Für $X = \mathbb{R}^m$ könnte man diese Problemstellung auch im Rahmen von Abschnitt 3.2. behandeln, indem man die n Nebenbedingungen (4.1.27) in Form von Gleichungen in 2n äquivalente Nebenbedingungen in Form von Ungleichungen umschreibt.

Ist die Menge

$$S = \{x \in X \mid a_j^T x + \alpha_j = 0, \quad j = 1, \ldots, n\} \tag{4.1.1"}$$

nichtleer, so können wir o.B.d.A. annehmen, daß die Vektoren $a_1, \ldots, a_n \in \mathbb{R}^m$ linear unabhängig sind, was $n \leq m$ impliziert. Wäre nämlich etwa a_n von den Vektoren $a_1, \ldots, a_{n-1}$ linear abhängig, so wäre

$$a_n = \sum_{j=1}^{n-1} \rho_j a_j. \tag{4.1.28}$$

Nun sei $x \in S$ beliebig vorgegeben. Dann folgt aus (4.1.28) und (4.1.27) einerseits

$$a_n^T x = \sum_{j=1}^{n-1} \rho_j a_j^T x = \sum_{j=1}^{n-1} \rho_j \alpha_j$$

und aus (4.1.27) andererseits

$$a_n^T x = \alpha_n,$$

mithin

$$\alpha_n = \sum_{j=1}^{n-1} \rho_j \alpha_j. \tag{4.1.29}$$

Ist nun ein $\tilde{x} \in X$ vorgegeben mit

$$a_j^T \tilde{x} + \alpha_j = 0 \quad \text{für} \quad j = 1, \ldots, n-1,$$

so folgt aus (4.1.28) und (4.1.29) automatisch

$$a_n^T \tilde{x} + \alpha_n = 0.$$

Ergebnis: Ist a_n von $a_1, \ldots, a_{n-1}$ linear abhängig und ist S (4.1.1") nichtleer, so ist die n-te Gleichung in (4.1.27) automatisch erfüllt, wenn die ersten $n-1$ Gleichungen erfüllt sind, d.h.

$$S = \{x \in X \mid a_j^T x + \alpha_j = 0, \quad j = 1, \ldots, n-1\}. \tag{4.1.1'}$$

Man kann also in (4.1.27) alle Gleichungen weglassen, deren zugehörige Vektoren a_j von den anderen linear abhängen. Die a-priori-Annahme der linearen Unabhängigkeit von $a_1, \ldots, a_n \in \mathbb{R}^m$ garantiert wegen

$$\text{grad } g_j(x) = a_j \quad \text{für alle} \quad x \in \mathbb{R}^m \quad \text{und} \quad j = 1, \ldots, n$$

auf Grund von Satz 4.1.1 die Gültigkeit der Lagrangeschen Multiplikatorenregel als notwendige Bedingung für einen Minimalpunkt $\hat{x} \in S$ (4.1.1") von f auf S. Diese lautet

$$\text{grad } f(\hat{x}) + \sum_{j=1}^{n} \hat{\lambda}_j a_j = \Theta_m \tag{4.1.30}$$

mit eindeutig bestimmten Multiplikatoren $\hat{\lambda}_1, \ldots, \hat{\lambda}_n \in \mathbb{R}$. Ist X konvex und f auf X konvex, so ist die durch (4.1.5) definierte Lagrangesche Funktion $L = L(x, \lambda)$ für jedes $\lambda \in \mathbb{R}^n$ konvex und damit nach Satz 4.1.2 die Lagrangesche Multiplikatorenregel (4.1.30) auch hinreichend dafür, daß $\hat{x} \in S$ (4.1.1") ein Minimalpunkt von f auf S ist. In diesem Fall bilden $\hat{x}$ und $\hat{\lambda}$ auch einen sog. Sattelpunkt der Lagrange-Funktion (4.1.5). Genauer gilt hierüber der

Satz 4.1.3: Die Menge X sei konvex, und f sei auf X konvex. Ferner seien die Vektoren $a_1, \ldots, a_n \in \mathbb{R}^m$ in (4.1.27) linear unabhängig. Dann gilt die folgende Aussage: Ein Punkt $\hat{x} \in S$ (4.1.1') ist genau dann ein Minimalpunkt von f auf S, wenn es einen Multiplikatorenvektor $\hat{\lambda} \in \mathbb{R}^n$ gibt derart, daß $(\hat{x}^T, \hat{\lambda}^T)^T$ ein Sattelpunkt von L (4.1.5) auf $X \times \mathbb{R}^n$ ist, d.h., es gilt

$$L(\hat{x}, \lambda) \leq L(\hat{x}, \hat{\lambda}) \leq L(x, \hat{\lambda}) \quad \text{für alle} \quad x \in X \quad \text{und alle} \quad \lambda \in \mathbb{R}^n. \tag{4.1.31}$$

Beweis: 1. Sei $(\hat{x}^T,\hat{\lambda}^T)^T \in X \times \mathbb{R}^n$ derart vorgegeben, daß (4.1.31) erfüllt ist. Dann folgt aus der linken Ungleichung

$$\lambda^T g(\hat{x}) \leq \hat{\lambda}^T g(\hat{x}) \quad \text{für alle} \quad \lambda \in \mathbb{R}^n,$$

wobei $g(\hat{x}) = (g_1(\hat{x}),\ldots,g_n(\hat{x}))^T$. Wäre $g(\hat{x}) \neq \Theta_n$, so könnte man durch die Wahl

$$\lambda = \alpha g(\hat{x}), \quad \alpha > 0$$

die linke Seite der letzten Ungleichung für genügend großes $\alpha > 0$ beliebig groß machen und die Ungleichung könnte nicht bestehen. Daher ist $g(\hat{x}) = \Theta_n$, und die Behauptung (4.1.2) folgt aus der rechten Ungleichung in (4.1.31).

2. Sei $\hat{x} \in S$ (4.1.5) ein Minimalpunkt von f auf S. Dann gibt es genau einen Multiplikatorenvektor $\hat{\lambda} \in \mathbb{R}^n$ mit (4.1.30). Da $L = L(x,\hat{\lambda})$ in x konvex ist, folgt mit Satz 2.2.6

$$L(x,\hat{\lambda}) - L(\hat{x},\hat{\lambda}) \geq \text{grad}_x\, L(\hat{x},\hat{\lambda})^T (x-\hat{x})$$
$$= (\text{grad}\, f(\hat{x}) + \sum_{j=1}^{n} \hat{\lambda}_j a_j)^T (x-\hat{x}) = 0,$$

d.h. die rechte Ungleichung von (4.1.31). Die linke ist trivialerweise erfüllt.

4.2. Methoden zur Minimierung von Funktionen unter Gleichungsnebenbedingungen

4.2.1. Das Newton-Verfahren

Wir gehen wieder von der Problemstellung zu Beginn von Abschnitt 4.1.1. aus und machen die folgenden Annahmen:

1. Die Funktion f und die Funktionen $g_1,\ldots,g_n$ besitzen auf X stetige partielle Ableitungen bis zur Ordnung 2.

2. Die Gradientenvektoren

$$\text{grad}\, g_j(x) = \begin{bmatrix} g_{j_{x_1}}(x) \\ \vdots \\ g_{j_{x_m}}(x) \end{bmatrix} \quad, \quad j = 1,\ldots,n,$$

sind für jedes $x \in X$ linear unabhängig ($\Rightarrow$ $n \leq m$). Nach Satz 4.1.1 gibt es dann zu jedem Minimalpunkt $\hat{x} \in S$ (4.1 1) von f auf S genau einen

$\hat{\lambda} \in \mathbb{R}^n$ derart, daß die nichtlinearen Gleichungen (4.1.9) erfüllt sind. Nennt man jeden Punkt $\hat{x} \in X$ mit dieser Eigenschaft einen stationären Punkt, so ist jeder Minimalpunkt $\hat{x} \in S$ von f auf S ein stationärer Punkt. Die Umkehrung ist aber im allgemeinen nicht wahr. Trotzdem ist es sinnvoll, anstelle nach Minimalpunkten von f auf S nach stationären Punkten in X zu suchen, weil nur unter diesen Minimalpunkte von f auf S vorkommen können. Dadurch wird man auf die Lösung des nichtlinearen Gleichungssystems (4.1.9) geführt. Hierfür bietet sich unter den obigen Annahmen das in Abschnitt 2.3.2.2. beschriebene Newtonsche Iterationsverfahren an. Anstelle der dort betrachteten Funktion ϕ tritt hier die durch (4.1.5) definierte Lagrange-Funktion L, und anstelle der dort betrachteten Menge V tritt hier die Menge $X \times \mathbb{R}^n$ auf.

Der Gradient von L in einem Punkte $(x^T, \lambda^T)^T \in X \times \mathbb{R}^n$ ist dann gegeben durch

$$\text{grad } L(x, \lambda) = \begin{pmatrix} \text{grad}_x\, L(x, \lambda) \\ g(x) \end{pmatrix} \qquad (4.2.1)$$

mit $\text{grad}_x\, L(x, \lambda)$ nach (4.1.7) ud $g(x) = (g_1(x, \ldots, g_n(x))^T$, und das zu lösende Gleichungssystem (4.1.9) läßt sich kurz in der Form

$$\text{grad } L(\hat{x}, \hat{\lambda}) = \theta_{m+n} \qquad (4.2.2)$$

schreiben. Die Hesse-Matrix von L in $(x^T, \lambda^T)^T \in X \times \mathbb{R}^n$ lautet

$$H_L(x, \lambda) = \begin{pmatrix} H_L^x(x, \lambda) & J(x)^T \\ J(x) & O_{n \times m} \end{pmatrix} \;, \qquad (4.2.3)$$

wobei $H_L^x(x, \lambda)$ die nach (4.1.16) definierte Hesse-Matrix von L bezüglich x ist, $O_{n \times m}$ die n×m-Nullmatrix bezeichnet und

$$J(x) = \begin{bmatrix} g_{1_{x_1}}(x) & \cdots & g_{1_{x_m}}(x) \\ \vdots & & \\ g_{n_{x_1}}(x) & \cdots & g_{n_{x_m}}(x) \end{bmatrix}$$

ist. Mit diesen Hilfsmitteln läßt sich nun das <u>Newtonsche Iterationsverfahren</u>, wie in Abschnitt 2.3.2.2. beschrieben, durchführen. Beginnend mit einem $x^0 \in X$ und $\lambda^0 \in \mathbb{R}^n$ wird eine Folge $(x^{k^T}, \lambda^{k^T})^T$ in $X \times \mathbb{R}^n$ konstruiert, indem zu vorgegebenem $x^k \in X$ und $\lambda^k \in \mathbb{R}^n$, falls möglich, das lineare Gleichungssystem

$$H_L(x^k, \lambda^k)\tilde{h}^k = -\text{grad } L(x^k, \lambda^k) \qquad (4.2.4)$$

gelöst wird. Ist $H_L(x^k,\lambda^k)$ nicht-singulär, so existiert genau eine Lösung $\tilde{h}^k \in \mathbb{R}^{m+n}$ von (4.2.4). Ist $H_L(x^k,\lambda^k)$ singulär, so setzt man z.B. abweichend vom Newton-Verfahren

$$\tilde{h}^k = -\text{grad } L(x^k,\lambda^k) \tag{4.2.5}$$

Als nächstes prüft man, ob

$$\mu_k = (\tilde{h}^k)^T \text{ grad } L(x^k,\lambda^k) \neq 0 \tag{4.2.6}$$

ist. Ist das nicht der Fall, so muß man nach einer anderen Methode versuchen, eine Abstiegsrichtung zu finden, oder abbrechen. Letzteres wird man dann tun, wenn $\tilde{h}^k$ nach (4.2.5) bestimmt worden ist. Ist (4.2.6) erfüllt, so setzt man

$$h^k = \sigma_k \tilde{h}^k \quad \text{mit} \quad \sigma_k = \begin{cases} +1, & \text{falls} \quad \mu_k < 0 \quad \text{ist,} \\ -1, & \text{falls} \quad \mu_k > 0 \quad \text{ist} \end{cases} \tag{4.2.7}$$

und weiß nach Abschnitt 2.3.1., daß h^k eine Abstiegsrichtung von $L = L(x,\lambda)$ in $(x^{k^T},\lambda^{k^T}) \in X \times \mathbb{R}^n$ ist. Ist $h^k = h_1^{k^T}, h_2^{k^T})^T$ mit $h_1^k \in \mathbb{R}^m$, $h_2^k \in \mathbb{R}^n$, so setzt man

$$x^{k+1} = x^k + \alpha_k h_1^k, \quad \lambda^{k+1} = \lambda^k + \alpha_k h_2^k \tag{4.2.8}$$

und bestimmt $\alpha_k > 0$ so, daß gilt

$$L(x^k + \alpha_k h_1^k, \ \lambda^k + \alpha_k h_2^k) \leq L(x^k + \alpha h_1^k, \ \lambda^k + \alpha h_2^k)$$

für alle $\alpha > 0$ mit $x^k + \alpha h_1^k \in X$. $\tag{4.2.9}$

Auf Grund von Satz 4.1.3 wird man im allgemeinen erwarten, daß die durch dieses Verfahren erzeugte Folge $(x^{k^T},\lambda^{k^T})^T$ in $X \times \mathbb{R}^n$, wenn sie konvergiert, gegen einen Sattelpunkt von L und nicht gegen ein Minimum oder ein lokales Minimum von L konvergiert.

Unter den obigen Annahmen 1. und 2. liefert der folgende Satz eine hinreichende Bedingung dafür, daß die Matrix $H_L^x(x^k,\lambda^k)$ in (4.2.4) für jedes k invertierbar ist.

Satz 4.2.1: Ist die durch (4.1.16) definierte Hesse-Matrix von L (4.1.5) bezüglich x für jedes $(x^T,\lambda^T)^T \in X \times \mathbb{R}^n$ positiv definit, so ist die durch (4.2.3) definierte Hesse-Matrix von L für jedes $(x^T,\lambda^T)^T \in X \times \mathbb{R}^n$ nichtsingulär.

Beweis: Für jedes $(x^T,\lambda^T)^T \in X \times \mathbb{R}^n$ und jedes $h = (h_1^T,h_2^T)^T \in \mathbb{R}^m \times \mathbb{R}^n$ mit

$$H_L(x,\lambda)h = \Theta_{m+n} \tag{4.2.10}$$

folgt

$$H_L^x(x,\lambda)h_1 + J(x)^T h_2 = \Theta_m,$$
$$\quad J(x)h_1 \qquad\qquad = \Theta_n$$

und weiter

$$h_1^T H_L^x(x,\lambda)h_1 = 0.$$

Auf Grund der positiven Definitheit von $H_L^x(x,\lambda)$ folgt daraus $h_1 = \Theta_m$, mithin $J(x)^T h_2 = \Theta_m$, und mit der Annahme 1. folgt aus der letzten Gleichung, daß notwendig $h_2 = \Theta_n$ ist. Das homogene lineare Gleichungssystem (4.2.10) hat also nur die triviale Lösung, woraus die Nicht-Singularität von $H_L(x,\lambda)$ folgt.

Im Falle affin-linearer Nebenbedingungen (4.1.27) mit linear unabhängigen Vektoren $a_1,\ldots,a_n \in \mathbb{R}^m$ (woraus Annahme 2. folgt) und einer strikt konvexen Funktion auf einer offenen konvexen Menge X mit stetigen partiellen Ableitungen bis zur Ordnung 2 auf X (woraus Annahme 1. folgt) ist

$$H_L^x(x,\lambda) = \begin{bmatrix} f_{x_1 x_1}(x) & \cdots & f_{x_1 x_n}(x) \\ \vdots & & \\ f_{x_n x_1}(x) & \cdots & f_{x_n x_n}(x) \end{bmatrix}$$

für alle $(x^T,\lambda^T) \in X \times \mathbb{R}^n$ auf Grund von Satz 2.2.11 positiv definit und $H_L(x,\lambda)$ (4.1.34) somit für jedes $(x^T,\lambda^T)^T \in X \times \mathbb{R}^n$ nicht-singulär.

Im allgemeinen ist die Voraussetzung von Satz 4.1.4 sehr einschneidend. Die Nicht-Singularität von $H_L(x,\lambda)$ ist auch schon unter schwächeren Bedingungen erfüllt, was wir an dem einfachen Beispiel in Abschnitt 4.1.1. demonstrieren wollen. Bei diesem ist

$$H_L^x(x,\lambda_1) = \begin{pmatrix} 2\pi(2 + \lambda_1 x_2) & 2\pi(1 + \lambda_1 x_1) \\ 2\pi(1 + \lambda_1 x_1) & 0 \end{pmatrix}$$

für kein Paar $(x^T,\lambda_1)^T \in X \times \mathbb{R}$ mit $X = \{(x_1,x_2)^T \in \mathbb{R}^2 \mid x_1 > 0,\ x_2 > 0\}$ positiv definit. Das lineare Gleichungssystem (4.2.4) lautet hier

$$2\pi(2 + \lambda_1^k x_2^k)h_{11}^k + 2\pi(1 + \lambda_1^k x_1^k)h_{12}^k + 2\pi x_1^k x_2^k h_2^k = -L_{x_1}(x^k,\lambda_1^k),$$
$$2\pi(1 + \lambda_1^k x_1^k)h_{11}^k \qquad\qquad + \pi(x_1^k)^2 h_2^k = -L_{x_2}(x^k,\lambda_1^k), \tag{4.2.4'}$$
$$2\pi\, x_1^k x_2^k h_{11}^k + \pi(x_1^k)^2 h_{12}^k \qquad\qquad = -L_{\lambda_1}(x^k,\lambda_1^k),$$

wobei $x_1^k > 0$, $x_2^k > 0$ sind und

$$L(x,\lambda_1) = 2\pi(x_1^2 + x_1 x_2) + \lambda_1(\pi x_1^2 x_2 - V).$$

Löst man die zweite Gleichung in (4.2.4') nach h_2^k auf und setzt das Ergebnis in die erste Gleichung ein, so erhält man aus der ersten und dritten Gleichung ein lineares Gleichungssystem für h_{11}^k und h_{12}^k mit der Koeffizientenmatrix

$$\begin{bmatrix} 2\pi(2 + \lambda_1^k x_2^k) - \dfrac{4x_2^k}{x_1^k}(1 + \lambda_1^k x_1^k) & 2\pi(1 + \lambda_1^k x_1^k) \\[2ex] 2\pi\, x_1^k x_2^k & \pi(x_2^k)^2 \end{bmatrix} \,, \qquad (4.2.11)$$

deren Determinante ungefähr gleich $(8 - 4\pi)\pi(x_1^k)^2 - 8\pi^2(x_1^k)^2$ und damit negativ ist, wenn das Tripel $(x_1^k, x_2^k, \lambda_1^k)$ in der Nähe der Lösung $(-\dfrac{2}{\lambda_1}, -\dfrac{4}{\lambda_1}, \lambda_1)$, $\lambda_1 = -2\sqrt[3]{\dfrac{2\pi}{V}}$ des Systems (4.1.9') liegt, welches mit Hilfe des Newton-Verfahrens gelöst werden soll. Bei nicht-singulärer Matrix (4.2.11) lassen sich dann h_{11}^k und h_{12}^k aus dem zugehörigen Gleichungssystem eindeutig berechnen und ergeben zusammen mit

$$h_2^k = -\frac{2}{(x_1^k)^2}(1 + \lambda_1^k x_1^k) - \frac{1}{\pi(x_1^k)^2} L_{x_2}(x^k, \lambda_1^k)$$

die eindeutige Lösung von (4.2.4').

4.2.2. Das Verfahren von Marquardt

Wir legen die gleiche Problemstellung zugrunde wie zu Beginn von Abschnitt 4.2.1. Wir machen aber nur die Annahme 1. und verlangen die lineare Unabhängigkeit der Gradientenvektoren $\operatorname{grad} g_j(\hat{x})$, $j = 1,\ldots,n$, nur von den Minimalpunkten $\hat{x} \in S$ (4.1.1) von f auf S, so daß die Gleichung (4.2.2) auf Grund von Satz 4.1.1 eine notwendige Bedingung für einen Minimalpunkt $\hat{x} \in S$ von f auf S darstellt. Zur Lösung von (4.2.2) soll jetzt das ebenfalls in Abschnitt 2.3.2.2. beschriebene Verfahren von Marquardt herangezogen werden, welches universeller anwendbar und einfacher durchführbar ist als das Newtonsche Iterationsverfahren. An die Stelle der dortigen Funktion ϕ (2.1.18) tritt hier die Funktion

$$\phi(x,\lambda) = \operatorname{grad} L(x,\lambda)^T \operatorname{grad} L(x,\lambda)$$

mit $\operatorname{grad} L(x,\lambda)$ nach (4.2.1), so daß die Jacobi-Matrix J (2.3.32) hier gegeben ist durch

$$J(x,\lambda) = H_L(x,\lambda) \quad (4.2.3).$$

Das Verfahren läuft dann folgendermaßen ab: Wir wählen $x^0 \in X$, $\lambda^0 \in \mathbb{R}^n$, $\mu_0 > 0$, $\alpha > 0$ und setzen $k = 0$.

Schritt 1: Berechne

$$\mathrm{grad}\ \phi(x^k,\lambda^k) = 2H_L(x^k,\lambda^k)\ \mathrm{grad}\ L(x^k,\lambda^k).$$

Ist $\mathrm{grad}\ \phi(x^k,\lambda^k) = \Theta_{m+n}$, so bricht das Verfahren ab, und $(x^{k^T},\lambda^{k^T})^T$ ist eine Lösung von (4.2.2), falls $H_L(x^k,\lambda^k)$ nicht-singulär ist. Andernfalls gehe man zu

Schritt 2: Berechne die eindeutige Lösung
$h(\mu_k) = (h_1(\mu_k)^T, h_2(\mu_k)^T)^T$, $h_1(\mu_k) \in \mathbb{R}^m$, $h_2(\mu_k) \in \mathbb{R}^n$, von

$$(2H_L(x^k,\lambda^k)^T\ H_L(x^k,\lambda^k) + \mu_k\ I_{m+n})h(\mu_k) = -\mathrm{grad}\ \phi(x^k,\lambda^k),$$

mit $I_{m+n} = (m+n) \times (m+n)$ - Einheitsmatrix.   Ist $x^k + h_1(\mu_k) \in X$ und $\phi(x^k + h_1(\mu_k), \lambda^k + h_2(\mu_k)) < \phi(x^k,\lambda^k)$, so ersetze man k durch $k+1$, setze $\mu_{k+1} = \mu_0$, $x^{k+1} = x^k + h_1(\mu_k)$, $\lambda^{k+1} = \lambda^k + h_2(\mu_k)$ und gehe zu Schritt 1. Ist

$$x^k + h_1(\mu_k) \notin X \quad \text{oder} \quad \phi(x^k + h_1(\mu_k), \lambda^k + h_2(\mu_k)) \geq \phi(x^k,\lambda^k),$$

so wird μ_k durch $\alpha\mu_k$ ersetzt und nach Schritt 2 gegangen. Diese innere Schleife in Schritt 2 kann auf Grund von Satz 2.3.1 nur endlich oft durchlaufen werden.

4.2.3. Die Penalty-Methode

Das in Abschnitt 4.2.1. beschriebene Newton-Verfahren zur Lösung der Gleichung (4.2.2) wird im allgemeinen nur konvergieren, wenn es in genügender Nähe einer solchen Lösung gestartet wird. Ein Verfahren, mit dem man in die Nähe eines Minimalpunktes von f auf S (4.1.1) und damit in die Nähe einer Lösung von (4.2.2) gelangen kann, ist die sog. Penalty- (oder auch Strafkosten-) Methode, die im folgenden beschrieben werden soll. Die Idee besteht darin, daß eine sog. Penalty-Funktion

$$p(x,r) = f(x) + r \sum_{j=1}^{n} g_j(x)^2, \quad x \in X, \tag{4.2.12}$$

mit einem sog. Penalty- (oder auch Straf-) Parameter $r > 0$ eingeführt wird.

Wählt man diesen nun groß, so ist intuitiv einleuchtend, daß ein Minimalpunkt $x^r \in X$ von $p(\cdot,r)$ auf X in der Nähe eines Minimalpunktes von f

auf S liegen wird.

Wir wollen das an dem einfachen Beispiel aus Abschnitt 4.1.1. diskutieren, von dem wir bereits wissen, daß der Minimalpunkt von f auf S (4.4.1') durch (4.1.10) gegeben ist. Die Penalty-Funktion lautet hier

$$p(x,r) = 2\pi(x_1^2 + x_1 x_2) + r(\pi x_1^2 x_2 - V)^2,$$
$$x \in X = \{(x_1, x_2)^T \in \mathbb{R}^2 \mid x_1 > 0, \quad x_2 > 0\}.$$

Als notwendige Bedingungen für einen Minimalpunkt $x^r \in X$ von $p(\cdot, r)$ auf X bei vorgegebenem $r > 0$ erhalten wir die Gleichungen

$$2\pi(2x_1^r + x_2^r) + 2r(\pi(x_1^r)^2 x_2^r - V) \, 2\pi x_1^r x_2^r = 0,$$
$$2\pi x_1^r \quad\quad + 2r(\pi(x_1^r)^2 x_2^r - V) \, \pi(x_1^r)^2 = 0,$$

aus denen man leicht die Beziehung

$$x_2^r = 2x_1^r \tag{4.2.13}$$

und die Gleichung

$$rx_1^r = \frac{1}{V - 2\pi(x_1^r)^3} \tag{4.2.14}$$

entnimmt. Zeichnet man die Graphen der Funktionen $\phi_1(x_1) = r \cdot x_1$ und $\phi_2(x_1) = (V - 2\pi x_1^3)^{-1}$ auf,

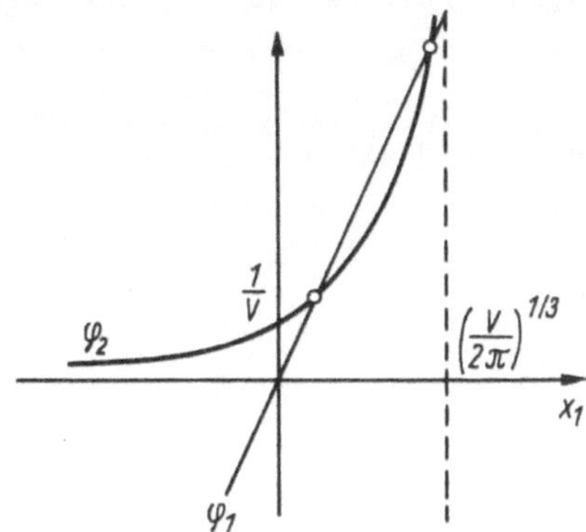

Abbildung 4.2

so erkennt man, daß sie für genügend großes $r > 0$ genau zwei Schnittpunkte besitzen, deren x_1-Koordinaten die beiden positiven reellen Lösungen der Gleichung (4.2.14) sind. Mit $r \to \infty$ strebt die größere dieser beiden positiven Lösungen gegen den Wert $\sqrt[3]{\dfrac{V}{2\pi}}$ und die kleinere gegen Null.

In Verbindung mit der Beziehung (4.2.13) erkennt man hieran, daß für $r \to \infty$ einer der beiden Punkte, die als Minimalpunkte von $p(\cdot,r)$ auf X in Frage kommen, gegen den Minimalpunkt von f auf S (4.1.1') strebt.

Wir betrachten noch ein zweites Beispiel, welches etwas einfacher ist. Zu minimieren ist die Funktion

$$f(x_1,x_2) = (x_1 - 3)^2 + (x_2 - 2)^2$$

auf $X = \mathbb{R}^2$ unter der Nebenbedingung

$$g_1(x_1,x_2) = x_1 + x_2 - 1 = 0.$$

Man macht sich leicht klar (Übung), daß der eindeutige Minimalpunkt von f auf $S = \{x \in \mathbb{R}^2 \mid g_1(x) = 0\}$ gegeben ist durch $\hat{x}_1 = 1$, $\hat{x}_2 = 0$. Die Penalty-Funktion lautet

$$p(x,r) = (x_1 - 3)^2 + (x_2 - 2)^2 + r(x_1 + x_2 - 1)^2,$$

$x_1, x_2 \in \mathbb{R}$, und ist für jedes $r > 0$ konvex. Ein Punkt $x^r \in \mathbb{R}^2$ ist somit nach Satz 2.2.7 genau dann ein Minimalpunkt von $p(\cdot,r)$ auf $\mathbb{R}^2$, wenn gilt

$$P_{x_1}(x^r,r) = 2(x_1^r - 3) + 2r(x_1^r + x_2^r - 1) = 0,$$

$$P_{x_2}(x^r,r) = 2(x_2^r - 2) + 2r(x_1^r + x_2^r - 1) = 0.$$

Aus diesen beiden Gleichungen erhält man durch Subtraktion die Beziehung

$$x_2^r = x_1^r - 1$$

und durch Einsetzen in die erste Gleichung

$$x_1^r = \frac{3 + 2r}{1 + 2r},$$

woraus sich

$$x_2^r = \frac{2}{1 + 2r}$$

ergibt. Damit erhalten wir die Aussage

$$\lim_{r \to \infty} (x_1^r, x_2^r) = (1,0) = (\hat{x}_1, \hat{x}_2),$$

d.h. es liegt für $r \to \infty$ Konvergenz der Minimalpunkte von $p(\cdot,r)$ auf $\mathbb{R}^2$ gegen den Minimalpunkt von f auf S vor.

Wir wollen diesen exemplarisch diskutierten Sachverhalt jetzt mathematisch etwas genauer fassen. Dazu genügt es anzunehmen, daß die Funktionen f und $g_1, \ldots, g_n$ auf der Menge X stetig sind.

Zunächst gilt der folgende

<u>Satz 4.2.2:</u> Zu jedem Penalty-Parameter $r > 0$ gebe es einen Minimalpunkt $x^r \in X$ von $p(\cdot,r)$ auf X. Sind dann zwei Penalty-Parameter $r,\bar{r} \in \mathbb{R}$ mit

$$0 < r < \bar{r} \tag{4.2.15}$$

vorgegeben, so folgt

$$p(x^r,r) \leq p(x^{\bar{r}},\bar{r}), \tag{4.2.16a}$$

$$\sum_{j=1}^{n} g_j(x^r)^2 \geq \sum_{j=1}^{n} g_j(x^{\bar{r}})^2, \tag{4.2.16b}$$

$$f(x^r) \leq f(x^{\bar{r}}). \tag{4.2.16c}$$

<u>Beweis:</u> Aus der Minimalpunkteigenschaft von x^r und (4.2.15) ergibt sich unmittelbar

$$p(x^r,r) \leq p(x^{\bar{r}},r) \leq p(x^{\bar{r}},\bar{r}) \implies (4.2.16a).$$

Aus der Minimalpunkteigenschaft von x^r und $x^{\bar{r}}$ erhält man

$$f(x^r) + r \sum_{j=1}^{n} g_j(x^r)^2 \leq f(x^r) + r \sum_{j=1}^{n} g_j(x^{\bar{r}})^2,$$

$$f(x^{\bar{r}}) + \bar{r} \sum_{j=1}^{n} g_j(x^{\bar{r}})^2 \leq f(x^r) + \bar{r} \sum_{j=1}^{n} g_j(x^r)^2.$$

Durch Addition dieser beiden Ungleichungen gelangt man weiter zu der Ungleichung

$$(\bar{r}-r) \sum_{j=1}^{n} g_j(x^{\bar{r}})^2 \leq (\bar{r}-r) \sum_{j=1}^{n} g_j(x^r)^2,$$

aus der sich mit (4.2.15) die Behauptung (4.2.16b) ergibt.

Schließlich folgt unter Benutzung von (4.2.16b)

$$f(x^r) + r \sum_{j=1}^{n} g_j(x^r)^2 \leq f(x^{\bar{r}}) + r \sum_{j=1}^{n} g_j(x^{\bar{r}})^2$$

$$\leq f(x^{\bar{r}}) + r \sum_{j=1}^{n} g_j(x^r)^2,$$

woraus sich (4.2.16c) ergibt, was den Beweis vollendet.

Für jedes $x \in S$ und jedes $r > 0$ gilt offenbar $p(x,r) = f(x)$, woraus sich unmittelbar

$$\inf \{p(x,r) \mid x \in X\} \leq \inf \{f(x) \mid x \in S\} \qquad (4.2.17)$$

ergibt.

Nun sei (r^k) eine Folge positiver Zahlen mit $r^{k+1} > r^k$ und $r^k \to \infty$. Wir nehmen an, daß es zu jedem $k \in \mathbb{N}$ ein $x^{r^k} \in X$ gibt mit

$$p(x^{r^k}, r^k) = \inf \{p(x, r^k) \mid x \in X\}. \qquad (4.2.18)$$

Dann folgt aus (4.2.16a) und (4.2.17) die Existenz von

$$\lim_{k \to \infty} p(x^{r^k}, r^k) = \lim_{k \to \infty} [f(x^{r^k}) + r^k \sum_{j=1}^{n} g_j(x^{r^k})],$$

und aus $f(x^{r^k}) \leq p(x^{r^k}, r^k)$ für alle k in Verbindung mit (4.2.16c) ergibt sich die Existenz von $\lim_{k \to \infty} f(x^{r^k})$ und damit die Existenz von

$$\lim_{k \to \infty} r^k \sum_{j=1}^{n} g_j(x^{r^k})^2,$$

woraus wegen $r^k \to \infty$

$$\lim_{k \to \infty} \sum_{j=1}^{n} g_j(x^{r^k})^2 = 0 \qquad (4.2.19)$$

folgt.

Wir nehmen weiterhin an, daß es ein $\hat{x} \in X$ gibt mit $x^{r^k} \to \hat{x}$. Dann folgt auf Grund der Stetigkeit von $g_1, \ldots, g_n$ auf X aus der letzten Limesbezeichnung, daß

$$\sum_{j=1}^{n} g_j(\hat{x})^2 = 0$$

ist und somit $\hat{x} \in S$. Weiterhin folgt aus der Stetigkeit von f, aus $f(x^{r^k}) \leq p(x^{r^k}, r^k)$ für alle k und aus (4.2.17)

$$f(\hat{x}) = \lim_{k \to \infty} f(x^{r^k}) \leq \lim_{k \to \infty} p(x^{r^k}, r^k) \leq \inf \{f(x) \mid x \in S\},$$

d.h. $\hat{x} \in S$ ist ein Minimalpunkt von f auf S.

Als Ergebnis haben wir damit den

Satz 4.2.3: Sei (r^k) eine monoton wachsende Folge positiver Zahlen mit $r^k \to \infty$. Gibt es dann zu jedem $k \in \mathbb{N}$ ein $x^{r^k} \in X$ mit (4.2.18) und konvergiert die Folge (x^{r^k}) gegen ein $\hat{x} \in X$, so ist $\hat{x} \in S$ und ein Minimalpunkt von f auf S.

Durch diesen Satz in Verbindung mit (4.2.19) wird man zu dem folgenden

<u>Verfahren</u> geführt: Man gibt sich Zahlen $\epsilon > 0$ (klein gewählt), $r^1 > 0$ und $\beta > 1$ vor, setzt $k = 1$ und geht zu

<u>Schritt 1:</u> Es wird ein $x^{r^k} \in X$ ermittelt mit

$$f(x^{r^k}) + r^k \sum_{j=1}^{n} g_j(x^{r^k})^2 \le f(x) + r^k \sum_{j=1}^{n} g_j(x) \quad \text{für alle}\quad x \in X.$$

Ist

$$\sum_{j=1}^{n} g_j(x^{r^k})^2 \le \epsilon, \tag{4.2.20}$$

so bricht das Verfahren ab. Andernfalls geht man zu

<u>Schritt 2:</u> Es wird $r^{k+1} = \beta r^k$ gesetzt, k durch $k+1$ ersetzt und zu Schritt 1 gegangen.

Dieses Verfahren liefert eine Folge (x^{r^k}) von Punkten, die im allgemeinen außerhalb von S liegen. Es bricht nach endlich vielen Schritten mit einem Minimalpunkt $\hat{x} = x^{r^k}$ von f auf S ab, wenn x^{r^k} in S liegt; denn dann ist nach (4.2.18)

$$f(x^{r^k}) = p(x^{r^k},r^k) \le \inf \{f(x) \mid x \in S\}.$$

Dieser Fall wird aber kaum eintreten, so daß im Prinzip unendlich viele Schritte durchzuführen wären. Auf Grund von (4.2.19) bricht man aber praktisch nach endlich vielen Schritten ab, wenn der Fall (4.2.20) für ein genügend kleines $\epsilon > 0$ vorliegt.

Eine grundsätzliche Schwierigkeit bei dieser Methode liegt darin, daß die Durchführung von Schritt 1 für große Penalty-Parameter zu erheblichen numerischen Instabilitäten führt. Daher eignet sich diese Methode im allgemeinen auch nur dazu, in die Nähe eines Minimalpunktes von f auf S zu gelangen, nicht aber, diesen sehr genau zu bestimmen.

<u>Eine Variante der Penalty-Methode:</u> Eine Penalty-Funktion, die auf die Nebenbedingungen individuell eingeht, ist gegeben durch

$$p(x,r_1,\ldots,r_n) = f(x) + \sum_{j=1}^{n} r_j g_j(x)^2, \quad x \in X, \tag{4.2.21}$$

mit $r_j > 0$ für $j = 1,\ldots,n$.
Setzt man

$$r = \min_{j} r_j,$$

so gilt offenbar für $p(x,r)$ nach (4.1.43)

$$p(x,r) \le p(x,r_1,\ldots,r_n) \quad \text{für alle}\quad x \in X$$

und somit

$$\inf \{p(x,r) \mid x \in X\} \le \inf \{p(x,r_1,\ldots,r_n) \mid x \in X\}. \qquad (4.2.22)$$

Wegen

$$p(x,r_1,\ldots,r_n) = f(x) \quad \text{für alle} \quad x \in S$$

folgt (in Analogie zu (4.2.17))

$$\inf \{p(x,r_1,\ldots,r_n) \mid x \in X\} \le \inf \{f(x) \mid x \in S\}. \qquad (4.2.23)$$

In Erweiterung von Satz 4.2.3 gilt jetzt der

Satz 4.2.4: Sei $((r_1^k,\ldots,r_n^k)^T)_{k \in \mathbb{N}}$ eine Folge in $\mathbb{R}^n$ mit

$$r^{k+1} = \min_j r_j^{k+1} > r^k = \min_j r_j^k > 0$$

für alle $k \in \mathbb{N}$ und

$$\lim_{k \to \infty} r^k = +\infty,$$

und zu jedem $k \in \mathbb{N}$ gebe es zwei Vektoren $x^k \in X$ und $x^{r^k} \in X$ mit

$$p(x^k,r_1^k,\ldots,r_n^k) = \inf \{p(x,r_1^k,\ldots,r_n^k) \mid x \in X\}$$

und

$$p(x^{r^k},r^k) = \inf \{p(x,r^k) \mid x \in X\}.$$

Ferner gebe es Vektoren $x^* \in X$ und $\hat{x} \in X$ mit

$$x^* = \lim_{k \to \infty} x^k \quad \text{und} \quad \hat{x} = \lim_{k \to \infty} x^{r^k}.$$

Dann sind x^* und $\hat{x}$ aus S und Minimalpunkte von f auf S.

Beweis: Nach Satz 4.2.3 ist $\hat{x} \in S$ und ein Minimalpunkt von f auf S. Weiter folgt aus dem Beweis von Satz 4.2.3, daß

$$\lim_{k \to \infty} f(x^{r^k}) = \lim_{k \to \infty} p(x^{r^k},r^k) = \inf \{f(x) \mid x \in S\}$$

ist. In Verbindung mit

$$f(x^{r^k}) \le p(x^{r^k},r^k) \le p(x^k,r_1^k,\ldots,r_n^k) \quad (\text{vgl. } (4.2.22))$$

$$\le \inf \{f(x) \mid x \in S\} \quad (\text{vgl. } (4.2.23))$$

folgt daraus

$$\lim_{k \to \infty} p(x^k, r_1^k, \ldots, r_n^k) = \inf \{f(x) \mid x \in S\}.$$

Aus

$$f(x^*) = \lim_{k \to \infty} f(x^k)$$

ergibt sich damit

$$\lim_{k \to \infty} \sum_{j=1}^{n} r_j^k g_j(x^k)^2 = \lim_{k \to \infty} p(x^k, r_1^k, \ldots, r_n^k) - \lim_{k \to \infty} f(x^k)$$
$$= \inf \{f(x) \mid x \in S\} - f(x^*).$$

Wegen

$$r^k \sum_{j=1}^{n} g_j(x^k)^2 \leq \sum_{j=1}^{n} r_j^k g_j(x^k)^2 \quad \text{für alle} \quad k \in \mathbb{N}$$

ist die Folge $(r^k \sum_{j=1}^{n} g_j(x^k)^2)_{k \in \mathbb{N}}$ beschränkt und besitzt eine konvergen-

te Teilfolge $(r^{k_i} \sum_{j=1}^{n} g_j(x^{k_i})^2)_{i \in \mathbb{N}}$, was wegen $r^{k_i} \to \infty$ impliziert, daß

$$\sum_{j=1}^{n} g_j(x^*)^2 = \lim_{i \to \infty} \sum_{j=1}^{n} g_j(x^{k_i})^2 = 0$$

ist, mithin $x^* \in S$.

Aus

$$f(x^k) \leq p(x^k, r_1^k, \ldots, r_n^k) \leq \inf \{f(x) \mid x \in S\} \quad \text{für alle} \quad k \in \mathbb{N}$$

folgt schließlich

$$f(x^*) = \inf \{f(x) \mid x \in S\},$$

was den Beweis vollendet.

<u>Bemerkung:</u> Monoton nicht-fallendes Verhalten der Folgen $(f(x^k))_{k \in \mathbb{N}}$ und $(p(x^k, r_1^k, \ldots, r_n^k))_{k \in \mathbb{N}}$ wie bei den Folgen $(f(x^{r^k}))_{k \in \mathbb{N}}$ und $(p(x^{r^k}, r^k))_{k \in \mathbb{N}}$ (auf Grund von Satz 4.2.2) ist nicht beweisbar.

4.3. Nebenbedingungen in Form von Ungleichungen

4.3.1. Problemstellung und ein Beispiel

In zahlreichen ingenieurtechnischen Anwendungen liegt die Aufgabe vor, eine Funktion f auf einer offenen Teilmenge X von $\mathbb{R}^m$ unter endlich vielen Nebenbedingungen der Form

$$g_j(x) \leq 0, \quad j = 1,\ldots,n, \tag{4.3.1}$$

zum Minimum zu machen.

Die Funktionen $g_1,\ldots,g_n$ sind dabei ebenfalls auf X definiert. Setzt man also

$$S = \{x \in X \mid g_j(x) \leq 0, \quad j = 1,\ldots,n\}, \tag{4.3.2}$$

so ist ein Minimalpunkt $\hat{x} \in S$ von f auf S gesucht, für den definitionsgemäß gilt

$$f(\hat{x}) \leq f(x) \quad \text{für alle} \quad x \in S.$$

Ein typisches Beispiel, welches dem Buch [25] von Z.K. Leśniak entnommen wurde, ist das folgende: Gesucht ist ein quaderförmiger Träger mit minimalem Querschnitt

$$f(x_1,x_2) = x_1 \cdot x_2,$$

wobei $x_1 > 0$ die Breite und $x_2 > 0$ die Höhe des Querschnitts ist und der folgenden Bedingung genügen:

$$x_1 \leq x_2 \leq 4x_1.$$

Weiter soll die Spannung $\sigma = \dfrac{6M}{x_1 x_2^2}$ für ein gegebenes Biegemoment M einen zulässigen Wert σ_{zul} nicht überschreiten, d.h. es soll

$$\frac{6M}{x_1 x_2^2} \leq \sigma_{zul}$$

sein. Definiert man $X = \{(x_1,x_2)^T \in \mathbb{R}^2 \mid x_1 > 0, x_2 > 0\}$, $g_1(x_1,x_2) = x_1 - x_2$, $g_2(x_1,x_2) = -4x_1 + x_2$ und $g_3(x_1,x_2) = -\sigma_{zul} + \dfrac{6M}{x_1 x_2^2}$, so liegt ein Problem der obigen Form vor. Der zulässige Bereich

$$S = \{x \in X \mid g_j(x) \leq 0, \quad j = 1,2,3\}$$

läßt sich leicht geometrisch veranschaulichen. Dazu wählen wir $M = \dfrac{10}{6}$, $\sigma_{zul} = 1$. Dann ist in Abbildung 4.3 S der gestrichelte Bereich. Die Höhenlinien $f(x_1,x_2) = \text{const}$ sind gleichseitige Hyperbeln, von denen $f(x_1,x_2) = 1$ und $f(x_1,x_2) = 4$ eingezeichnet wurden. Dem Bild entnimmt

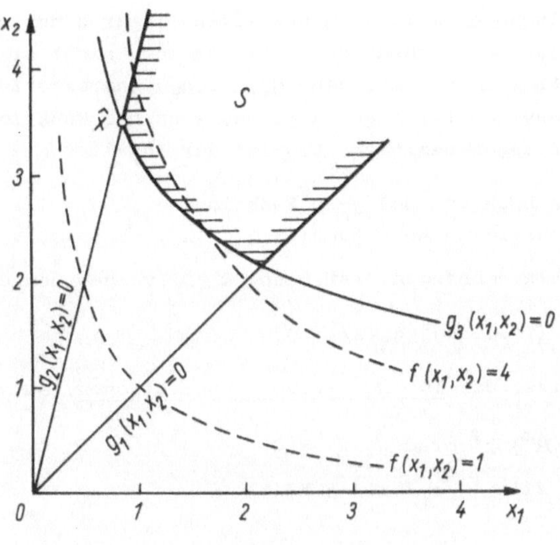

Abbildung 4.3

man, daß der Schnittpunkt von $g_2(x_1,x_2) = 0$ und $g_3(x_1,x_2) = 0$ ein Minimalpunkt von f auf S ist (sogar der einzige). Dieser ist gegeben durch

$$\hat{x}_1 = \frac{1}{2}\sqrt[3]{5}, \quad \hat{x}_2 = 2\sqrt[3]{5}. \qquad\qquad (4.3.3)$$

Probleme in zwei Variablen lassen sich oft in analoger Weise geometrisch lösen.

4.3.2. Notwendige Bedingungen für Minimalpunkte

Ausgehend von der Problemstellung in Abschnitt 4.3.1. definieren wir wie in Abschnitt 3.2. für jedes $x \in S$ (4.3.2) den Kegel der zulässigen Richtungen durch

$$KZ(x) = \{h \in \mathbb{R}^m \mid x + \lambda h \in S \quad \text{für alle}$$
$$\lambda \in [0,\lambda_h] \quad \text{für ein} \quad \lambda_h > 0\} \qquad\qquad (4.3.4)$$

(vgl. (3.2.1)). Wir haben bereits in Abschnitt 3.2. bemerkt, daß $KZ(x)$ anschaulich aus allen Richtungen besteht, in die man, von $x \in S$ ausgehend, ein kleines Stück fortschreiten kann, ohne S zu verlassen, und daß $KZ(x)$ ein Kegel ist, d.h. mit jedem $h \in KZ(x)$ gehört auch jedes Vielfache ρh mit $\rho \geq 0$ zu $KZ(x)$. Der Kegel $KZ(x)$ hat aber im allgemeinen nicht die Eigenschaft (3.2.2) und ist somit keine konvexe Menge.

Wenn die Nebenbedingungen (4.3.1) nicht affin-linear sind, so läßt sich der Kegel der zulässigen Richtungen im allgemeinen nicht wie in Satz 3.2.1 mit Hilfe der Restriktionsfunktionen $g_1,\ldots,g_n$ charakterisieren. Man kann aber einen konvexen Teilkegel angeben, wenn die Funktionen g_j auf X partielle Ableitungen besitzen. Das ist der Inhalt von

Satz 4.3.1: Wir nehmen an, daß jede Funktion g_j, $j = 1,\ldots,n$, in jedem Punkt $x \in X$ partielle Ableitungen $g_{jx_i}(x)$, $i = 1,\ldots,m$, besitzt, welche stetig von x abhängen. Ist dann $x \in S$ vorgegeben und ist

$$I(x) = \{j \in \{1,\ldots,n\} \mid g_j(x) = 0\} \tag{4.3.5}$$

die Menge der Indizes der <u>in x aktiven Restriktionen</u>, so gilt

$$L_O(x) = \{h \in \mathbb{R}^m \mid h^T \operatorname{grad} g_j(x) < 0$$
$$\text{für alle } j \in I(x)\} \subseteq KZ(x). \tag{4.3.6}$$

Bemerkungen: 1. Ist $I(x)$ leer, d.h. gilt

$$g_j(x) < 0 \quad \text{für alle} \quad j = 1,\ldots,n,$$

so ist $L_O(x) = \mathbb{R}^m$ und somit auf Grund von (4.3.6) auch $KZ(x) = \mathbb{R}^m$, was auch auf Grund der Stetigkeit der Funktionen g_j, $j = 1,\ldots,n$, auf X folgt, welche sich aus der Annahme des Satzes ergibt.
2. Die Aussage des Satzes ist trivialerweise erfüllt, wenn die Menge $L_O(x)$ leer ist. Ist $L_O(x)$ nichtleer, so ist $L_O(x) \cup \{\theta_m\}$ ein konvexer Kegel (Übung).

Beweis von Satz 4.3.1: Sei $h \in L_O(x)$ vorgegeben. Auf Grund der Offenheit von X gibt es dann ein $\lambda_h^O > 0$ mit $x + \lambda h \in X$ für alle $\lambda \in [0,\lambda_h^O]$. Weiter gibt es auf Grund der Annahme des Satzes nach dem Mittelwertsatz der Differentialrechnung zu jedem $\lambda \in (0,\lambda_h^O]$ und jedem $j = 1,\ldots,n$ ein $\xi_j(\lambda) \in (0,\lambda]$ mit

$$g_j(x + \lambda h) = g_j(x) + \lambda h^T \operatorname{grad} g_j(x + \xi_j(\lambda)h)$$

$$= g_j(x) + \lambda h^T \operatorname{grad} g_j(x) + \lambda h^T (\operatorname{grad} g_j(x + \xi_j(\lambda)h) - \operatorname{grad} g_j(x)),$$

wobei wegen $\lim_{\lambda \to 0+} \xi_j(\lambda) = 0$

$$\lim_{\lambda \to 0+} h^T (\operatorname{grad} g_j(x + \xi_j(\lambda)h) - \operatorname{grad} g_j(x)) = 0$$

ist auf Grund der Stetigkeit der partiellen Ableitungen der g_j auf X.
Ist $j \in I(x)$, so wählen wir $\lambda_h^j \in (0, \lambda_h^o]$ so klein, daß

$$|h^T(\text{grad } g_j(x + \xi_j(\lambda)h) - \text{grad } g_j(x))| < |h^T \text{ grad } g_j(x)| \qquad (4.3.7)$$

ist für alle $\lambda \in (0, \lambda_h^j]$, und erhalten

$$g_j(x + \lambda h) < \lambda h^T \text{ grad } g_j(x) < 0 \quad \text{für alle} \quad \lambda \in (0, \lambda_h^j].$$

Ist $j \notin I(x)$, so wählen wir $\lambda_h^j \in (0, \lambda_h^o]$ so klein, daß erstens wieder
(4.3.7) erfüllt ist für alle $\lambda \in (0, \lambda_h^j]$ und zweitens

$$2\lambda \ |h^T \text{ grad } g_j(x)| < |g_j(x)|.$$

Dann folgt

$$g_j(x + \lambda h) = g_j(x) + 2\lambda h^T \text{ grad } g_j(x) < 0 \quad \text{für alle} \quad \lambda \in (0, \lambda_h^j].$$

Setzt man $\lambda_h = \min_j \lambda_h^j$, so folgt $x + \lambda h \in X$ und $g_j(x + \lambda h) < 0$ für alle
$j = 1, \ldots, n$ und alle $\lambda \in (0, \lambda_h]$, was $x + \lambda h \in S$ für $\lambda \in (0, \lambda_h]$ und
somit $h \in KZ(x)$ impliziert. Damit ist der Satz bewiesen.

In Analogie zum Korollar zu Satz 3.2.2 erhalten wir jetzt den

Satz 4.3.2: Es gelte die gleiche Annahme wie in Satz 4.3.1. Ist dann
$\hat{x} \in S$ (4.3.2) ein Minimalpunkt von f auf S, so gilt

$$h^T \text{ grad } f(\hat{x}) \geq 0 \quad \text{für alle} \quad h \in L_o(\hat{x}) \quad (4.3.6), \qquad (4.3.8)$$

was gleichwertig ist mit der Implikation

$$[h^T \text{ grad } g_j(\hat{x}) < 0 \quad \text{für alle} \quad j \in I(\hat{x}) \quad (4.3.5)]$$
$$\Longrightarrow h^T \text{ grad } f(\hat{x}) \geq 0. \qquad (4.3.9)$$

Beweis: Wir nehmen an, es gebe ein $h \in L_o(\hat{x})$ mit

$$h^T \text{ grad } f(\hat{x}) < 0.$$

Wegen $L_o(\hat{x}) \subseteq KZ(\hat{x})$ (auf Grund von Satz 4.3.1) gibt es ein $\lambda_h > 0$ mit
$\hat{x} + \lambda h \in S$ für alle $\lambda \in (0, \lambda_h]$. Aus

$$0 > h^T \text{ grad } f(\hat{x}) = \lim_{\lambda \to o+} \frac{f(\hat{x} + \lambda h) - f(\hat{x})}{\lambda}$$

folgt daher für genügend kleines $\lambda \in (0, \lambda_h]$, daß

$$f(\hat{x} + \lambda h) < f(\hat{x})$$

ist, ein Widerspruch dagegen, daß $\hat{x} \in S$ ein Minimalpunkt von f auf S ist. Die Äquivalenz von (4.3.8) und (4.3.9) ist evident.

Die Aussage des Satzes 4.3.2 ist leer, wenn die Menge $L_o(x)$ leer ist. Ist das nicht der Fall, so läßt sich der Satz 4.3.2 verschärfen zum genauen Analogon des Korollars von Satz 3.2.2.

<u>Satz 4.3.3:</u> Es gelte die Annahme von Satz 4.3.1. Ist dann $\hat{x} \in S$ (4.3.2) ein Minimalpunkt von f auf S und ist $L_o(\hat{x})$ (4.3.6) nichtleer, so gilt

$$[h^T \text{ grad } g_j(\hat{x}) \leq 0 \quad \text{für alle} \quad j \in I(\hat{x}) \quad (4.3.5)]$$
$$\Rightarrow h^T \text{ grad } f(\hat{x}) \geq 0. \qquad (4.3.10)$$

<u>Beweis:</u> Wir denken uns ein $h \in \mathbb{R}^m$ vorgegeben, für welches die Prämisse von (4.3.10) zutrifft. Nach Voraussetzung gibt es ein $h^o \in L_o(\hat{x})$, woraus folgt, daß gilt $h + \lambda h^o \in L_o(\hat{x})$ für alle $\lambda > 0$. Nach Satz 4.3.2 gilt daher

$$(h + \lambda h^o)^T \text{ grad } f(\hat{x}) \geq 0 \quad \text{für alle} \quad \lambda > 0,$$

woraus für $\lambda \to 0+$ folgt, daß $h^T \text{ grad } f(\hat{x}) \geq 0$ ist, was den Beweis vollendet.

Die Menge $L_o(\hat{x})$ (4.3.6) kann in einem Minimalpunkt $\hat{x} \in S$ (4.3.2) von f auf S durchaus leer sein, wie das folgende Beispiel zeigt: Zu minimieren sei die Funktion

$$f(x_1,x_2) = (x_1 - \tfrac{1}{2})^2 + (x_2 - 1)^2$$

auf der Menge $X = \{(x_1,x_2)^T \in \mathbb{R}^2 \mid x_1 > 0\}$ unter Webenbedingungen $g_1(x_1,x_2) \leq 0$, $g_2(x_1,x_2) \leq 0$, wobei

$$g_1(x_1,x_2) = \begin{cases} x_2 - (x_1 - 1)^2, & x_1 \geq 1, \\ x_2, & x_1 < 1, \end{cases} \qquad g_2(x_1,x_2) = \begin{cases} -x_2 - (x_1 - 1)^2, & x_1 \geq 1, \\ -x_2, & x_1 < 1. \end{cases}$$

Anschaulich ist der zulässige Bereich S durch Abbildung 4.4 gegeben. Die Höhenlinien von f sind konzentrische Kreise um den Punkt $(\tfrac{1}{2},1)^T$. Anhand von Abbildung 4.4 erkennt man, daß $\hat{x} = (\tfrac{1}{2},0)^T$ ein Minimalpunkt von f auf S ist (sogar der einzige). Offenbar ist $I(\hat{x}) = \{1,2\}$ sowie grad $g_1(\hat{x}) = \binom{0}{1}$ und grad $g_2(\hat{x}) = \binom{0}{-1}$. Damit ist für jedes $h = (h_1,h_2)^T \in \mathbb{R}^2$

$$h^T \text{ grad } g_1(\hat{x}) = h_2, \quad h^T \text{ grad } g_2(\hat{x}) = -h_2$$

und somit

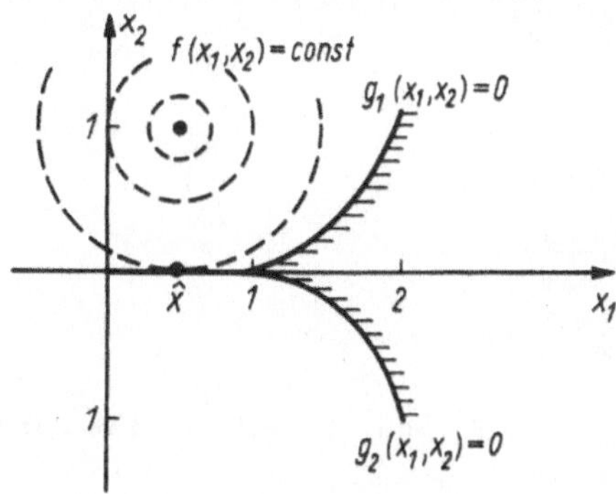

Abbildung 4.4

$$h^T \text{ grad } g_j(\hat{x}) < 0 \quad \text{für alle} \quad j \in I(\hat{x})$$

nicht erfüllbar.

Ist $L_o(\hat{x})$ für einen Minimalpunkt $\hat{x} \in S$ von f auf S nichtleer, so gilt analog zu Satz 3.2.5 eine <u>Multiplikatorenregel</u>.

Satz 4.3.4: Es gelte die Annahme von Satz 4.3.1. Ist dann $\hat{x} \in S$ (4.3.2) ein Minimalpunkt von f auf S derart, daß $L_o(\hat{x})$ (4.3.6) nichtleer ist, so gibt es Multiplikatoren $\lambda_j \in \mathbb{R}$, $j \in I(\hat{x})$ (4.3.5) mit

$$\lambda_j \geq 0 \quad \text{für alle} \quad j \in I(\hat{x}) \tag{4.3.11a}$$

und

$$\text{grad } f(\hat{x}) = - \sum_{j \in I(\hat{x})} \lambda_j \text{ grad } g_j(\hat{x}). \tag{4.3.11b}$$

Beweis: Ist $I(\hat{x})$ leer, so folgt aus Satz 4.3.3 $h^T \text{ grad } f(\hat{x}) \geq 0$ für alle $h \in \mathbb{R}^m$, was nur für $\text{grad } f(\hat{x}) = \Theta_m$ möglich ist. Damit gilt (4.3.11), wenn man (wie üblich) die leere Summe auf der rechten Seite gleich Θ_m setzt.

Ist $I(\hat{x})$ nichtleer, so definieren wir eine Matrix A, bestehend aus den Zeilenvektoren $-\text{grad } g_j(\hat{x})$, $j \in I(\hat{x})$. Dann lautet die Prämisse der Implikation (4.3.10) $Ah \geq \Theta_r$ mit r = Anzahl der Elemente von $I(\hat{x})$. Aus Satz 4.3.3 folgt daher

$$\text{grad } f(\hat{x})^T h \geq 0 \quad \text{für alle} \quad h \in \mathbb{R}^m \quad \text{mit} \quad Ah \geq \Theta_r.$$

Nach Satz 3.2.4 ist diese Aussage äquivalent mit der Existenz eines Vektors $\lambda \in \mathbb{R}^r$ mit $\lambda \geq \Theta_r$ und $\text{grad } f(\hat{x}) = A^T \lambda$, was gerade durch (4.3.11a + b) ausgedrückt wird.

Wir wollen diesen Satz an dem Beispiel in Abschnitt 4.3.1. demonstrieren:
Dort ist $X = \{(x_1,x_2)^T \in \mathbb{R}^2 \mid x_1 > 0, x_2 > 0\}$,

$$g_1(x_1,x_2) = x_1 - x_2,$$

$$g_2(x_1,x_2) = -4x_1 + x_2,$$

$$g_3(x_1,x_2) = -1 + \frac{10}{x_1 x_2^2},$$

$$f(x_1,x_2) = x_1 \cdot x_2.$$

Der einzige Minimalpunkt $\hat{x} \in S$ von f auf S ist durch (4.3.3) gegeben.
Ferner ist $I(\hat{x}) = \{2,3\}$,

$$\operatorname{grad} f(\hat{x}) = \begin{pmatrix} 2\sqrt[3]{5} \\ \frac{1}{2}\sqrt[3]{5} \end{pmatrix}, \quad \operatorname{grad} g_2(\hat{x}) = \begin{pmatrix} -4 \\ 1 \end{pmatrix} \quad \text{und} \quad \operatorname{grad} g_3(\hat{x}) = \begin{pmatrix} -\frac{2}{\sqrt[3]{5}} \\ -\frac{16}{\sqrt[3]{5}} \end{pmatrix},$$

so daß (4.3.11b) folgendermaßen lautet:

$$2\sqrt[3]{5} = 4\lambda_2 + \frac{2}{\sqrt[3]{5}}\lambda_3,$$

$$\frac{1}{2}\sqrt[3]{5} = -\lambda_2 + \frac{16}{\sqrt[3]{5}}\lambda_3.$$

Hieraus ergibt sich eindeutig

$$\lambda_2 = \frac{31}{66}\sqrt[3]{5}, \quad \lambda_3 = \frac{2}{33}\sqrt[3]{25}.$$

Bei diesem Beispiel läßt sich die Gültigkeit von (4.3.11a + b) also direkt
bestätigen.

An dem obigen Beispiel (vgl. Abbildung 4.4) läßt sich demonstrieren, daß
die Multiplikatorenregel (4.3.11a + b) gelten kann, ohne daß $L_o(\hat{x})$
(4.3.6) nichtleer ist. Bei diesem Beispiel lautet der Minimalpunkt von f
auf S: $\hat{x} = (\frac{1}{2},0)^T$. Weiter ist $I(\hat{x}) = \{1,2\}$ und

$$\operatorname{grad} f(\hat{x}) = \begin{pmatrix} 0 \\ -2 \end{pmatrix}, \quad \operatorname{grad} g_1(\hat{x}) = \begin{pmatrix} 0 \\ 1 \end{pmatrix}, \quad \operatorname{grad} g_2(\hat{x}) = \begin{pmatrix} 0 \\ -1 \end{pmatrix}.$$

Damit gilt die Multiplikatorenregel in der Form

$$\operatorname{grad} f(\hat{x}) = -2 \operatorname{grad} g_1(\hat{x}) + 0 \cdot \operatorname{grad} g_2(\hat{x}),$$

obwohl, wie wir oben gesehen haben, $L_o(\hat{x})$ leer ist.

Ohne die Voraussetzung, daß $L_o(\hat{x})$ nichtleer ist, läßt sich unter der Annahme von Satz 4.3.1 zeigen, daß für jeden Minimalpunkt $\hat{x} \in S$ (4.3.2)
von f auf S die sog. <u>Fritz-John-Bedingung</u> erfüllt ist, welche besagt,

daß es Multiplikatoren $\lambda_o, \lambda_j \in \mathbb{R}$, $j \in I(x)$ (4.3.5) gibt, die nicht alle gleich 0 sind, mit

$$\lambda_o \geq 0 \quad \text{und} \quad \lambda_j \geq 0 \quad \text{für alle} \quad j \in I(\hat{x}) \tag{4.3.12a}$$

und

$$\lambda_o \ \text{grad} \ f(\hat{x}) = - \sum_{j \in I(x)} \lambda_j \ \text{grad} \ g_j(\hat{x}). \tag{4.3.12b}$$

Bei dem obigen Beispiel gilt die Fitz-John-Bedingung mit $\lambda_o = 1$, $\lambda_1 = 2$, $\lambda_2 = 0$, aber auch mit $\lambda_o = 0$, $\lambda_1 = 1$, $\lambda_2 = 1$. Diese zweite Form der Bedingung ist aber wegen $\lambda_o = 0$ uninteressant, weil sie nur eine Aussage über die Restriktionsfunktionen g_j, $j \in I(\hat{x})$, macht, ohne f einzubeziehen.

Ist $L_o(\hat{x})$ nichtleer, so folgt aus der Gültigkeit von (4.3.12a + b) notwendig $\lambda_o > 0$. Wäre nämlich $\lambda_o = 0$, so wäre für jedes $h \in L_o(\hat{x})$ (sogar für jedes $h \in \mathbb{R}^m$)

$$0 = - \sum_{j \in I(x)} \lambda_j \ h^T \ \text{grad} \ g_j(\hat{x})$$

und somit notwendig $\lambda_j = 0$ für alle $j \in I(\hat{x})$, was wegen $\lambda_o = 0$ unmöglich ist. Damit ist $\lambda_o > 0$, falls $L_o(\hat{x})$ nichtleer ist. Dividiert man dann alle λ_j durch λ_o, so geht die Fritz-John-Bedingung (4.3.12a + b) in die Multiplikatorenregel (4.3.11a + b) über.

Es gibt noch eine andere Bedingung, die sicherstellt, daß in der Fritz-John-Bedingung $\lambda_o > 0$ ist (und damit auch die Multiplikatorenregel (4.3.11) gilt), und zwar die lineare Unabhängigkeit der Vektoren grad $g_j(\hat{x})$ für $j \in I(\hat{x})$ (die trivialerweise gilt, wenn $I(\hat{x})$ leer ist). Aus der Gültigkeit der Fritz-John-Bedingung mit $\lambda_o = 0$ würde nämlich wieder $\lambda_j = 0$ für alle $j \in I(\hat{x})$ folgen, was unmöglich ist. Wir wollen abschließend noch eine Bedingung angeben, die sicherstellt, daß $L_o(x)$ für alle $x \in S$ nichtleer ist.

Satz 4.3.5: Über die Annahme von Satz 4.3.1 hinaus seien alle g_j, $j = 1,\ldots,n$, auf X konvex (vgl. dazu Abschnitt 2.2.2.), und es gelte die sog. Slater-Bedingung

$$g_j(\overline{x}) < 0 \quad \text{für alle} \quad j = 1,\ldots,n \quad \text{und ein} \quad \overline{x} \in X. \tag{4.3.13}$$

Dann ist $L_o(x)$ (4.3.6) für jedes $x \in S$ nichtleer.

Beweis: Sei $x \in S$ vorgegeben. Ist $I(x)$ leer, so ist (nach Satz 4.3.1) $L_o(x) = \mathbb{R}^m$. Ist $I(x)$ nichtleer, so setzen wir $h = \overline{x} - x$ und erhalten unter Benutzung von Satz 2.2.6 für jedes $j \in I(x)$

$$h^T \text{ grad } g_j(x) \le g_j(\overline{x}) - g_j(x) = g_j(\overline{x}) < 0.$$

4.3.3. Hinreichende Bedingungen für Minimalpunkte

Um die Hinlänglichkeit der Multiplikatorenregel (4.3.11) dafür zu beweisen, daß ein Punkt $\hat{x} \in S$ (4.3.2) ein Minimalpunkt von f auf S ist, benötigen wir einen neuen Begriff, der den der Konvexität einer Funktion verallgemeinert (ähnlich wie die Pseudo-Konvexität in Abschnitt 3.2). Zu dem Zweck geben wir uns eine konvexe Menge $X \subseteq \mathbb{R}^m$ vor und nennen eine Funktion $g: X \to \mathbb{R}$ quasi-konvex auf X, wenn für je zwei Punkte $x_1, x_2 \in X$ und jede Zahl $\lambda \in [0,1]$ gilt

$$g(\lambda x_1 + (1-\lambda)x_2) \le \max(g(x_1), g(x_2)). \tag{4.3.14}$$

Offensichtlich ist jede konvexe Funktion g auf einer konvexen Menge X quasi-konvex auf X. Die Umkehrung ist im allgemeinen falsch. Zum Beispiel ist die Funktion $f(x) = x^3$ auf $\mathbb{R}$ quasi-konvex, aber nicht konvex.

Für differenzierbare Funktionen läßt sich die Quasi-Konvexität wie folgt charakterisieren.

Satz 4.3.6: Eine Funktion $g: X \to \mathbb{R}$ auf einer offenen konvexen Menge $X \subseteq \mathbb{R}^m$, die für jedes $x \in X$ partielle Ableitungen besitzt, die stetig von x abhängen, ist genau dann quasi-konvex, wenn für jedes Paar $x_1, x_2 \in X$ die folgende Implikation gilt

$$g(x_1) \le g(x_2) \implies \text{grad } g(x_2)^T(x_1 - x_2) \le 0. \tag{4.3.15}$$

Beweis:[+)] 1. Sei $g: X \to \mathbb{R}$ quasi-konvex. Sind dann $x_1, x_2 \in X$ mit $g(x_1) \le g(x_2)$ vorgegeben, so gibt es für jedes $\lambda \in (0,1]$ ein $\xi(\lambda) \in (0,\lambda)$ mit

$$g(\lambda x_1 + (1-\lambda)x_2) - g(x_2) = g(x_2 + \lambda(x_1 - x_2)) - g(x_2)$$

$$= \lambda \text{ grad } g(x_2)^T(x_1-x_2) + \lambda(\text{grad } g(x_2 + \xi(\lambda)(x_1-x_2)) - \text{grad } g(x_2))^T(x_1-x_2),$$

wobei wegen $\lim_{\lambda \to 0+} \xi(\lambda) = 0$

$$\lim_{\lambda \to 0+} [\text{grad } g(x_2 + \xi(\lambda)(x_1 - x_2)) - \text{grad } g(x_2)] = \theta_m$$

ist. Auf Grund der Quasi-Konvexität von g ist

$$g(\lambda x_1 + (1-\lambda)x_2) \le \max(g(x_1), g(x_2)) = g(x_2),$$

mithin

[+)] Dieser Beweis ist technisch recht kompliziert.

$$\lambda \ \text{grad} \ g(x_2)^T(x_1-x_2) + \lambda(\text{grad} \ g(x_2 + \xi(\lambda)(x_1-x_2)) - \text{grad} \ g(x_2))^T(x_1-x_2) \leq 0$$

für alle $\lambda \in (0,1)$. Division durch λ und anschließender Grenzübergang $\lambda \to 0+$ ergibt

$$\text{grad} \ g(x_2)^T(x_1 - x_2) \leq 0,$$

womit die Implikation (4.3.15) bewiesen ist.

2. Für jedes Paar $x_1, x_2 \in X$ gelte die Implikation (4.3.15). Wir denken uns ein Paar $x_1, x_2 \in X$ vorgegeben mit $g(x_1) \leq g(x_2)$ und haben dann zu zeigen, daß für jedes $\lambda \in (0,1)$

$$g(\lambda x_1 + (1-\lambda)x_2) \leq g(x_2)$$

ist. Wir nehmen an, es gebe ein $\lambda \in (0,1)$ mit

$$g(\lambda x_1 + (1-\lambda)x_2) > g(x_2).$$

Da g auf Grund der Annahme des Satzes stetig ist, gibt es ein $\delta > 0$ derart, daß für $x_\lambda = \lambda x_1 + (1-\lambda)x_2$ gilt

$$g(\mu x_\lambda + (1-\mu)x_2) > g(x_2) \quad \text{für alle} \quad \mu \in [\delta,1].$$

Wir können auch noch annehmen, daß

$$g(x_\lambda) > g(\delta x_\lambda + (1-\delta)x_2)$$

ist; denn für $\mu \to 0$ müssen auf Grund der Stetigkeit von g die Werte von $g(\mu x_\lambda + (1-\mu)x_2)$ welche größer sind als $g(x_2)$ für ein genügend kleines $\mu = \delta > 0$ kleiner werden als $g(x_\lambda)$. Wendet man den Mittelwertsatz der Differentialrechnung auf die letzte Ungleichung an, so erhält man ein $\hat{\mu} \in (\delta,1)$ mit

$$0 < g(x_\lambda) - g(\delta x_\lambda + (1-\delta)x_2) = g(x_\lambda) - g(x_\lambda + (1-\delta)(x_2 - x_\lambda))$$
$$= (1-\delta)(x_\lambda - x_2)^T \ \text{grad} \ g(x_{\hat{\mu}}) = (1-\delta)\lambda(x_1 - x_2)^T \ \text{grad} \ g(x_{\hat{\mu}}),$$

wobei $x_{\hat{\mu}} = \hat{\mu} x_\lambda + (1-\hat{\mu})x_2$ ist, mithin

$$(x_1 - x_2)^T \ \text{grad} \ g(x_{\hat{\mu}}) > 0.$$

Andererseits ist $g(x_{\hat{\mu}}) > g(x_2) \geq g(x_1)$, woraus auf Grund der Implikation (4.3.15)

$$(x_1 - x_{\hat{\mu}})^T \ \text{grad} \ g(x_{\hat{\mu}}) \leq 0$$

folgt. Nun ist

$$x_1 - x_{\hat{\mu}} = x_1 - \hat{\mu} x_\lambda - (1-\hat{\mu})x_2 = x_1 - \hat{\mu}(x_2 + \lambda(x_1 - x_2) + (1-\hat{\mu})x_2$$
$$= (1 - \lambda\hat{\mu})(x_1 - x_2),$$

wobei $1 - \lambda\hat{\mu} > 0$ ist, so daß aus der letzten Ungleichung

$$(x_1 - x_2)^T \, \text{grad} \, g(x_{\hat{\mu}}) \leq 0$$

folgt, ein Widerspruch. Damit ist die Annahme falsch und der Satz bewiesen.

Satz 4.3.7: Über die Annahme von Satz 4.3.1 hinaus sei X konvex, die Funktionen g_j, $j = 1,\ldots,n$, auf X quasi-konvex und die Funktion f auf X pseudo-konvex (vgl. Abschnitt 3.2.).
Ist dann $\hat{x} \in S$ ein Punkt derart, daß es Multiplikatoren $\lambda_j \in \mathbb{R}$, $j \in I(\hat{x})$ (4.3.5), gibt mit (4.3.11a+b), so ist $\hat{x}$ ein Minimalpunkt von f auf S.

Beweis: Wir nehmen zunächst an, daß $I(\hat{x})$ leer ist. Dann ist $\text{grad} \, f(\hat{x}) = \Theta_m$, und für jedes $x \in X$ folgt $\text{grad} \, f(\hat{x})^T (x - \hat{x}) \geq 0$, woraus auf Grund der Pseudo-Konvexität $f(x) \geq f(\hat{x})$ folgt. Damit ist $\hat{x}$ sogar ein Minimalpunkt von f auf X.
Ist $I(\hat{x})$ nichtleer, so folgt für jedes $x \in S$

$$g_j(x) \leq g_j(\hat{x}) = 0 \quad \text{für alle} \quad j \in I(\hat{x}).$$

Nach Satz 4.3.6 ist daher

$$\text{grad} \, g_j(\hat{x})^T (x - \hat{x}) \leq 0 \quad \text{für alle} \quad j \in I(\hat{x}),$$

so daß aus (4.3.11a+b)

$$\text{grad} \, f(\hat{x})^T (x - \hat{x}) = - \sum_{\lambda_j \in I(x)} \lambda_j \, \text{grad} \, g_j(\hat{x})^T (x - \hat{x}) \geq 0$$

folgt. Aus der Pseudo-Konvexität von f ergibt sich daher $f(x) \geq f(\hat{x})$, was zu zeigen war.

Ein Beispiel: Sei $m = n = 2$, $X = \{(x_1,x_2)^T \in \mathbb{R}^2 \mid x_1 > 0, \ x_2 > 0\}$. Zu minimieren ist $f(x_1,x_2) = x_1^2 + x_2^2$ unter den Nebenbedingungen

$$g_1(x_1,x_2) = -x_1 x_2 + 1 \leq 0,$$
$$g_2(x_1,x_2) = (x_1 + 1)^2 - x_2 \leq 0. \tag{4.3.1'}$$

Der zulässige Bereich $S = \{x \in X \mid x \ \text{erfüllt} \ (4.3.1')\}$ und die Höhenlinien von f ergeben sich aus Abbildung 4.5 als schraffierter Bereich und konzentrische Kreise um den Nullpunkt. Anschaulich ist der Minimalpunkt von f auf S gegeben als der Schnittpunkt $\hat{x}$ der beiden Kurven $g_1(x_1,x_2) = 0$ und $g_2(x_1,x_2) = 0$. Dabei ist $\hat{x}_1$ die einzige Lösung der Gleichung $\hat{x}_1 = (\hat{x}_1 + 1)^{-2}$ und näherungsweise gegeben durch $\hat{x}_1 = 0.46557$, so daß sich $\hat{x}_2 = \dfrac{1}{\hat{x}_1} = 2.14789$ ergibt.

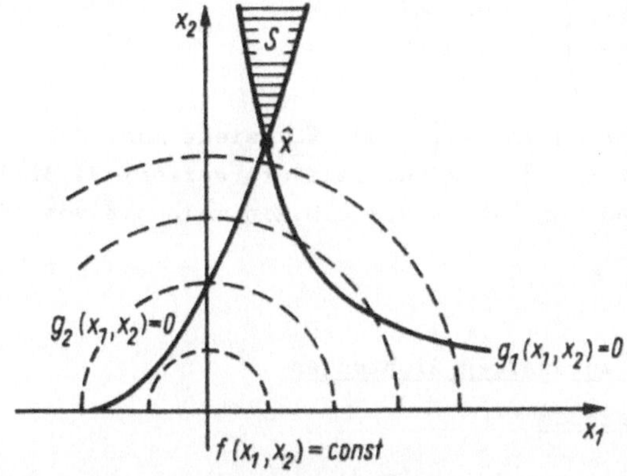

Abbildung 4.5

Um mit Hilfe der Multiplikatorenregel zu bestätigen, daß $\hat{x}$ ein Minimal-punkt von f auf S ist, müssen wir die Annahmen von Satz 4.3.7 über-prüfen. X ist offen und konvex. Die Funktionen g_1, g_2 und f besitzen auch stetige partielle Ableitungen auf X. Weiterhin ist f konvex, mit-hin auch pseudo-konvex auf X und g_2 konvex auf X und somit auch quasi-konvex. Über die Quasi-Konvexität von g_1 läßt sich keine Aussage machen. Ersetzt man aber g_1 durch die Funktion

$$g_1(x_1,x_2) = - x_1 + \frac{1}{x_2} \, ,$$

so ändert sich S nicht, und die neue Funktion g_1 ist konvex, mithin quasi-konvex.

Unter Benutzung von

$$\text{grad } f(x_1,x_2) = \begin{pmatrix} 2x_1 \\ 2x_2 \end{pmatrix} \, , \quad \text{grad } g_1(x_1,x_2) = \begin{pmatrix} -1 \\ -\dfrac{1}{x_2^2} \end{pmatrix} \, ,$$

$$\text{grad } g_2(x_1,x_2) = \begin{pmatrix} 2(x_1+1) \\ -1 \end{pmatrix} \quad \text{erhält man als Multiplikatorenregel (4.3.11b)}$$

$$2\hat{x}_1 = \lambda_1 - 2\lambda_2\,(\hat{x}_1 + 1),$$

$$2\hat{x}_2 = \frac{\lambda_1}{\hat{x}_2^2} + \lambda_2. \qquad\qquad\qquad\qquad (4.3.11\text{'b})$$

Als eindeutige Lösung erhält man hieraus

$$\lambda_1 = 2\hat{x}_1 + 2\lambda_2(\hat{x}_1 + 1),$$

wobei

$$\lambda_2 = 2\left(1 + \left(\frac{2(\hat{x}_1+1)}{\hat{x}_2^2}\right)^{-1} \frac{\hat{x}_2^2 - \hat{x}_1^2}{\hat{x}_1}\right)$$

ist. Mit den obigen Werten von $\hat{x}_1$ und $\hat{x}_2$ sieht man, daß $\lambda_1 > 0$ und $\lambda_2 > 0$ ist. Damit ist in $\hat{x}$ die Multiplikatorenregel (4.3.11a + b) erfüllt und x auf Grund von Satz 4.3.7 ein Minimalpunkt von f auf S.

4.4. Die Methode der zulässigen Richtungen

4.4.1. Die Idee der Methode

Wir gehen wieder von dem Problem zu Beginn von Abschnitt 4.3.1. aus und nehmen an, daß die Funktionen $g_1,\ldots,g_n$ und f in jedem Punkt $x \in X$ partielle Ableitungen besitzen, die stetig von x abhängen. Zur Bestimmung eines Minimalpunktes von f auf S wollen wir wieder die Methode der zulässigen Richtungen benutzen, die für affin-lineare Nebenbedingungen bereits in Abschnitt 3.3. beschrieben wurde. Dort spielte das Korollar zu Satz 3.2.2 eine zentrale Rolle, die hier von Satz 4.3.2 übernommen wird.

Wir denken uns zunächst ein $\hat{x} \in S$ vorgegeben. Gibt es dann ein $h \in \mathbb{R}^m$ mit

$$\text{grad } g_j(\hat{x})^T h < 0 \quad \text{für alle} \quad j \in I(\hat{x}) \quad (4.3.5) \qquad\qquad (4.4.1)$$

und

$$\text{grad } f(\hat{x})^T h < 0, \qquad\qquad (4.4.2)$$

so ist $\hat{x}$ nach Satz 4.3.2 kein Minimalpunkt von f auf S.
Auf Grund von Satz 4.3.1 ist ein $h \in \mathbb{R}^m$ mit (4.4.1) eine zulässige Richtung, d.h., es gibt ein $\lambda_h > 0$ mit

$$\hat{x} + \lambda h \in S \quad \text{für alle} \quad \lambda \in [0,\lambda_h], \qquad\qquad (4.4.3)$$

und auf Grund des Beweises von Satz 2.2.2 ist ein $h \in \mathbb{R}^m$ mit (4.4.2) eine Abstiegsrichtung von f, d.h., es gilt

$$f(\hat{x} + \lambda h) < f(\hat{x}) \quad \text{für genügend kleines} \quad \lambda > 0. \qquad\qquad (4.4.4)$$

Hieraus ergibt sich das folgende Prinzip der Methode der zulässigen Richtungen: Zu vorgegebenem $\hat{x} \in S$ versucht man zunächst, ein $h \in \mathbb{R}^m$ zu bestimmen, für welches die Bedingungen (4.4.1) und (4.4.2) erfüllt sind. Ist das nicht möglich, so bricht die Methode ab. Ist das möglich, so bestimmt man ein $\lambda_h > 0$ so, daß (4.4.3) gilt, was stets möglich ist, und ermittelt ein $\lambda \in [0,\lambda_h]$ mit $f(\hat{x} + \lambda h) < f(\hat{x})$, was ebenfalls möglich ist.

Die Bestimmung von $\lambda_h > 0$ mit (4.4.3) kann man einheitlich so vornehmen, daß man

$$\lambda_h = \sup \{\lambda > 0 \mid \hat{x} + \lambda h \in X \text{ und}$$

$$g_j(\hat{x} + \lambda h) \leq 0 \quad \text{für alle} \quad j = 1,\ldots,n\} \qquad (4.4.5)$$

zu berechnen versucht.

Anschließend bestimmt man $\hat{\lambda} \in [0,\lambda_h]$ so, daß gilt

$$f(\hat{x} + \hat{\lambda}h) \leq f(\hat{x} + \lambda h) \quad \text{für alle} \quad \lambda \in [0,\lambda_h].$$

<u>Ein Beispiel:</u> Wir greifen das Beispiel am Ende von Abschnitt 4.3. noch einmal auf. Wählt man $\hat{x} = (0.5,3)^T$, so ergibt sich für $g_1(\hat{x})$ und $g_2(\hat{x})$ in (4.3.1')

$$g_1(\hat{x}_1,\hat{x}_2) = -0.5 < 0, \quad g_2(\hat{x}_1,\hat{x}_2) = -0.75 < 0.$$

Da $I(\hat{x})$ leer ist, ist nach Satz 4.3.1 die durch (4.3.6) definierte Menge $L_0(\hat{x})$ gleich $\mathbb{R}^2$. Setzt man

$$h = -\text{grad } f(\hat{x}_1,\hat{x}_2) = -\begin{pmatrix} 2x_1 \\ 2x_2 \end{pmatrix} = \begin{pmatrix} -1 \\ -6 \end{pmatrix} \,,$$

so ist (4.4.2) erfüllt, und (4.4.1) ist trivial. Um λ_h nach (4.4.5) zu bestimmen, berechnen wir für $j = 1,2$ jeweils das kleinste $\lambda_j > 0$ mit $g_j(\hat{x} + \lambda_j h) = 0$. Für $j = 1$ ist somit das kleinste $\lambda_1 > 0$ mit

$$g_1(\hat{x} + \lambda_1 h) = -(0.5 - \lambda_1)(3 - 6\lambda_1) + 1 = 0$$

zu bestimmen. Man erhält $\lambda_1 = 0.091751$.
Für $j = 2$ ist das kleinste $\lambda_2 > 0$ mit

$$g_2(\hat{x} + \lambda_2 h) = (1.5 - \lambda_2)^2 - 3 + 6\lambda_2 = 0$$

zu bestimmen. Man erhält $\lambda_2 = 0.2320508 > \lambda_1$. Wegen

$$\hat{x} + \lambda_1 h = \begin{pmatrix} 0.408249 \\ 2.449494 \end{pmatrix} \in X$$

ist $\lambda_h = \lambda_1$. Als $\hat{\lambda} \in [0,\lambda_h]$ mit (4.4.6) erhält man $\hat{\lambda} = \lambda_h = \lambda_1$ (Übung).

Das Verfahren wird daher mit $\hat{x} = (0.408249, 2.449494)^T$ fortgesetzt. Wegen $I(\hat{x}) = \{1\}$ ist zunächst ein $h \in \mathbb{R}^2$ anzugeben mit

$$\text{grad } g_1(\hat{x})^T h = -2.449494h_1 - 0.408249h_2 < 0 \qquad (4.4.1')$$

und

$$\operatorname{grad} f(\hat{x})^T h = 0.816498 h_1 + 4.898988 h_2 < 0. \qquad (4.4.2')$$

Wählt man $h_1 = 1$, $h_2 = -1$, so sind diese beiden Bedingungen erfüllt. Wiederum bestimmen wir das kleinste $\lambda_1 > 0$ mit

$$g_1(\hat{x} + \lambda_1 h) = -(0.408249 + \lambda_1)(2.449494 - \lambda_1) + 1 = 0$$

und erhalten $\lambda_1 = 2.047004$. Für das kleinste $\lambda_2 > 0$ mit
$g_2(\hat{x} + \lambda_2 h) = (1.408249 + \lambda_2)^2 - 2.449494 + \lambda_2 = 0$ erhält man
$\lambda_2 = 0.1190499 < \lambda_1$.

Wegen

$$\hat{x} + \lambda_2 h = \binom{0.5272989}{2.3304441} \in X$$

ist $\lambda_h = \lambda_2$. Wegen $\dfrac{d}{d\lambda} f(\hat{x} + \lambda h) = -4.08249 + 4\lambda < 0$ für alle
$\lambda \in [0, 1.0206225)$ ist f auf $[0, \lambda_h]$ monoton fallend und somit
$\hat{\lambda} \in [0, \lambda_h]$ mit (4.4.6) gegeben durch $\hat{\lambda} = \lambda_h = \lambda_2$.

4.4.2. Zwei Varianten

Im folgenden sollen zwei Möglichkeiten angegeben werden, nach denen man
konstruktiv entscheiden kann, ob eine <u>zulässige Abstiegsrichtung</u> $h \in \mathbb{R}^m$
mit (4.4.1) und (4.4.2) existiert, wobei $\hat{x} \in S$ vorgegeben ist.

Wir beginnen mit der <u>Methode des steilsten Abstieges</u> (vgl. Abschnitt
3.3.2.1.). Dazu unterscheiden wir zwei Fälle:

a) $I(\hat{x})$ (4.3.5) ist leer. Dann wird $h = -\operatorname{grad} f(\hat{x})$ gesetzt, und
(4.4.3), (4.4.4) sind erfüllbar, sofern $\operatorname{grad} f(\hat{x}) \neq \Theta_m$ ist.
b) $I(\hat{x})$ ist nichtleer. Dann wird eine zusätzliche Variable $h_{m+1} \in \mathbb{R}$
eingeführt und das Problem betrachtet, unter den Nebenbedingungen

$$\operatorname{grad} g_j(\hat{x})^T h - h_{m+1} \leq 0, \quad j \in I(\hat{x}),$$
$$\operatorname{grad} f(\hat{x})^T h - h_{m+1} \leq 0 \qquad (4.4.6)$$

die Funktion $\phi(h_1, \ldots, h_{m+1}) = h_{m+1}$ zum Minimum zu machen.

In dieser Form ist das Problem aber noch nicht sinnvoll. Sind nämlich
(4.4.1) und (4.4.2) erfüllbar, so gibt es einen Vektor $h \in \mathbb{R}^m$ und eine
Zahl $h_{m+1} < 0$ mit (4.4.6). Jedes Paar $(\rho h, \rho h_{m+1})$ mit einer Zahl $\rho > 0$
erfüllt dann aber auch (4.4.6), und $\phi(\rho h_1, \ldots, \rho h_{m+1}) = \rho h_{m+1}$ kann kleiner gemacht werden als jede negative Zahl, so daß das Minimum von
$\phi(h_1, \ldots, h_{m+1})$ unter den Nebenbedingungen (4.4.6) nicht angenommen wird.

Um das zu verhindern, fügen wir den Nebenbedingungen (4.4.6) noch die
Normierungsbedingungen

$$-1 \leq h_j \leq 1 \quad \text{für} \quad j = 1,\ldots,m \tag{4.4.7}$$

hinzu und betrachten das Problem, die lineare Funktion
$\phi(h_1,\ldots,h_{m+1}) = h_{m+1}$ unter den affin-linearen Nebenbedingungen (4.4.6),
(4.4.7) zum Minimum zu machen. Dieses ist ein Problem der linearen Optimierung, dessen Menge zulässiger Lösungen

$$Z(\hat{x}) = \{h \in \mathbb{R}^{m+1} \mid h \text{ erfüllt (4.4.6) und (4.4.7)}\} \tag{4.4.8}$$

den Nullvektor 0_{m+1} vom $\mathbb{R}^{m+1}$ enthält. Der Minimalwert von ϕ auf
$Z(\hat{x})$ ist daher nicht-positiv. Wir werden zeigen, daß der Minimalwert auch
angenommen wird, d.h. daß ein $\hat{h} \in Z(\hat{x})$ existiert mit

$$\phi(\hat{h}) \leq \phi(h) \quad \text{für alle} \quad h \in Z(\hat{x}). \tag{4.4.9}$$

Wegen $\phi(\hat{h}) \leq 0$ ergibt sich die folgende Fallunterscheidung:
a) $\phi(\hat{h}) = \hat{h}_{m+1} < 0$; dann erfüllt der Vektor $(\hat{h}_1,\ldots,\hat{h}_m)^T \in \mathbb{R}^m$ die Bedingungen (4.4.1), (4.4.2).
b) $\phi(\hat{h}) = \hat{h}_{m+1} = 0$; dann sind die Nebenbedingungen (4.4.1), (4.4.2)
nicht erfüllbar. Gäbe es nämlich ein $h \in \mathbb{R}^m$, das diese Nebenbedingungen
erfüllt, so wäre das auch für jeden Vektor ρh mit einer beliebigen Zahl
$\rho > 0$ der Fall, und wir könnten annehmen, daß h auch den Bedingungen
(4.4.7) genügt. Damit wäre der Vektor $(h_1,\ldots,h_{m+1})^T$ mit
$h_{m+1} = \max \{\text{grad } f(\hat{x})^T h, \max_{j \in I(x)} \text{grad } g_j(\hat{x})^T h\} < 0$ in $Z(\hat{x})$, was wegen
$\min \{\phi(h) \mid h \in Z(\hat{x})\} = 0$ nicht möglich ist.

Um einzusehen, daß ein $\hat{h} \in Z(\hat{x})$ (4.4.8) mit (4.4.9) existiert, bemerken
wir zunächst, daß die Minimierung von ϕ auf $Z(\hat{x})$ gleichwertig ist mit
der Minimierung von

$$\psi(\tilde{h}) = \max \{\text{grad } f(\hat{x})^T\tilde{h}, \max_{j \in I(x)} \text{grad } g_j(\hat{x})^T\tilde{h}\}$$

auf der Menge

$$W = \{\tilde{h} \in \mathbb{R}^m \mid -1 \leq \tilde{h}_j \leq 1 \quad \text{für} \quad j = 1,\ldots,m\},$$

d.h. es gelten die folgenden Aussagen: Ist $\hat{h} = (\hat{\tilde{h}}^T, \hat{h}_{m+1})^T \in Z(\hat{x})$ mit
$\hat{\tilde{h}} \in W$ ein Minimalpunkt von ϕ auf $Z(\hat{x})$, so ist $\hat{h}_{m+1} = \psi(\hat{\tilde{h}})$ und $\hat{\tilde{h}}$
ein Minimalpunkt ψ auf W. Ist umgekehrt $\tilde{h} \in W$ ein Minimalpunkt von
ψ auf W, so ist $(\hat{\tilde{h}}^T, \psi(\tilde{h}))^T \in Z(\hat{x})$ und ein Minimalpunkt von ϕ auf
$Z(\hat{x})$ (Übung).

Da ψ eine stetige Funktion und W abgeschlossen und beschränkt ist,
ist die Existenz eines Minimalpunktes von ψ auf W auf Grund eines
Satzes von Weierstraß gesichert und damit auch die Existenz eines Minimalpunktes $\hat{h} \in Z(\hat{x})$ von ϕ auf $Z(\hat{x})$. Zur Berechnung eines solchen
$\hat{h} \in Z(\hat{x})$ wird man das zugehörige lineare Optimierungsproblem in die Nor-

malform bringen (vgl. Abschnitt 1.2.1.) und mit Hilfe der in Abschnitt 1.3.
beschriebenen Simplexmethode (oder einer geeigneten Variante) lösen.

Ein Beispiel: Wir greifen noch einmal das Beispiel am Ende von Abschnitt
4.4.1. auf und beginnen mit dem Punkt $\hat{x} = (0.408249, 2.449494)^T$, für den
$I(\hat{x}) = \{1\}$ ist. Das obige lineare Optimierungsproblem lautet dann, unter
den Nebenbedingungen

$$-2.449494h_1 - 0.408249h_2 - h_3 \leq 0,$$
$$0.816498h_1 + 4.898988h_2 - h_3 \leq 0, \qquad\qquad (4.4.6')$$

$$-1 \leq h_1 \leq 1,$$
$$1 \leq h_2 \leq 1 \qquad\qquad (4.4.7')$$

die lineare Funktion $\phi(h_1,h_2,h_3) = h_3$ zum Minimum zu machen.

Dieses Problem läßt sich ohne die Simplexmethode direkt lösen. Multiplikation der ersten Ungleichung von (4.4.6') mit 0.816498, der zweiten mit
2.449494 und Addition ergibt $11.666\overline{6}...h_2 - 3.265992h_3 \leq 0$, mithin
$3.5721661h_2 \leq h_3$. Der kleinstmögliche Wert von h_3 ist also gegeben
durch $h_3 = 3.5721661h_2$. Setzt man diesen in (4.4.6') ein, so ergibt sich
aus den beiden resultierenden Ungleichungen für h_1 und h_2 notwendig
die Relation $h_2 = -0.61538h_1$, mithin $h_3 = -2.1982349h_1$. Den kleinsten
Wert für h_3 erhält man somit, wenn man $h_1 = 1$ setzt, nämlich
$h_3 = -2.1982349$. Weiter erhält man $h_2 = -0.61538$. Für diese drei Werte
sind umgekehrt die Ungleichungen (4.4.6') und (4.4.7') auch erfüllt. Damit
haben wir als Lösung des Problems den Vektor

$$\hat{h} = (1, -0.61538, -2.1982349)^T$$

erhalten.

Eine neue zulässige Lösung der Form $\hat{x} + \hat{\lambda}\hat{h}$ kann jetzt, wie in Abschnitt
4.4.1. beschrieben, ermittelt werden.

Als nächstes betrachten wir das in Abschnitt 3.3.2.2. beschriebene <u>Verfah-
ren der projizierten Gradienten</u> zur Gewinnung eines Vektors $h \in \mathbb{R}^m$ mit
(4.4.1), (4.4.2).

Wir gehen wieder aus von einer zulässigen Lösung $\hat{x} \in S$ (4.3.2). Ist $I(\hat{x})$
(4.3.5) leer, so setzen wir wiederum $h = -\text{grad } f(\hat{x})$, sofern
$\text{grad } f(\hat{x}) \neq \Theta_m$ ist (sonst bricht das Verfahren ab), und (4.4.3), (4.4.4)
sind erfüllbar.
Ist $I(\hat{x})$ nichtleer, so wird wieder versucht, einen Vektor $h \in \mathbb{R}^m$ und
eine Zahl $h_{m+1} < 0$ zu bestimmen derart, daß die Bedingungen (4.4.6) erfüllt sind. Sei r die Anzahl der Elemente von $I(\hat{x})$. Dann definieren
wir A als $(r+1) \times (m+1)$-Matrix mit den Zeilenvektoren $(\text{grad } g_j(\hat{x})^T, -1)$,

$j \in I(\hat{x})$ (der Größe nach geordnet), und $(\text{grad } f(\hat{x})^T, -1)$ sowie den Vektor $g = (\theta_m^T, 1)^T$. Die Existenz eines Vektors $h \in \mathbb{R}^m$ und einer Zahl $h_{m+1} < 0$ mit (4.4.6) ist dann gleichwertig mit der Existenz eines Vektors $h = (h_1, \ldots, h_{m+1}) \in \mathbb{R}^{m+1}$ mit

$$Ah \leq \theta_{r+1},$$
$$g^T h < 0. \tag{4.4.10}$$

Hat man einen solchen Vektor $h \in \mathbb{R}^{m+1}$ gefunden, so sind für $(h_1, \ldots, h_m)^T$ die Bedingungen (4.4.1) und (4.4.2) erfüllt. Wir nehmen an, A habe den Rang $r+1$. Dann ist AA^T invertierbar und

$$h = -g + A^T (AA^T)^{-1} Ag \tag{4.4.11}$$

wohldefiniert. Weiter ist

$$Ah = \theta_{r+1}$$

und

$$h^T h = g^T g - g^T A^T (AA^T)^{-1} Ag = -g^T h,$$

mithin

$$g^T h = -h^T h.$$

Ist $h \neq \theta_{m+1}$, so ist (4.4.10) erfüllt.

Ist $h = \theta_{m+1}$, so definieren wir

$$u = (AA^T)^{-1} Ag \tag{4.4.12}$$

und erhalten

$$g = A^T u. \tag{4.4.13}$$

Fallunterscheidung:

a) $u \leq \theta_{r+1}$; dann ist für jedes $h \in \mathbb{R}^{m+1}$ mit $Ah \leq \theta_{r+1}$ notwendig $g^T h = u^T Ah \geq 0$, d.h. die Bedingung (4.4.10) ist nicht erfüllbar.
b) $u \not\leq \theta_{r+1}$; dann wählen wir ein i mit $u_i > 0$ und streichen in der Matrix A die i-te Zeile. Die entstehende Matrix $\hat{A}$ hat dann den Rang r, so daß $\hat{A}\hat{A}^T$ invertierbar ist. Damit definieren wir

$$\hat{h} = -g + \hat{A}^T (\hat{A}\hat{A}^T)^{-1} \hat{A}g \tag{4.4.14}$$

und erhalten

$$\hat{A}\hat{h} = \theta_r \tag{4.4.15}$$

sowie

$$\hat{h}^T\hat{h} = g^Tg - g^T\hat{A}^T(\hat{A}\hat{A}^T)^{-1}\hat{A}g = -g^T\hat{h},$$

mithin

$$g^T\hat{h} = -\hat{h}^T\hat{h}. \tag{4.4.16}$$

<u>Behauptung:</u> $\hat{h} \neq \Theta_{m+1}$.

<u>Beweis:</u> Wäre $\hat{h} = \Theta_{m+1}$, so wäre

$$g = \hat{A}^T\hat{u} \quad \text{mit} \quad \hat{u} = (\hat{A}\hat{A}^T)^{-1}\hat{A}g. \tag{4.4.17}$$

Bezeichet man die Zeilenvektoren von A mit a_j^T, so folgt aus (4.4.13), (4.4.17)

$$\sum_j u_j a_j = A^Tu = \hat{A}^T\hat{u} = \sum_{j\neq i} \hat{u}_j a_j$$

und wegen $u_i > 0$

$$a_i = \sum_{j\neq i} \frac{u_j - \hat{u}_j}{u_i} a_j,$$

ein Widerspruch zu Rang $A = r+1$. Damit ist die Annahme $\hat{h} = \Theta_{m+1}$ falsch und die Behauptung bewiesen.

Schließlich ist wegen (4.4.15) und (4.4.16)

$$0 > -\hat{h}^T\hat{h} = g^T\hat{h} = u^TA\hat{h} = u_i(a_i^T\hat{h}),$$

woraus sich mit $u_i > 0$ und (4.4.15) ergibt, daß $\hat{h}$ (4.4.14) die Bedingungen (4.4.10) erfüllt.

<u>Zusammenfassung:</u> Zur Bestimmung eines Vektors $h \in \mathbb{R}^{m+1}$ mit (4.4.10) kann man folgendermaßen verfahren, wenn die Matrix A den Rang $r+1$ hat:

1. Man berechnet h nach (4.4.11).
Ist $h \neq \Theta_{m+1}$, so erfüllt h die Bedingungen (4.4.10). Andernfalls gehe man zu

2. Man berechnet u nach (4.4.12).
Ist $u \leq \Theta_{r+1}$, so ist (4.4.10) nicht erfüllbar.

Ist $u \nleq \Theta_{r+1}$, so wähle man ein i mit $u_i > 0$, ersetze die Matrix A durch eine Matrix, die aus den gleichen Zeilenvektoren mit Ausnahme des i-ten besteht, und gehe zu 1. Für das dann erhaltene h gilt $h \neq \Theta_{m+1}$ und (4.4.10) ist erfüllt.

Der erste Schritt des hier beschriebenen Verfahrens läßt sich geometrisch deuten als die Projektion des Gradienten g der Funktion
$\phi(x_1,\ldots,x_{m+1}) = x_{m+1}$ auf den linearen Unterraum aller $h \in \mathbb{R}^{m+1}$ mit $Ah = \Theta_{r+1}$ des konvexen Kegels $\{h \in \mathbb{R}^{m+1} \mid Ah \leq \Theta_{r+1}\}$ (vgl. dazu Satz 3.3.1).

Beispiel: Wir wollen das Verfahren abschließend noch einmal an dem obigen Beispiel demonstrieren. Wir beginnen wieder mit dem Punkt $\hat{x} = (0.408249, 2.449494)^T$. Die Matrix A ist dann gegeben durch

$$A = \begin{pmatrix} \text{grad } g_1(\hat{x})^T, -1 \\ \text{grad } f(\hat{x})^T, -1 \end{pmatrix} = \begin{pmatrix} -2.449494 - 0.408249 - 1 \\ 0.816498 \quad 4.898988 - 1 \end{pmatrix},$$

und man erhält

$$(AA^T)^{-1} = \begin{pmatrix} 0.14671 & 0.0171483 \\ 0.0171483 & 0.040965 \end{pmatrix}.$$

Damit ergibt sich

$$h = -g + A^T(AA^T)^{-1}Ag = - \begin{pmatrix} 0 \\ 0 \\ 1 \end{pmatrix} + \begin{pmatrix} 0.48673 \\ -0.19726 \\ 0.276641 \end{pmatrix} = \begin{pmatrix} 0.48673 \\ -0.19726 \\ -0.723359 \end{pmatrix}$$

und $(0.48673, -0.19726)^T$ ist eine zulässige Abstiegsrichtung.

4.5. Penalty- und Barriere-Methoden

4.5.1. Die Penalty-Methode

Die in Abschnitt 4.2.3. beschriebene Penalty-Methode läßt sich auch auf Probleme mit Nebenbedingungen in Form von Ungleichungen anwenden. Nur muß zu dem Zweck die Penalty-Funktion (vgl. (4.2.12)) anders definiert werden. Allgemein lautet sie folgendermaßen

$$p(x,r) = f(x) + r \sum_{j=1}^{n} \phi(g_j(x)), \quad x \in X, \tag{4.5.1}$$

wobei $r > 0$ fest gewählt und $\phi: \mathbb{R} \to \mathbb{R}$ eine Funktion ist mit

$$\phi(y) \begin{cases} = 0 & \text{für } y \leq 0, \\ > 0 & \text{für } y > 0. \end{cases} \tag{4.5.2}$$

Die geläufigste Form von ϕ lautet

$$\phi(y) = [\max(0,y)]^2, \quad y \in \mathbb{R}, \tag{4.5.3}$$

so daß $p(x,r)$ gegeben ist durch

$$p(x,r) = f(x) + r \sum_{j=1}^{n} [\max(0,g_j(x))]^2, \quad x \in X, \tag{4.5.4}$$

wobei $r > 0$ fest gewählt ist.

Wiederum ist intuitiv einleuchtend, daß für einen großen Penalty-Parameter $r > 0$ ein Minimalpunkt $x^r \in X$ von $p(\cdot,r)$ auf X die Nebenbedingungen (4.3.1) fast erfüllen und in der Nähe eines Minimalpunktes von f auf S (4.3.2) liegen wird. Wir wollen das wieder an einem Beispiel demonstrieren. Dazu wählen wir $m = 2$, $n = 1$,

$$X = \{(x_1,x_2)^T \in \mathbb{R}^2 \mid x_1 > 0, \quad x_2 > 0\},$$
$$f(x_1,x_2) = x_1^2 + x_2^2, \quad g_1(x_1,x_2) = -x_1 x_2 + 1.$$

Man macht sich leicht geometrisch klar, daß $\hat{x} = (1,1)^T$ der Minimalpunkt von f auf

$$S = \{(x_1,x_2)^T \in X \mid -x_1 x_2 + 1 \le 0\}$$

ist. Als Penalty-Funktion wählen wir nach (4.5.4)

$$p(x_1,x_2,r) = x_1^2 + x_2^2 + r \, [\max \, (-x_1 x_2 + 1,0)]^2$$

mit festem $r > 0$.

Notwendige Bedingungen für einen Minimalpunkt $x^r = (x_1^r,x_2^r) \in X$ von $p(\cdot,\cdot,r)$ auf X sind

$$0 = p_{x_1}(x^r,r) = 2x_1^r + \begin{cases} 0, & \text{falls } x_1 x_2^r \ge 1, \\ -2r(-x_1^r x_2^r + 1)x_2^r, & \text{falls } x_1^r x_2^r < 1, \end{cases}$$

$$0 = p_{x_2}(x^r,r) = 2x_2^r + \begin{cases} 0, & \text{falls } x_1^r x_2^r \ge 1, \\ -2r(-x_1^r x_2^r + 1)x_1^r, & \text{falls } x_1^r x_2^r < 1. \end{cases}$$

Hieran erkennt man, daß $x_1^r x_2^r \ge 1$ nicht möglich ist; denn hieraus würde $x_1^r = x_2^r = 0$ folgen. Damit erhalten wir als notwendige Bedingungen für x^r die beiden Gleichungen

$$2x_1^r - 2r(-x_1^r x_2^r + 1)x_2^r = 0,$$
$$2x_2^r - 2r(-x_1^r x_2^r + 1)x_1^r = 0,$$

aus denen $(x_1^r)^2 = (x_2^r)^2$, mithin $x_1^r = x_2^r$, folgt (wegen $x_1^r > 0$ und $x_2^r > 0$) und weiter

$$1 - (x_1^r)^2 = 1 - (x_2^r)^2 = \frac{1}{r} \, .$$

Diese Gleichungen sind nur für $r \ge 1$ reell auflösbar, wobei $r = 1$ wegen $x_1^r = x_2^r = 0$ ausscheidet. Für jedes $r > 1$ ergibt sich daher für einen Minimalpunkt $x^r = (x_1^r,x_2^r) \in X$ von $p(\cdot,\cdot,r)$ auf X notwendig

$$x_1^r = x_2^r = + \sqrt{1 - \frac{1}{r}} \, , \tag{4.5.5}$$

woraus

$$\lim_{r\to\infty} x^r = x = (1,1)^T$$

folgt. Man kann auch leicht einsehen, daß der durch (4.5.5) definierte
Punkt x^r für $r > 1$ ein Minimalpunkt von $p(\cdot,\cdot,r)$ auf X (und damit
der einzige) ist. Um das einzusehen, benutzen wir die bereits oben bemerk-
te Tatsache, daß das Minimum von $p(\cdot,\cdot,r)$ auf X nur auf der Menge
$\hat{X} = \{(x_1,x_2)^T \in X \mid x_1 x_2 < 1\}$ angenommen werden kann. Auf der Menge $\hat{X}$
ist $p(\cdot,\cdot,r)$ gegeben in der Form

$$\begin{aligned}
p(x_1,x_2,r) &= x_1^2 + x_2^2 + r(-x_1 x_2 + 1)^2 \\
&= x_1^2 + x_2^2 + r(x_1^2 x_2^2 - 2x_1 x_2 + 1) \\
&= x_1^2 + x_2^2 - 2x_1 x_2 + 2(1-r)x_1 x_2 + r(x_1^2 x_2^2 + 1) \\
&= (x_1 - x_2)^2 + 2(1-r)x_1 x_2 + r(x_1^2 x_2^2 + 1) .
\end{aligned}$$

Damit ist

$$p(x_1,x_2,r) \geq 2(1-r)x_1 x_2 + r(x_1^2 x_2^2 + 1)$$

und

$$p(x_1,x_2,r) = 2(1-r)x_1 x_2 + r(x_1^2 x_2^2 + 1)$$

für alle $(x_1,x_2)^T \in \hat{X}$ mit $x_1 = x_2$.

Setzt man $y = x_1 x_2$, so nimmt die Funktion

$$g(y) = 2(1-r)y + r(y^2 + 1), \quad y > 0,$$

ihr Minimum an für $y = 1 - \dfrac{1}{r}$ $(r > 1)$. Daraus ergibt sich, daß $p(\cdot,\cdot,r)$
für $r > 1$ auf X ihr Minimum annimmt für $x_1^r = x_2^r = +\sqrt{1 - \dfrac{1}{r}}$.

Wir kehren zur allgemeinen Situation zurück und denken uns die Penalty-
Funktion $p(\cdot,r)$ durch (4.5.1), (4.5.2) definiert. Dann läßt sich der
Satz 3.2.2 wörtlich auf diesen Sachverhalt übertragen, wenn man (4.2.16b)
ersetzt durch

$$\sum_{j=1}^{n} \phi(g_j(x^r)) \geq \sum_{j=1}^{n} \phi(g_j(x^{\overline{r}})) .$$

Wählt man für ϕ mit (4.5.2) eine stetige Funktion, z.B. nach (4.5.3), so
gilt der Satz 4.2.3 ebenfalls wörtlich. Wir formulieren ihn wegen seiner
Wichtigkeit noch einmal als

Satz 4.5.1: Sei (r^k) eine monoton wachsende Folge positiver Zahlen mit
$r^k \to \infty$. Gibt es dann zu jedem $k \in \mathbb{N}$ ein $x^{r^k} \in X$ mit

$$p(x^{r^k}, r^k) \leq p(x, r^k) \quad \text{für alle} \quad x \in X \tag{4.5.6}$$

und konvergiert die Folge (x^{r^k}) gegen ein $\hat{x} \in X$, so ist $\hat{x} \in S$ und ein Minimalpunkt von f auf S.

Das auf diesem Satz basierende Penalty-Verfahren, welches in Abschnitt 4.2.3. im Anschluß an Satz 4.2.3 beschrieben wurde, läßt sich sinngemäß übertragen und auch die dort beschriebene Variante, für die man hier eine Penalty-Funktion der Gestalt

$$p(x, r_1, \ldots, r_n) = f(x) + \sum_{j=1}^{n} r_j \phi(g_j(x)), \quad x \in X,$$

mit $r_j > 0$ für $j = 1, \ldots, n$ und ϕ mit (4.5.2) zugrundelegen muß.

4.5.2. Die Barriere-Methode

Wir legen wieder die Problemstellung aus Abschnitt 4.3.1. zugrunde und nehmen an, es gebe ein $\bar{x} \in X$ mit

$$g_j(\bar{x}) < 0 \quad \text{für alle} \quad j = 1, \ldots, n,$$

so daß die Menge

$$S_o = \{x \in X \mid g_j(x) < 0 \quad \text{für alle} \quad j = 1, \ldots, n\} \tag{4.5.7}$$

nichtleer ist.

Weiterhin setzen wir voraus, daß die Funktion f und $g_1, \ldots, g_n$ auf der offenen Menge X stetig sind. Dann ist S_o auch eine offene Teilmenge von $\mathbb{R}^m$. Die Idee der Barriere-Methode besteht jetzt darin, die Minimierung von f auf S (4.3.2) zu ersetzen durch die Minimierung einer geeigneten Funktion auf S_o. Um eine solche zu definieren, wird zunächst eine sog. Barriere-Funktion $B: S_o \rightarrow \mathbb{R}$ gewählt, die positiv und stetig ist und die Eigenschaft

$$\lim_{x \to x_o} B(x) = +\infty \tag{4.5.8}$$

hat für jedes $x_o \in \bar{S}_o \setminus S_o$, wobei $\bar{S}_o$ die Menge aller Limites konvergenter Folgen in S_o und $\bar{S}_o \setminus S_o$ die Menge aller Punkte in $\bar{S}_o$ bezeichnet, die nicht zu S_o gehören. Ein typisches Beispiel einer solchen Barriere-Funktion ist

$$B(x) = -\sum_{j=1}^{n} \frac{1}{g_j(x)}, \quad x \in S_o. \tag{4.5.9}$$

Mit Hilfe einer solchen Barriere-Funktion definieren wir nun eine Funktion $q: S_o \rightarrow \mathbb{R}$ durch

$$q(x,\mu) = f(x) + \mu B(x), \quad x \in S_o, \tag{4.5.10}$$

wobei $\mu > 0$ variabel fest vorgegeben ist.

Wir nehmen an, daß für jedes $\mu > 0$ ein Minimalpunkt $x^\mu \in S_o$ von $q(\cdot,\mu)$ auf S_o existiert. Das ist z.B. der Fall, wenn die Menge S (4.3.2) abgeschlossen und beschränkt ist, und kann, wie folgt, eingesehen werden. Sei (x^k) eine Folge in S_o mit

$$\lim_{k\to\infty} q(x^k,\mu) = \inf \{q(x,\mu) \mid x \in S_o\},$$

welche auf Grund der Definition des Infimums existiert. Da (x^k) auch in S liegt, besitzt (x^k) einen Häufungspunkt $\hat{x} \in \overline{S}_o \subseteq S$, für den auf Grund der Stetigkeit von $q(\cdot,\mu)$

$$q(\hat{x},\mu) = \inf \{q(x,\mu) \mid x \in S_o\}$$

folgt. Wäre $\hat{x} \in \overline{S}_o \setminus S_o$, so wäre auf Grund von (4.5.8) die letzte Aussage nicht möglich. Mithin ist $\hat{x} \in S_o$ und ein Minimalpunkt von $q(\cdot,\mu)$ auf S_o.

Es liegt die Vermutung nahe, daß für einen kleinen Parameter $\mu > 0$ ein Minimalpunkt von $q(\cdot,\mu)$ auf S_o in der Nähe eines Minimalpunktes von f auf S (4.3.2) liegen wird. Wir wollen uns das zunächst wieder an einem Beispiel klarmachen. Dazu wählen wir wieder wie in Abschnitt 4.5.1, $m = 2$, $m = 1$, $X = \{(x_1,x_2)^T \in \mathbb{R}^2 \mid x_1 > 0, \ x_2 > 0\}$ $f(x_1,x_2) = x_1^2 + x_2^2$ und $g_1(x_1,x_2) = -x_1 x_2 + 1$.

Gemäß (4.5.9), (4.5.10) definieren wir

$$q(x,\mu) = x_1^2 + x_2^2 + \frac{\mu}{x_1 x_2 - 1},$$

$$x \in S_o = \{(x_1,x_2)^T \in X \mid x_1 x_2 > 1\},$$

wobei $\mu > 0$ beliebig fest gewählt sei.

Notwendig für einen Minimalpunkt $x^\mu \in S_o$ von $q(\cdot,\mu)$ auf S_o sind dann die beiden Bedingungen

$$0 = q_{x_1}(x^\mu,\mu) = 2x_1^\mu - \frac{\mu x_2^\mu}{(x_1^\mu x_2^\mu - 1)^2},$$

$$0 = q_{x_2}(x^\mu,\mu) = 2x_2^\mu - \frac{\mu x_1^\mu}{(x_1^\mu x_2^\mu - 1)^2},$$

aus denen sich notwendig $x_1^\mu = x_2^\mu > 0$ und weiter

$$x_1^\mu = x_2^\mu = + \sqrt{1 + \sqrt{\tfrac{\mu}{2}}} \tag{4.5.11}$$

ergibt.

Offenbar ist $\lim\limits_{\mu \to 0+} x^{\mu} = (1,1)$, welches der Minimalpunkt von f auf $S = \{(x_1,x_2)^T \in X \mid x_1 x_2 \geq 1\}$ ist. Man sieht auch leicht ein, daß durch (4.5.11) ein Minimalpunkt von $q(\cdot,\mu)$ auf S_o (und damit der einzige) gegeben ist. Zu dem Zweck beachten wir, daß $q(\cdot,\mu)$ wie folgt geschrieben werden kann

$$q(x,\mu) = (x_1 - x_2)^2 + 2x_1 x_2 + \frac{\mu}{x_1 x_2 - 1} \; .$$

Damit ist

$$q(x,\mu) \geq 2x_1 x_2 + \frac{\mu}{x_1 x_2 - 1}$$

und

$$q(x,\mu) = 2x_1 x_2 + \frac{\mu}{x_1 x_2 - 1}$$

für alle $x \in S_o$ mit $x_1 = x_2$. Setzt man $y = x_1 x_2$, so nimmt die Funktion

$$g(y) = 2y + \frac{\mu}{y-1}, \quad y > 1,$$

ihr einziges Minimum für $y = 1 + \sqrt{\frac{\mu}{2}}$ an, woraus folgt, daß durch (4.5.11) der einzige Minimalpunkt von $q(\cdot,\mu)$ auf S_o gegeben ist.

Allgemein gilt der folgende

Satz 4.5.2: Für jedes $\mu > 0$ gebe es einen Minimalpunkt $x^{\mu} \in S_o$ von $q(\cdot,\mu)$ (4.5.10) auf S_o (4.5.7). Ist dann (μ_k) eine Nullfolge positiver Zahlen derart, daß die zugehörige Folge (x^{μ_k}) in S_o von Minimalpunkten von $q(\cdot,\mu_k)$ auf S_o gegen einen Punkt $\hat{x} \in \bar{S}_o$ konvergiert, so ist $\hat{x}$ ein Minimalpunkt von f auf $\bar{S}_o$.
Ist $\bar{S}_o = S$ (was i.a. schwer nachprüfbar ist), so ist $\hat{x}$ ein Minimalpunkt von f auf S.

Beweis: Sei $x \in S_o$ beliebig gewählt. Dann ist für jedes $k \in \mathbb{N}$

$$f(x) + \mu_k B(x) = q(x,\mu_k) \geq q(x^{\mu_k},\mu_k) \geq f(x^{\mu_k}).$$

Daraus folgt

$$f(x) \geq \lim_{k \to \infty} f(x^{\mu_k}) = f(\hat{x}),$$

mithin

$$f(\hat{x}) = \inf \{f(x) \mid x \in S_o\}$$
$$= \inf \{f(x) \mid x \in \bar{S}_o\},$$

was den Beweis vollendet.

Aus dem Beweis von Satz 4.5.2 ergibt sich überdies

$$\lim_{k\to\infty} f(x^{\mu_k}) + \mu_k B(x^{\mu_k}) = \lim_{k\to\infty} f(x^{\mu_k}),$$

mithin

$$\lim_{k\to\infty} \mu_k B(x^{\mu_k}) = 0. \qquad (4.5.12)$$

Damit wird man zu der folgenden <u>Barriere-Methode</u> geführt: Man gibt sich
Zahlen $\mu_1 > 0$, $\alpha \in (0,1)$ und $\varepsilon > 0$ (klein) vor. Sodann setzt man $k = 1$
und geht zu

<u>Schritt 1:</u> Man ermittelt ein $x^{\mu_k} \in S_O$ (4.5.7) mit

$$q(x^{\mu_k},\mu_k) \le q(x,\mu_k) \quad \text{für alle} \quad x \in S_O. \qquad (4.5..13)$$

Ist

$$\mu_k B(x^{\mu_k}) \le \varepsilon,$$

so setzt man $\hat{x} = x^{\mu_k}$ und bricht das Verfahren mit $\hat{x}$ als Näherung für
einen Minimalpunkt von f auf S ab.
Andernfalls geht man zu

<u>Schritt 2:</u> Man setzt $\mu_{k+1} = \alpha\mu_k$, ersetzt k durch $k+1$ und geht zu
Schritt 1.

Ist S abgeschlossen und beschränkt, so ist, wie oben bereits bemerkt,
für jedes μ_k die Existenz von $x^{\mu_k} \in S_O$ mit (4.5.13) sichergestellt,
und nach Satz 4.5.2 ist jeder Häufungspunkt $\hat{x} \in \overline{S}_O$ der durch die Barriere-
Methode erzeugten Folge (x^{μ_k}) ein Minimalpunkt von f auf $\overline{S}_O$.

In Analogie zu Satz 4.2.2 bei der Penalty-Methode lassen sich hier auch
gewisse Monotonieaussagen beweisen, die wir formulieren als

<u>Satz 4.5.3:</u> Zu jedem Parameter $\mu > 0$ gebe es einen Minimalpunkt $x^{\mu} \in S_O$
von $q(\cdot,\mu)$ auf S_O. Sind dann zwei Parameter $\mu,\overline{\mu} \in \mathbb{R}$ mit

$$0 < \overline{\mu} < \mu \qquad (4.5.14)$$

vorgegeben, so folgt

$$q(x^{\overline{\mu}},\overline{\mu}) \le q(x^{\mu},\mu), \qquad (4.5.15a)$$

$$B(x^{\overline{\mu}}) \ge B(x^{\mu}), \qquad (4.5.15b)$$

$$f(x^{\overline{\mu}}) \le f(x^{\mu}). \qquad (4.5.15c)$$

<u>Beweis:</u> Aus der Minimalpunkteigenschaft von $x^{\overline{\mu}}$ und (4.5.14) ergibt sich
unmittelbar

$$q(x^{\overline{\mu}},\overline{\mu}) \leq q(x^{\mu},\overline{\mu}) \leq q(x^{\mu},\mu) \implies \quad (4.5.15a).$$

Aus der Minimalpunkteigenschaft von x^{μ} und $x^{\overline{\mu}}$ erhält man

$$f(x^{\mu}) + \mu B(x^{\mu}) \leq f(x^{\overline{\mu}}) + \mu B(x^{\overline{\mu}}),$$

$$f(x^{\overline{\mu}}) + \overline{\mu} B(x^{\overline{\mu}}) \leq f(x^{\mu}) + \overline{\mu} B(x^{\mu}).$$

Durch Addition dieser beiden Ungleichungen gelangt man zu der Ungleichung

$$(\mu - \overline{\mu})B(x^{\mu}) \leq (\mu - \overline{\mu})B(x^{\overline{\mu}}),$$

aus der sich mit (4.5.14) die Behauptung (4.5.15b) ergibt. Schließlich folgt unter Benutzung von (4.5.15b)

$$f(x^{\overline{\mu}}) + \overline{\mu} B(x^{\overline{\mu}}) \leq f(x^{\mu}) + \overline{\mu} B(x^{\mu}) \leq f(x^{\mu}) + \overline{\mu} B(x^{\mu}), \qquad (4.5.16)$$

woraus (4.5.15c) folgt, was den Beweis vollendet.

In Analogie zu der Variante der Penalty-Methode, die in Abschnitt 4.2.3. angegeben wurde, läßt sich auch für die Barriere-Methode eine Variante angeben, bei der auf die Nebenbedingungen individuell eingegangen wird. Zu dem Zweck wird für jedes $j = 1,\dots,n$ eine geeignete Barriere-Funktion B_j folgendermaßen gewählt: Da S_0 (4.5.7) als nichtleer angenommen wird, ist auch jede Menge

$$S_0^j = \{x \in X |\ g_j(x) < 0\}, \quad j = 1,\dots,n \qquad (4.5.17)$$

nichtleer; denn offenbar ist

$$S_0 = \bigcap_{j=1}^{n} S_0^j.$$

Für jedes $j = 1,\dots,n$ wählen wir nun eine Barriere-Funktion $B_j : S_0^j \to \mathbb{R}$, die stetig und positiv ist und die Eigenschaft

$$\lim_{x \to x_0^j} B_j(x) = +\infty \qquad (4.5.18)$$

hat für jedes $x_0^j \in \overline{S}_0^j \setminus S_0^j$, wobei wieder $\overline{S}_0^j$ aus allen Limites konvergenter Folgen in S_0^j und $\overline{S}_0^j \setminus S_0^j$ aus allen Punkten besteht, die zu $\overline{S}_0^j$, aber nicht zu S_0^j gehören. Ein typisches Beispiel einer solchen Barriere-Funktion für ein $j = 1,\dots,n$ ist

$$B_j(x) = - \frac{1}{g_j(x)}, \quad x \in S_0^j. \qquad (4.5.19)$$

Für jeden Vektor $(\mu_1,\dots,\mu_n)^T \in \mathbb{R}^n$ mit

$$\mu_j > 0 \quad \text{für} \quad j = 1,\dots,n \qquad (4.5.20)$$

definieren wir dann

$$q(x,\mu_1,\ldots,\mu_n) = f(x) + \sum_{j=1}^{n} \mu_j B_j(x) \qquad (4.5.21)$$

Wählt man die Parameter μ_j mit (4.5.20) klein, so liegt wieder die Vermutung nahe, daß ein Minimalpunkt $x^\mu \in S_o$ von $q(\cdot,\mu_1,\ldots,\mu_n)$ auf S_o in der Nähe eines Minimalpunktes von f auf S liegen wird. Genauer gilt hierüber der

__Satz 4.5.4:__ Vorgegeben sei eine Folge $((\mu_1^k,\ldots,\mu_n^k)^T)$ in $\mathbb{R}^n$ mit

$$\mu_j^k > 0 \quad \text{für alle} \quad j = 1,\ldots,n \quad \text{und alle} \quad k \in \mathbb{N} \qquad (4.5.22)$$

und

$$\lim_{k\to\infty} \max_j \mu_j^k = 0 \qquad (4.5.23)$$

derart, daß zu jedem $k \in \mathbb{N}$ ein $x^{\mu^k} \in S_o$ existiert mit

$$q(x^{\mu^k},\mu_1^k,\ldots,\mu_n^k) = \inf \{q(x,\mu_1^k,\ldots,\mu_n^k) \mid x \in S_o\} \qquad (4.5.24)$$

und ein $\hat{x} \in \overline{S}_o$ existiert mit

$$\hat{x} = \lim_{k\to\infty} x^{\mu^k};$$

so ist $\hat{x}$ ein Minimalpunkt von f auf $\overline{S}_o$ und

$$\lim_{k\to\infty} f(x^{\mu^k}) = \lim_{k\to\infty} q(x^{\mu^k},\mu_1^k,\ldots,\mu_n^k)$$

$$= \inf \{f(x) \mid x \in \overline{S}_o\}, \qquad (4.5.25)$$

was

$$\lim_{k\to\infty} \sum_{j=1}^{n} \mu_j^k B_j(x^{\mu^k}) = 0 \qquad (4.5.26)$$

impliziert.

Wir wollen auf den Beweis dieses Satzes verzichten und stattdessen etwas genauer beschreiben, wieso er gestattet, eine Barriere-Methode durchzuführen, bei der die Nebenbedingungen individuell berücksichtigt werden.

Zu Beginn des Verfahrens gibt man sich Zahlen $\alpha \in (0,1)$, $\mu_1^1 > 0,\ldots,\mu_n^1 > 0$, $\delta < 0$ und $\varepsilon > 0$ (klein) vor, setzt $k = 1$ und geht zu

__Schritt 1:__ Man ermittelt ein $x^{\mu^k} \in S_o$ (4.5.7) mit

$$q(x^{\mu^k},\mu_1^k,\ldots,\mu_n^k) \le q(x,\mu_1^k,\ldots,\mu_n^k) \quad \text{für alle} \quad x \in S_o. \qquad (4.5.24)$$

Ist

$$\sum_{j=1}^{n} \mu_j^k B_j(x^{\mu^k}) \leq \varepsilon \quad (\text{vgl. } (4.5.26)), \tag{4.5.27}$$

so setzt man $\hat{x} = x^{\mu^k}$ und bricht das Verfahren mit $\hat{x}$ als Näherung für einen Minimalpunkt von f auf S ab. Andernfalls geht man zu

<u>Schritt 2:</u> Für jedes $j = 1,\ldots,n$ prüft man, ob

$$g_j(x^{\mu^k}) < \delta \tag{4.5.28}$$

ist. Ist das der Fall, so setzt man $\mu_j^{k+1} = \mu_j^k$. Ist das nicht der Fall, so setzt man $\mu_j^{k+1} = \alpha\mu_j^k$, ersetzt k durch $k+1$ und geht zu Schritt 1.

In dieser Form ist allerdings nicht sichergestellt, daß (4.5.23) eintritt. Man wird daher, um das zu gewährleisten, für eine gewisse Teilfolge (k_i)

$$\mu_j^{k_i+1} = \alpha\mu_j^{k_i} \quad \text{für alle} \quad j = 1,\ldots,n$$

setzen.

4.6. <u>Nebenbedingungen in Form von Gleichungen und Ungleichungen</u>

4.6.1. <u>Notwendige und hinreichende Bedingungen für Minimalpunkte</u>

Wir wollen der Vollständigkeit halber in diesem Abschnitt noch einen kurzen Abriß über Optimierungsprobleme geben, bei denen Nebenbedingungen in Form von Gleichungen und Ungleichungen auftreten.

Wir legen dabei die folgende Problemstellung zugrunde: Vorgegeben seien eine nichtleere offene Teilmenge X des $\mathbb{R}^n$ und Funktionen $f,g_1,\ldots,g_n: X \to \mathbb{R}$, die für jedes $x \in X$ partielle Ableitungen besitzen, die stetig von x abhängen. Das Problem besteht darin, die Funktion f auf der Menge X unter den Nebenbedingungen

$$g_j(x) = 0, \quad j = 1,\ldots,r,$$
$$g_j(x) \leq 0, \quad j = r+1,\ldots,n,$$

zum Minimum zu machen.

Setzt man

$$S = \{x \in X \mid g_j(x) = 0 \quad \text{für} \quad j = 1,\ldots,r,$$
$$g_j(x) \leq 0 \quad \text{für} \quad j = r+1,\ldots,n\}, \tag{4.6.1}$$

so ist also ein $\hat{x} \in S$ gesucht mit

$$f(\hat{x}) \leq f(x) \quad \text{für alle} \quad x \in S. \tag{4.6.2}$$

Die Fälle $r = n$ bzw. $r = 0$, in denen nur Gleichungen bzw. nur Ungleichungen als Nebenbedingungen auftreten, sind zugelassen.

Für jedes $x \in S$ definieren wir wieder die Menge der <u>aktiven (Ungleichungs-)Restriktionen</u> durch

$$I(x) = \{j \in \{r+1,\ldots,n\} \mid g_j(x) = 0\}. \tag{4.6.3}$$

Eine <u>notwendige Bedingung für einen Minimalpunkt</u> von f auf S, d.h. einen Punkt $\hat{x} \in S$ mit (4.6.2) liefert der folgende Satz (vgl. auch Satz 4.1.1 und die Bemerkungen im Anschluß an die Fritz-John-Bedingung (4.3.12)).

<u>Satz 4.6.1:</u> Sei $\hat{x} \in S$ ein Minimalpunkt von f auf S (d.h. (4.6.2) ist erfüllt) derart, daß die Vektoren

$$\text{grad } g_j(\hat{x}) \quad \text{für} \quad j = 1,\ldots,r \quad \text{und} \quad j \in I(\hat{x}) \quad (4.6.3) \tag{4.6.4}$$

linear unabhängig sind. Dann gibt es Multiplikatoren $\lambda_1,\ldots,\lambda_r \in \mathbb{R}$ und $\mu_j \geq 0$ für $j \in I(\hat{x})$ derart, daß gilt

$$\text{grad } f(\hat{x}) = \sum_{j=1}^{r} \lambda_j \text{ grad } g_j(\hat{x}) - \sum_{j \in I(\hat{x})} \mu_j \text{ grad } g_j(\hat{x}). \tag{4.6.5}$$

Wir wollen auf den nicht einfachen Beweis dieser <u>Multiplikatorenregel</u> hier nicht eingehen und verweisen dafür z.B. auf das Buch [2] von Bazaraa und Shetty.

Eine <u>hinreichende Bedingung für einen Minimalpunkt</u> von f auf S liefert der

<u>Satz 4.6.2:</u> Die Menge X sei konvex, f sei auf X pseudo-konvex (vgl. Abschnitt 3.2) und die Funktionen g_j, $j = r+1,\ldots,n$, seien auf X quasi-konvex (vgl. Abschnitt 4.3.3). Ist dann ein $\hat{x} \in S$ derart vorgegeben, daß Multiplikatoren $\lambda_1,\ldots,\lambda_r \in \mathbb{R}$ und $\mu_j \geq 0$ für $j \in I(\hat{x})$ (4.6.3) existieren mit (4.6.5) und sind die Funktionen g_j für $j \in J^- = \{i \in \{1,\ldots,r\} \mid \lambda_i < 0\}$ und die Funktionen $-g_j$ für $j \in J^+ = \{i \in \{1,\ldots,r\} \mid \lambda_i > 0\}$ quasi-konvex, so ist $\hat{x}$ ein Minimalpunkt von f auf S, d.h. $\hat{x}$ erfüllt (4.6.2).

<u>Beweis:</u> Der Beweis ist dem von Satz 4.3.7 analog. Wir nehmen zunächst an, $I(\hat{x})$ sei leer. Dann ist

$$\text{grad } f(\hat{x}) = \sum_{j \in J^-} \lambda_j \text{ grad } g_j(\hat{x}) + \sum_{j \in J^+} \lambda_j \text{ grad } g_j(\hat{x}).$$

Nun sei $x \in S$ vorgegeben. Dann ist

$$g_j(x) = g_j(\hat{x}) = 0 \quad \text{für alle} \quad j = 1,\ldots,r.$$

Für $j \in J^-$ erhalten wir damit nach Satz 4.6.3

$$\text{grad } g_j(\hat{x})^T(x-\hat{x}) \leq 0 \qquad\qquad (4.6.6)$$

und für $j \in J^+$

$$-\text{grad } g_j(\hat{x})^T(x-\hat{x}) \leq 0. \qquad\qquad (4.6.7)$$

Damit ergibt sich

$$\text{grad } f(\hat{x})^T(x-\hat{x}) = \sum_{j \in J^-} \lambda_j \text{ grad } g_j(\hat{x})^T(x-\hat{x}) + \sum_{j \in J^+} \lambda_j \text{ grad } g(\hat{x})^T(x-\hat{x}) \geq 0,$$

woraus auf Grund der Pseudo-Konvexität von f folgt, daß $f(x) \geq f(\hat{x})$ ist.

Ist $I(\hat{x})$ nichtleer, so folgt für jedes $x \in S$

$$g_j(x) \leq g_j(\hat{x}) = 0 \quad \text{für alle} \quad j \in I(\hat{x})$$

und aus Satz 4.6.3

$$\text{grad } g_j(\hat{x})^T(x-\hat{x}) \leq 0 \quad \text{für alle} \quad j \in I(\hat{x}).$$

Unter Berücksichtigung von (4.6.6), (4.6.7) ergibt sich damit aus (4.6.5) wiederum $\text{grad } f(\hat{x})^T(x-\hat{x}) \geq 0$ und weiter $f(x) \geq f(\hat{x})$ auf Grund der Pseudo-Konvexität von f, was den Beweis vollendet.

4.6.2. <u>Rückführung auf Nebenbedingungen in Form von Ungleichungen</u>

Wir betrachten wieder die Problemstellung wie in Abschnitt 4.6.1. mit den dortigen Voraussetzungen an X, f und $g_1,\ldots,g_n$.
Diesem Problem stellen wir die Aufgabe gegenüber, zu vorgegebener Zahl $c > 0$ die Funktion

$$f_c = f - c \sum_{j=1}^{r} g_j \qquad\qquad (4.6.8)$$

auf der Menge

$$S^- = \{x \in X \mid g_j(x) \leq 0, \quad j = 1,\ldots,n\} \qquad\qquad (4.6.9)$$

zum Minimum zu machen.
Dabei nehmen wir an, daß $r \geq 1$ ist, da sonst dieselbe Aufgabe entsteht wie in Abschnitt 4.3.1. Zunächst gilt der nahezu triviale

Satz 4.6.3: Ist $\hat{x} \in S^-$ ein Minimalpunkt von f_c auf S^- für ein $c > 0$ und gilt

$$g_j(\hat{x}) = 0 \quad \text{für} \quad j = 1,\ldots,r, \tag{4.6.10}$$

d.h. gehört $\hat{x}$ zu S, so ist $\hat{x}$ auch ein Minimalpunkt von f auf S.

Beweis: Wegen $S \subseteq S^-$ ist für jedes $c > 0$

$$\inf \{f_c(x) \mid x \in S^-\} \leq \inf \{f_c(x) \mid x \in S\}$$
$$= \inf \{f(x) \mid x \in S\}. \tag{4.6.11}$$

Nach Annahme ist $\hat{x} \in S$ und

$$f_c(\hat{x}) = \inf \{f_c(x) \mid x \in S^-\},$$

woraus mit (4.6.11) die Behauptung folgt.

Aus diesem Satz ergibt sich nun der

Satz 4.6.4: Sei S (4.6.1) nichtleer. Zu vorgegebenem $\hat{x} \in S^-$ gebe es ein $\hat{c} > 0$ derart, daß $\hat{x}$ für jedes $c \geq \hat{c}$ ein Minimalpunkt von f_c auf S^- ist. Dann ist notwendig (4.6.10) erfüllt und $\hat{x}$ (nach Satz 4.6.3) ein Minimalpunkt von f auf S.

Beweis: Wir nehmen an, es sei

$$\sum_{j=1}^{r} g_j(\hat{x}) < 0,$$

d.h. (4.6.10) sei verletzt, und wählen $x \in S$ beliebig. Für alle $c \geq \hat{c}$ folgt dann nach Voraussetzung

$$f_c(\hat{x}) \leq f_c(x) = f(x). \tag{4.6.12}$$

Nun ist aber andererseits auf Grund der Annahme

$$f_c(\hat{x}) = f(\hat{x}) - c \sum_{j=1}^{r} g_j(\hat{x}) > f(x),$$

wenn man

$$c > c^* = \frac{f(x) - f(\hat{x})}{-\sum_{j=1}^{r} g_j(\hat{x})}$$

wählt. Damit ist (4.6.12) für alle $c > \max \{\hat{c}, c^*\}$ verletzt, ein Widerspruch, der die Annahme als falsch erweist und den Beweis vollendet.

Dieser Satz ist noch unbefriedigend. Wünschenswert wäre eine Aussage der folgenden Form: Es gibt ein $\hat{c} > 0$ derart, daß jeder Punkt $\hat{x} \in S^-$, der für alle $c \geq \hat{c}$ ein Minimalpunkt von f_c auf S^- ist, auch die Funktion f auf S minimiert. Man wüßte dann, daß man durch Minimierung von f_c

auf $\bar{S}$ für genügend großes $c > 0$ auch die Funktion f auf S minimiert.

Hierüber gilt nun der folgende

<u>Satz 4.6.5:</u> Die Menge $\bar{S}$ (4.6.9) sei abgeschlossen und beschränkt, und für jedes $x \in \bar{S}$ seien die Vektoren

$$\text{grad } g_j(x) \quad \text{für} \quad j = 1,\ldots,r \quad \text{und} \quad j \in I(x) \quad (4.6.3) \qquad\qquad (4.6.13)$$

linear unabhängig. Dann gibt es ein $\hat{c} > 0$ derart, daß ein Minimalpunkt $\hat{x}$ von f_c auf $\bar{S}$ für alle $c \geq \hat{c}$ auch die Funktion f auf S (4.6.1) zum Minimum macht.

Wir wollen auf den technisch komplizierten Beweis dieses Satzes nicht eingehen und verweisen zu dem Zweck auf die Originalarbeit [32] von D.Q. Mayne und E. Polak.

Stattdessen demonstrieren wir diesen Satz an einem

<u>Beispiel:</u> Wir wählen $m = 2$, $r = 1$ und $n = 2$ sowie

$$X = \{(x_1,x_2)^T \in \mathbb{R}^2 \mid x_1 > 0,\ x_2 > 0\},$$
$$f(x_1,x_2) = x_1^2 + 4x_2^2,$$
$$g_1(x_1,x_2) = x_1^2 + x_2^2 - 6,$$
$$g_2(x_1,x_2) = -x_1 x_2 + 1.$$

Die Bereiche S (4.6.1) und $\bar{S}$ (4.6.9) gehen aus Abbildung 4.6 hervor, in die auch zwei Höhenlinien von f eingezeichnet sind.

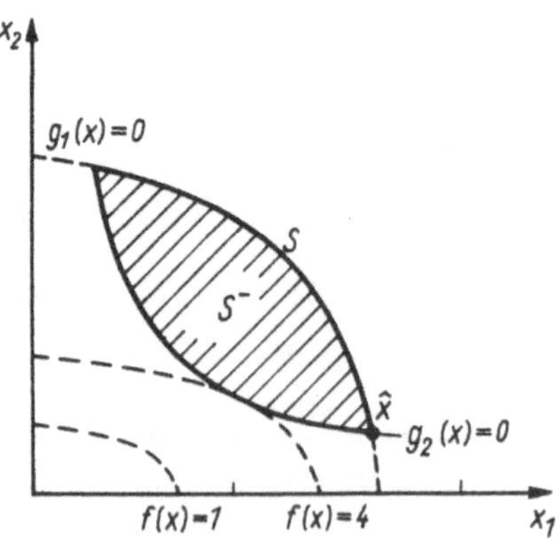

Abbildung 4.6

Anhand der Zeichnung erkennt man, daß der eingezeichnete Schnittpunkt $\hat{x}$ der beiden Kurven $g_1(x) = 0$ und $g_2(x) = 0$ der Minimalpunkt von f auf S ist. Er berechnet sich zu

$$\hat{x} = (\sqrt{2} + 1, \quad \sqrt{2} - 1)^T$$

und führt zu $I(\hat{x}) = \{2\}$.

Die Voraussetzungen von Satz 4.6.5 sind erfüllt; denn erstens ist die Menge $\bar{S}$ offenbar abgeschlossen und beschränkt und zweitens sind für jedes $x \in \bar{S}$ zwei Fälle möglich:

a) $I(x)$ (4.6.3) ist leer. Dann ist

$$\operatorname{grad} g_1(x) = \begin{pmatrix} 2x_1 \\ 2x_2 \end{pmatrix} \neq \begin{pmatrix} 0 \\ 0 \end{pmatrix}$$

und damit linear unabhängig.

b) $I(x) = \{2\}$. Dann ist

$$\operatorname{grad} g_1(x) = \begin{pmatrix} 2x_1 \\ 2x_2 \end{pmatrix} \quad \text{und} \quad \operatorname{grad} g_2(x) = \begin{pmatrix} -x_2 \\ -x_1 \end{pmatrix}$$

ebenfalls linear unabhängig.

Nach Satz 4.6.5 ist daher für ein genügend großes $c > 0$ jeder Minimalpunkt von f_c auf $\bar{S}$ auch ein Minimalpunkt von f auf S und damit gleich $\hat{x} = (\sqrt{2} + 1, \sqrt{2} - 1)^T$, da dieser der einzige solche ist.

Es läßt sich auch leicht einsehen, daß $\hat{x}$ in der Tat ein Minimalpunkt von f_c auf $\bar{S}$ ist, wenn man

$$c \geq \frac{5}{2} - \frac{9}{8}\sqrt{2} \approx 0.90901 \tag{4.6.14}$$

wählt. Für $c \in (0,1)$ sind die Höhenlinien von f_c Ellipsen mit dem Nullpunkt als Mittelpunkt und der x_1-Achse als großer Halbachse. Solange diese Ellipsen so flach sind, daß sie einen einzigen Schnittpunkt mit der Kurve $g_2(x) = 0$ haben, ist $\hat{x}$ offenbar der einzige Minimalpunkt von f_c auf $\bar{S}$. Diese Flachheitsforderung führt gerade zu der Bedingung (4.6.14) (Übung).

Für $c = 1$ sind die Höhenlinien von f_c Parallelen zur x_1-Achse und damit $\hat{x}$ offenbar auch Minimalpunkt von f_c auf $\bar{S}$. Für $c \in (0,4)$ sind die Höhenlinien von f_c nach rechts geöffnete Hyperbeln, die wiederum $\hat{x}$ als Minimalpunkt von f_c auf $\bar{S}$ liefern. Für $c = 4$ erhält man als Höhenlinien von f_c Parallelen zur x_2-Achse, die mit wachsendem x_1 zu fallenden Werten von f_c führen und ebenfalls $\hat{x}$ als Minimalpunkt von f_c auf $\bar{S}$ liefern. Für $c > 4$ erhält man als Höhenlinien von f_c Ellipsen mit dem Nullpunkt als Mittelpunkt und der x_2-Achse als großer Halbachse, so daß sich wiederum $\hat{x}$ als Minimalpunkt von f_c auf $\bar{S}$ ergibt.

In die Abbildung 4.7 sind einige Höhenlinien von f_c für verschiedene
Werte von $c \geq 0$ eingezeichnet. Die Pfeile geben die Richtung an, in der
f_c anwächst.

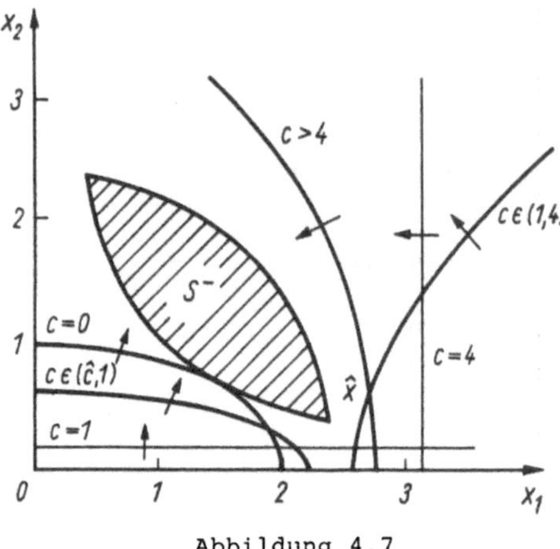

Abbildung 4.7

4.6.3. <u>Eine Kombination aus der Penalty-Methode und der Methode der zulässigen Richtungen</u>

Bei der Minimierung von f_c nach (4.6.8) auf S^- nach (4.6.9) liegt auch
eine Art Penalty-Methode vor, bei der man allerdings die Gleichungsrestrik-
tionen als Ungleichungen beibehält und in einem Penaltyterm zu f addiert,
der nicht genau dann verschwindet, wenn alle Gleichungen erfüllt sind (wie
in Abschnitt 4.2.3.). Unter den Voraussetzungen von Satz 4.6.5 braucht man
allerdings den Penalty-Parameter $c > 0$ nicht über alle Grenzen wachsen zu
lassen, um zu einem Minimalpunkt von f auf S nach (4.6.2) zu gelangen.
Solche Penalty-Methoden nennt man <u>exakt</u>.

Wir wollen im folgenden eine Methode beschreiben, bei der der Parameter c
schrittweise erhöht und in jedem Schritt die Methode der zulässigen Richtungen zur Minimierung von f_c auf S^- durchgeführt wird. Dazu beweisen
wir zunächst den

<u>Satz 4.6.6:</u> Sei $x \in S^-$ derart vorgegeben, daß die Vektoren (4.6.13) li-
near unabhängig sind und daß

$$\sum_{j=1}^{r} g_j(x) < 0 \tag{4.6.14'}$$

ist. Dann gibt es zu jedem $\hat{c} > 0$ ein $c \geq \hat{c}$ und einen Vektor $h \in \mathbb{R}^m$ mit

$$h^T \ \text{grad} \ g_j(x) < 0 \quad \text{für alle} \quad j \in I^-(x)$$

und $\qquad\qquad\qquad\qquad\qquad\qquad\qquad\qquad\qquad\qquad$ (4.6.15)

$$h^T \ \text{grad} \ f_c(x) < 0,$$

wobei

$$I^-(x) = \{i \in \{1,\ldots,n\} \mid g_i(x) = 0\} \qquad\qquad (4.6.16)$$

gesetzt wird.

<u>Beweis:</u> Nach Voraussetzung hat die Matrix A mit den Spaltenvektoren $\text{grad} \ g_j(x)$, $j \in \{1,\ldots,r\} \cup I(x)$, den Rang $r+r(x)$, wobei $r(x)$ die Anzahl der Elemente von $I(x)$ bezeichnet. Setzt man

$$p = A(A^TA)^{-1}A^T \ \text{grad} \ f(x)$$

$((A^TA)^{-1}$ existiert, da A den Rang $r+r(x)$ hat) und

$$q = \text{grad} \ f(x) - p,$$

so ist p enthalten in dem linearen Teilraum L von $\mathbb{R}^m$, der von den Vektoren (4.6.13) aufgespannt wird (und aus allen Vektoren Az, $z \in \mathbb{R}^{r+r(x)}$ besteht), und q gehört zu $L^\perp = \{h \in \mathbb{R}^m \mid z^TA^Th = 0$ für alle $z \in \mathbb{R}^{r+r(x)}\}$. Mit

$$\lambda = (A^TA)^{-1}A^T \ \text{grad} \ f(x) \qquad\qquad (4.6.17)$$

ergibt sich die eindeutige Darstellung

$$p = A\lambda = \sum_{j=1}^{r} \lambda_j \ \text{grad} \ g_j(x) + \sum_{j \in I(x)} \lambda_j \ \text{grad} \ g_j(x).$$

Wählt man

$$c \geq \hat{c} \quad \text{mit} \quad c > \lambda_j \quad \text{für alle} \quad j \in \{1,\ldots,r\}, \qquad (4.6.18)$$

so ist

$$\sum_{\substack{j=1 \\ j \notin I^-(x)}}^{r} (\lambda_j - c) < 0,$$

da die Menge aller $j \in \{1,\ldots,r\}$ mit $j \notin I^-(x)$ (4.6.16) nichtleer ist, und es gibt ein $\gamma \in \mathbb{R}$ mit

$$\Big(\sum_{\substack{j=1 \\ j \notin I^-(x)}}^{r} (\lambda_j - c) \Big) \gamma - \sum_{\substack{j=1 \\ j \in I^-(x)}}^{r} (\lambda_j - c) - \sum_{j \in I(x)} \lambda_j < 0. \qquad (4.6.19)$$

Definiert man $b \in \mathbb{R}^{r+r(x)}$ durch

$$b_j = \begin{cases} \gamma & \text{für } j = 1,\ldots,r, \quad j \notin I^-(x) \\ -1 & \text{für } j \in I^-(x), \end{cases} \qquad (4.6.20)$$

und setzt

$$h = A(A^T A)^{-1} b = Az, \qquad (4.6.21)$$

so ist wegen $A^T h = b$

$$h^T \text{ grad } g_j(x) = b_j \quad \text{für } j \in \{1,\ldots,r\} \cup I(x)$$

und somit

$$h^T \text{ grad } g_j(x) < 0 \quad \text{für alle } j \in I^-(x).$$

Ferner ist wegen $h \in L$

$$h^T \text{ grad } f(x) = h^T p = \sum_{j=1}^{r} \lambda_j h^T \text{ grad } g_j(x) + \sum_{j \in I(x)} \lambda_j h^T \text{ grad } g_j(x)$$

und somit

$$h^T \text{ grad } f_c(x) = \sum_{j=1}^{r} (\lambda_j - c) h^T \text{ grad } g_j(x) + \sum_{j \in I(x)} \lambda_j h^T \text{ grad } g_j(x)$$

$$= \sum_{\substack{j=1 \\ j \notin I^-(x)}}^{r} (\lambda_j - c)\gamma - \sum_{\substack{j=1 \\ j \in I^-(x)}}^{r} (\lambda_j - c) - \sum_{j \in I(x)} \lambda_j < 0,$$

was den Beweis vollendet.

Wir kommen jetzt zur Beschreibung der Methode und denken uns zu dem Zweck ein $x \in S^-$ und ein $\hat{c} > 0$ vorgegeben. Wir nehmen an, daß die Vektoren (4.6.13) linear unabhängig sind.

Zunächst berechnen wir den Vektor $\lambda \in \mathbb{R}^{r+r(x)}$ nach (4.6.17) und wählen c so, daß (4.6.18) erfüllt ist. Dann machen wir eine Fallunterscheidung:

a) Es gilt (4.6.14a).

Dann wählen wir $\gamma \in \mathbb{R}$ so, daß (4.6.19) erfüllt ist und definieren $b \in \mathbb{R}^{r+r(x)}$ durch (4.6.20). Dann erfüllt der durch (4.6.21) definierte Vektor $h \in \mathbb{R}^m$ die Bedingungen (4.6.15) und ist nach Abschnitt 4.4.1. eine zulässige Abstiegsrichtung von f_c in x. Die Gewinnung eines neuen Punktes $x + \hat{\lambda} h \in S^-$ mit $f_c(x + \hat{\lambda} h) < f_c(x)$ kann, wie dort beschrieben, vorgenommen werden. Mit $x + \hat{\lambda} h$ und c anstelle von x und $\hat{c}$ wird das Verfahren dann fortgesetzt.

b) Es ist (4.6.14a) verletzt, d.h. es gilt

$$\sum_{j=1}^{r} g_j(x) = 0. \qquad\qquad (4.6.22)$$

Dann wird mit einer der beiden in Abschnitt 4.4.2.beschriebenen Methoden versucht, einen Vektor $h \in \mathbb{R}^m$ mit (4.6.15) zu ermitteln.

Ist das nicht möglich, so bricht das Verfahren ab. Der Punkt x genügt dann nach Satz 4.3.2 einer notwendigen Bedingung für einen Minimalpunkt von f_c auf S^-. Da x wegen (4.6.22) auch zu S gehört, wäre x (nach Satz 4.6.3) ein Minimalpunkt von f auf S, wenn er ein Minimalpunkt von f_c auf S^- wäre.

Ist (4.6.15) erfüllbar, so kann wie in a) fortgesetzt werden.

Bemerkung: Man könnte auch im Falle a) so vorgehen wie im Falle b) und wüßte auf Grund des Beweises von Satz 4.6.6, daß ein $h \in \mathbb{R}^m$ mit (4.6.15) gefunden werden kann.

Zusammenfassende Beschreibung: Ein $x^o \in S^-$ sei bekannt. Wir wählen Konstanten $\alpha \geq 0$, $\beta > 0$, $c_o \geq 0$, setzen $k = 0$ und gehen zu

Schritt 1: Wir bilden die Matrix A_k mit den Spaltenvektoren

grad $g_j(x^k)$, $j \in \{1,\ldots,r\} \cup I(x^k)$, $I(x^k) = \{i \in \{r+1,\ldots,n\} \mid g_i(x^k) = 0\}$

(die den vollen Rang $r + |I(x^k)|$ haben möge) und lösen das lineare Gleichungssystem

$$(A_k^T A_k)\lambda^k = A_k^T \text{ grad } f(x^k) \quad (\text{vgl. } (4.6.20))$$

nach $\lambda^k \in \mathbb{R}^{r + |I(x^k)|}$ auf.
Damit wählen wir

$$c_{k+1} = \max \{c_k + \alpha, \max_{j \in \{1,\ldots,r\}} \lambda_j^k + \beta\}$$

und gehen zu

Schritt 2:

a) Ist $\displaystyle\sum_{j=1}^{r} g_j(x^k) < 0$, so setzen wir

$$\gamma_k = (\sum_{\substack{j=1 \\ j \in I^-(x^k)}}^{r} (\lambda_j^k - c_{k+1}) + \sum_{j \in I(x^k)} \lambda_j^k - 1) / \sum_{\substack{j=1 \\ j \notin I^-(x^k)}} (\lambda_j^k - c_{k+1})$$

mit

$$I^-(x^k) = \{i \in \{1,\ldots,n\} \mid g_i(x^k) = 0\}$$

(woraus folgt, daß (4.6.19) mit $\lambda_j = \lambda_j^k$, $c = c_{k+1}$ und $\gamma = \gamma_k$ erfüllt ist).

Weiter definieren wir $b^k \in \mathbb{R}^{r + |I(x^k)|}$ durch

$$b_j^k = \begin{cases} \gamma_k & \text{für } j = 1,\ldots,r, \\ -1 & \text{für } j \in I(x^k) \end{cases} \qquad (\text{vgl. } (4.6.20))$$

und lösen das lineare Gleichungssystem

$$(A_k^T A_k) z^k = b^k$$

nach $z^k \in \mathbb{R}^{r + |I(x_k)|}$ auf. Damit setzen wir

$$h^k = \sum_{i \in \{1,\ldots,r\} \cup I(x^k)} z_i^k \,\text{grad}\, g_i(x^k) \qquad (\text{vgl. } (4.6.21))$$

und gehen zu Schritt 3.

b) Ist $\sum_{j=1}^{r} g_j(x^k) = 0$, so versuchen wir (z.B. mit einer der beiden in Abschnitt 4.4.2. beschriebenen Methoden), einen Vektor $h^k \in \mathbb{R}^m$ zu ermitteln mit

$$(h^k)^T \,\text{grad}\, g_j(x^k) < 0 \quad \text{für alle} \quad j \in I^-(x^k)$$

und

$$(h^k)^T \,\text{grad}\, f_{c_{k+1}}(x^k) < 0.$$

Ist das möglich, so gehen wir zu Schritt 3.
Ist das nicht möglich, so bricht das Verfahren mit x^k als "Lösung" ab.

<u>Schritt 3:</u>   Es wird ein $\lambda_k > 0$ bestimmt mit

$$x^k + \lambda h^k \in S^- \quad \text{für alle} \quad \lambda \in (0, \lambda_k]$$

und ein $\hat{\lambda}_k \in [0, \lambda_k]$ mit

$$f_{c_{k+1}}(x^k + \hat{\lambda}_k h^k) \leq f_{c_{k+1}}(x^k + \lambda h^k) \quad \text{für alle} \quad \lambda \in [0, \lambda_k].$$

Danach wird $x^{k+1} = x^k + \hat{\lambda}_k h^k$ gesetzt, k durch $k+1$ ersetzt und zu Schritt 1 gegangen.

Abschließend erläutern wir diese zusammenfassende Beschreibung an einem

<u>Beispiel:</u>   Wir legen wieder das Beispiel des vorigen Abschnitts zugrunde und wählen als Startlösung $x^0 \in S^-$ den Vektor $x^0 = (1,2)^T$. Weiter wählen wir die Konstanten $\alpha = \beta = \frac{1}{2}$, $c_0 = 0$, setzen $k = 0$ und gehen zu

__Schritt 1:__ Wegen $g_2(x^o) = -2 + 1 < 0$ ist $I(x^o)$ leer und somit

$$A_o = \text{grad } g_1(x^o) = \binom{2}{4},$$

woraus sich $A_o^T A_o = 20$ und $A_o^T \text{grad } f(x^o) = 68$ ergibt. λ_1^o erhalten wir aus der Gleichung $20\lambda_1^o = 68$ zu $\lambda_1^o = 3.4$ und somit

$$c_1 = \max\{0.5, 3.9\} = 3.9.$$

Damit gehen wir wegen $g_1(x^o) < 0$ zu

__Schritt 2:__ a) Hier ergibt sich

$$\gamma_o = \frac{3.4 - 3.9 - 1}{3.4 - 3.9} = 3, \quad b_1^o = 3.$$

$z_1^o \in \mathbb{R}$ berechet sich aus der Gleichung $20z_1^o = 3$ zu $z_1^o = 0.15$, und wir erhalten als zulässige Abstiegsrichtung für f_{c_1} in s^- den Vektor

$$h^o = z_1^o \text{ grad } g_1(x^o) = \binom{0.3}{0.6}.$$

Damit kommen wir zu

__Schritt 3:__ Das kleinste $\lambda_o > 0$ mit

$$g_1(x^o + \lambda h^o) = (1 + 0.3\lambda)^2 + (2 + 0.6\lambda)^2 - 6 \leq 0,$$
$$g_2(x^o + \lambda h^o) = -(1 + 0.3\lambda)(2 + 0.6\lambda) + 1 \leq 0 \quad \text{für alle } \lambda \in [0, \lambda_o]$$

berechnet sich wegen $g_2(x^o + \lambda h^o) < 0$ für alle $\lambda \geq 0$ aus der Gleichung $g_1(x^o + \lambda_o h^o) = 0$ zu $\lambda_o \approx 0.31815$. Aus

$$\frac{df_{c_1}}{d\lambda}(x^o + \lambda h^o) = -5.4 - 1.62\lambda < 0 \quad \text{für alle } \lambda \geq 0$$

erhält man damit $\hat{\lambda}_o = \lambda_o$ und

$$x^1 = x^o + \hat{\lambda}_o h^o \quad \binom{1.095445}{2.190890}, \quad g_1(x^1) = 0.$$

Damit setzen wir $k = 1$ und gehen wieder zu

__Schritt 1:__ Wegen $g_2(x^1) < 0$ ist $I(x^1)$ leer und somit

$$A_1 = \text{grad } g_1(x^1) = \binom{2.19089}{4.38178},$$

woraus sich $A_1^T A_1 = 24$ und $A_1^T \text{grad } f(x^1) = 81.6$ ergibt. λ_1^1 erhalten wir aus der Gleichung $24\lambda_1^1 = 81.6$ zu $\lambda_1^1 = 3.4$ und somit

$$c_2 = \max\{4.4, 3.9\} = 4.4.$$

Damit gehen wir wegen $g_1(x^1) = 0$ zu

<u>Schritt 2:</u> b) Gesucht ist ein $h^1 \in \mathbb{R}^2$ mit

$$(h^1)^T \operatorname{grad} g_1(x^1) = 2.19089\, h_1^1 + 4.38178\, h_2^1 < 0,$$
$$(h^1)^T \operatorname{grad} f_{c_2}(x^1) = -7.449026\, h_1^1 - 1.752712\, h_2^1 < 0.$$

Diese Bedingungen sind offenbar für $h_1^1 = 1$ und $h_2^1 = -1$ erfüllt. Als kleinstes $\lambda_1 > 0$ mit

$$g_1(x^1 + \lambda h^1) \leq 0 \quad \text{und} \quad g_2(x^1 + \lambda h^1) \leq 0 \quad \text{für alle} \quad \lambda \in [0, \lambda_1]$$

ergibt sich die positive Lösung der Gleichung

$$g_1(x^1 + \lambda_1 h^1) = (1.095445 + \lambda_1)^2 + (2.19089 - \lambda_1)^2 - 6$$
$$= 2(\lambda_1^2 - 1.095445\lambda_1) = 0,$$

d.h. $\lambda_1 = 1.095445$. Wegen

$$\frac{d}{d\lambda} f_{c_2}(x^1 + \lambda h^1) = -9.201738 - 6\lambda < 0 \quad \text{für alle} \quad \lambda \geq 0$$

ist $\hat{\lambda}_1 = \lambda_1$ und

$$x^2 = x^1 + \hat{\lambda}_1 h^1 = \binom{2.190890}{1.095445}.$$

Die Fortsetzung des Verfahrens wird dem Leser überlassen.

4.7. <u>Bibliographische Bemerkungen</u>

In neueren Büchern über nichtlineare Optimierung, wie z.B. in [12] von K.-H. Elster, R. Reinhardt, M. Schäuble und G. Donath oder in [19] von R. Horst oder in [30] von O.L. Mangasarian wird auf Probleme mit nichtlinearen Nebenbedingungen in Form von Gleichungen nicht gesondert eingegangen. Es wird meistens nur die Unterscheidung gemacht zwischen Problemen mit Ungleichungen oder mit Ungleichungen und Gleichungen als Nebenbedingungen. In den Anwendungen kommen diese auch sehr viel häufiger vor. Gelegentlich findet allerdings auch die klassische Methode der Lagrangeschen Multiplikatoren bei Gleichungsnebenbedingungen Anwendung, so z.B. in dem Buch [5] von A.J. Bojarinow und W.W. Kafarow über Optimierungsmethoden in der chemischen Technologie.

In den drei oben genannten Büchern wird dem Spezialfall der <u>konvexen Optimierung</u> ein breiter Raum gegeben, und im Zusammenhang damit wird auch auf <u>Dualitäts- und Sattelpunktsaussagen</u> eingegangen. Die in Abschnitt 4.3.2.

hergeleitete Multiplikatorenregel als notwendige Bedingung für einen Minimalpunkt wird in äquivalenter Fassung meistens als Kuhn-Tucker-Bedingung
bezeichnet. Bei der Frage nach der Hinlänglichkeit dieser Bedingung für
Minimalpunkte spielen die Konvexität oder abgeschwächte Formen, wie Pseu-
do- und Quasi-Konvexität, eine entscheidende Rolle. In den drei genannten
Büchern und auch in dem Buch [2] von M.S. Bazaraa und C.M. Shetty wird
ausführlich auf diese Begriffe eingegangen.

Die in Abschnitt 4.4. beschriebene Methode der zulässigen Richtungen wurde
von Zoutendijk in [38] entwickelt und wird in zahlreichen Büchern dargestellt, wie z.B. in [2], [15], [19], [37] und [39].

Eine der ersten zusammenfassenden Darstellungen der in den Abschnitten
4.2.3. und 4.5. beschriebenen Penalty- und Barriere-Methoden gibt das Buch
[13] von A.V. Fiacco und G.P. McCormick, in dem zwischen äußeren und inne-
ren Penalty-Methoden unterschieden wird. Für letztere hat sich inzwischen
die Bezeichnung Barriere-Methode durchgesetzt. Weitere Darstellungen finden sich in den Büchern [2], [14], [15], [19], [37] und [39].

Die in Abschnitt 4.6. behandelten Probleme mit Gleichungen und Ungleichungen als Nebenbedingungen werden in theoretischer Hinsicht z.B. auch in den
Büchern [2], [3], [12] und [30] untersucht. Die Abschnitte 4.6.2. und 4.6.3.
lehnen sich direkt an die Originalarbeit [32] von D.Q. Mayne und E. Polak
an.

5. Einige Optimierungsprobleme aus dem Ingenieurwesen und der chemischen Verfahrenstechnik

5.1. Berechnung von chemischen Gleichgewichten

5.1.1. Problemstellung

Die folgende Fragestellung wird in etwas vereinfachter Form auch in dem Buch [8] von J. Bracken und G.P. McCormick behandelt. Das dort durchgerechnete Beispiel findet sich ebenfalls in dem Buch [18] von D.M. Himmelblau.

Es handelt sich dabei um die Bestimmung der Anteile von vorgegebenen chemischen Elementen i und zugehörigen Verbindungen j in einem Gemisch unter konstanter Temperatur T und konstantem Druck P im chemischen Gleichgewicht. Dabei können die Elemente und Verbindungen in mehreren Aggregatzuständen, sog. Phasen k, auftreten. Das chemische Gleichgewicht stellt sich ein in einem Zustand mit minimaler freier Enthalpie $G_{T,P}$ bei der Temperatur T und beim Druck P, die sich wie folgt berechnet:

$$G_{T,P} = \sum_{k=1}^{K} \left[\sum_{i=1}^{I} n_{i,k}\, G_{i,k} + \sum_{j=I+1}^{I+J} n_{j,k}\, G_{jk} \right]. \tag{5.1.1}$$

Dabei ist

$n_{i,k}$ = Molzahl des Elementes i in der Phase k,

$n_{j,k}$ = Molzahl der Verbindung j in der Phase k,

$G_{l,k}$ = molare freie Enthalpie der Komponente l $(= i$ oder $j)$ in der Phase k, gegeben durch

$$G_{l,k} = G_{l,k}^{*} + RT \ln x_{l,k} \tag{5.1.2}$$

mit der Gaskonstante $R = 1.986 \cdot 10^{-3}$ [kcal/Mol·grad] und

$$x_{l,k} = n_{l,k} \Big/ \left(\sum_{i=1}^{I} n_{i,k} + \sum_{j=I+1}^{I+J} n_{j,k} \right), \tag{5.1.3}$$

$$G_{l,k}^{*} = H_{l,k}^{*} + 10^{-3}\, TS_{l,k}^{*} \ [\text{kcal/Mol}], \tag{5.1.4}$$

$$H_{l,k}^{*} = H_{l,k}^{298} + 10^{-3} \int_{298}^{T} C_{p\,l,k}(T)\, dT \ [\text{kcal/Mol}], \tag{5.1.5}$$

$$S_{l,k}^{*} = S_{l,k}^{298} + \int_{298}^{T} \frac{C_{p\,l,k}(T)}{T}\, dT \ [\text{cal/Mol·grad}], \tag{5.1.6}$$

$$C_{p_{l,k}}(T) = A_{l,k} + B_{l,k} \; 10^{-3}T + C_{l,k} \; 10^{5}T^{-2}$$

$$+ \; D_{l,k} \cdot 10^{-6}T^{2} + E_{l,k} \; 10^{-9}T^{3}. \qquad (5.1.7)$$

Die Größen $H_{l,k}^{298}$, $S_{l,k}^{298}$, $A_{l,k}$, $B_{l,k}$, $C_{l,k}$, $D_{l,k}$, $E_{l,k}$ liegen in Form von Tabellen vor.

Gesucht sind also Molzahlen $n_{l,k}$, $l = 1,\ldots,I+J$, derart, daß die durch (5.1.1) – (5.1.7) definierte freie Enthalpie $G_{T,P}$ einen minimalen Wert annimmt. Hinzu kommen dabei aber noch gewisse Stoffbilanzbedingungen als Nebenbedingungen von der Form

$$\sum_{k=1}^{K} [\nu_{i}^{*}n_{i,k} + \sum_{j=I+1}^{I+J} \nu_{i,j}^{*}n_{j,k}] = \sum_{k=1}^{K} [\nu_{i}^{*}n_{i,k}^{o} + \sum_{j=I+1}^{I+J} \nu_{i,j}^{*}n_{j,k}^{o}],$$

$$i = 1,\ldots,I. \qquad (5.1.8)$$

Dabei bezeichnet ν_{i}^{*} den stöchiometrischen Koeffizienten des Elements i im Element selbst und $\nu_{i,j}^{*}$ den stöchiometrischen Koeffizienten des Elements i in der Verbindung j. Diese Koeffizienten ergeben sich aus den chemischen Formeln. Die Größe $n_{l,k}^{o}$ ist die (bekannte) Molzahl der Komponente l (= i oder j) in der Phase k in einem vorgegebenen Zustand. Zusätzlich zu (5.1.8) gilt natürlich auch noch

$$n_{l,k} \geq 0 \quad \text{für alle} \quad l = 1,\ldots,I+J \quad \text{und} \quad k = 1,\ldots,K. \qquad (5.1.9)$$

Zusammenfassend haben wir also das Problem, die durch (5.1.1) – (5.1.7) definierte nichtlineare Funktion $G_{T,P} = G_{T,P}(n_{1,1},\ldots,n_{I+J,K})$ unter den linearen Nebenbedingungen (5.1.8) und den Vorzeichenbedingungen (5.1.9) zum Minimum zu machen.

Unter Benutzung von (5.1.2), (5.1.3) läßt sich $G_{T,P} = G_{T,P}(n_{1,1},\ldots,n_{I+J,K})$ auch wie folgt darstellen:

$$G_{T,P} = \sum_{k=1}^{K} \sum_{l=1}^{I+J} n_{l,k}[G_{l,k}^{*} + RT(\ln n_{l,k} - \ln \sum_{m=1}^{I+J} n_{m,k})], \qquad (5.1.10)$$

wobei $n_{l,k} \ln n_{l,k} = 0$ ist im Falle $n_{l,k} = 0$.

5.1.2. Lösungsmethoden

Im Prinzip können die in Abschnitt 3.3. beschriebenen Methoden der zulässigen Richtungen zur Lösung des obigen Problems herangezogen werden. Oft treten alle Elemente und Verbindungen nur in einer Phase $k = 1$ auf, oder (wie bei dem im nächsten Abschnitt betrachteten Beispiel) es tritt ein Element i_o nur in einer Phase $k = 1$ und die restlichen Elemente und die Verbindungen nur in einer Phase $k = 2$ auf. Im ersten Fall kann man die

Gleichungen in (5.1.8) nach $n_{i,1}$ auflösen und erhält

$$n_{i,1} = b_{i,1}^{o} - \sum_{j=I+1}^{I+J} \frac{v_{i,j}^{*}}{v_{i}^{*}} n_{j,1}, \quad i = 1,\dots,I,$$

mit   (5.1.11)

$$b_{i,k}^{o} = n_{i,k}^{o} + \sum_{j=I+1}^{I+J} \frac{v_{i,j}^{*}}{v_{i}^{*}} n_{j,k}^{o}$$

für $k = 1$

und im zweiten Fall nach $n_{i_o,1}$ und $n_{i,2}$ für $i \neq i_o$ und erhält

$$n_{i_o,1} = n_{i_o,1}^{o} + \sum_{j=I+1}^{I+J} \frac{v_{i_o j}^{*}}{v_{i_o}^{*}} n_{j,2}^{o} - \sum_{j=I+1}^{I+J} \frac{v_{i_o j}^{*}}{v_{i_o}^{*}} n_{j,2},$$

                                                                           (5.1.12)

$$n_{i,2} = b_{i,2}^{o} - \sum_{j=I+1}^{I+J} \frac{v_{i,j}^{*}}{v_{i}^{*}} n_{j,2}, \quad i = 1,\dots,I, \quad i \neq i_o.$$

In beiden Fällen kann man durch Einsetzen in $G_{T,P}$ die Variablen $n_{i,k}$ eliminieren und hat $G_{T,P}$ als Funktion der $n_{j,k}$, $j = I+1,\dots,I+J$, $k = 1,\dots,K$, unter den Vorzeichenbedingungen

$$n_{j,k} \geq 0, \quad j = 1,\dots,I+J, \quad k = 1,\dots,K \qquad (5.1.9)$$

zum Minimum zu machen. So wurde bei dem im nächsten Abschnitt beschriebenen Beispiel verfahren.

Auf Grund von (5.1.12) lauten die Vorzeichenbedingungen (5.1.9) im zweiten Falle

$$\sum_{j=I+1}^{I+J} \frac{v_{i_o,j}^{*}}{v_{i_o}^{*}} n_{j,2} \leq n_{i_o,1}^{o} + \sum_{j=I+1}^{I+J} \frac{v_{i_o j}^{*}}{v_{i_o}^{*}} n_{j,2}^{o},$$

$$\sum_{j=I+1}^{I+J} \frac{v_{i,j}^{*}}{v_{i}^{*}} n_{j,2} \leq b_{i,2}, \quad i = 1,\dots,I, \quad i \neq i_o \qquad (5.1.13)$$

$$n_{j,2} \geq 0, \quad j = I+1,\dots,I+J,$$

so daß $G_{T,P}$ als Funktion von $n_{j,2}$ für $j = I+1,\dots,I+J$ unter den Nebenbedingungen (5.1.13) zum Minimum zu machen ist.

Bei dem im Buch [18] von D.M. Himmelblau angegebenen Beispiel liegt die Situation (5.1.11) vor. Dort wird die Variablensubstitution

$$y_l = \ln n_{l,1}, \quad l = 1,\dots,I+J,$$

vorgenommen und die Funktion

$$G_{T,P} = \sum_{l=1}^{I+J} e^{y_l} \left[G^*_{l,1} + RT\left(y_l - \ln \sum_{l=1}^{I+J} e^{y_l} \right) \right]$$

unter den Nebenbedingungen

$$e^{y_i} + \sum_{j=I+1}^{I+J} \frac{\nu^*_{i,j}}{\nu^*_i} e^{y_j} = b^o_{i,1}, \quad i = 1,\ldots,I,$$

zum Minimum gemacht.

5.1.3. Ein numerisches Beispiel

Die an dem Gemisch beteiligten Komponenten sind C, H_2, C_2, N_2, CO_2, CO, H_2O und NO_2. Damit ist $I = 4$ und $I+J = 8$. Kohlenstoff C tritt in der festen Phase $k = 1$ auf und die restlichen Komponenten in der gasförmigen Phase $k = 2$. Als Temperatur wird $T = 2000$ $[^oK]$ und als Druck $P = 1$ [atm] zugrundegelegt. Die Größe $H^{298}_{1,k}$ und $S^{298}_{1,k}$ entnimmt man der folgenden Tabelle:

	l	k	$H^{298}_{1,k}$ [kcal/Mol]	$S^{298}_{1,k}$ [cal/Mol·grad]
C	1	1	0.0	1.372
H_2	2	2	0.0	31.210
O_2	3	2	0.0	49.005
N_2	4	2	0.0	45.770
CO_2	5	2	-94.05	51.070
CO	6	2	-26.42	47.216
H_2O	7	2	-57.95	45.106
NO_2	8	2	7.91	57.340

Die Größen $A_{1,k}$, $B_{1,k}$, $C_{1,k}$, $D_{1,k}$, $E_{1,k}$ entnimmt man der folgenden Tabelle:

l	k	$A_{1,k}$	$B_{1,k}$	$C_{1,k}$	$D_{1,k}$	$E_{1,k}$
1	1	5.841	0.104	-7.559	0.0	0.0
2	2	6.520	0.780	0.120	0.0	0.0
3	2	7.160	1.000	-0.400	0.0	0.0
4	2	6.660	1.020	0.0	0.0	0.0
5	2	10.550	2.160	-2.040	0.0	0.0
6	2	6.790	0.980	-0.110	0.0	0.0
7	2	7.170	2.560	0.080	0.0	0.0
8	2	8.529	5.475	-1.124	0.0	-0.1514

Hieraus berechnen sich die Größen $H^*_{1,k}$, $S^*_{1,k}$ nach (5.1.5) - (5.1.7) und $G^*_{1,k}$ nach (5.1.4) zu den Werten, die in der folgenden Tabelle zusammengestellt worden sind, zusammen mit den Ausgangsmolzahlen $n^o_{1,k}$.

1	k	$H^*_{1,k}$	$S^*_{1,k}$	$G^*_{1,k}$	$n^o_{1,k}$
1	1	7.9861	8.5076	-9.0291	0.01
2	2	12.6567	45.0165	-77.3762	10.00
3	2	14.0277	64.1181	-114.2084	0.01
4	2	13.3300	60.1854	-107.0403	1.79
5	2	-72.4524	73.7084	-219.8692	2.27
6	2	-12.9783	61.7503	-136.4789	3.57
7	2	-40.7175	63.1575	-167.0324	1.67
8	2	32.2070	81.8748	-131.5427	0.01

Die stöchiometrischen Koeffizienten v^*_i, $v^*_{i,j}$ für $i = 1,\dots,4$ und $j = 5,\dots,8$ stehen in der folgenden Tabelle:

i \ j	v^*_i	5	6	7	8	
			$v^*_{i,j}$			
1	1	1	1	0	0	C
2	2	0	0	2	0	H
3	2	2	1	1	2	O
4	2	0	0	0	1	N
		CO_2	CO	H_2O	NO_2	

Zusammenfassend haben wir das Problem, die freie Enthalpie

$$
\begin{aligned}
G_{2000,1} = \ & n_{1,1} [1.6473 + 3.972 (\ln n_{1,1} - \ln n_s)] \\
& + n_{2,2} [-66.6998 + 3.972 \ \ln n_{2,2} - \ln n_s)] \\
& + n_{3,2} [-103.5320 + 3.972 (\ln n_{3,2} - \ln n_s)] \\
& + n_{4,2} [-96.3644 + 3.972 (\ln n_{4,2} - \ln n_s)] \\
& + n_{5,2} [-209.1928 + 3.972 (\ln n_{5,2} - \ln n_s)] \\
& + n_{6,2} [-125.8025 + 3.972 (\ln n_{6,2} - \ln n_s)] \\
& + n_{7,2} [-156.3560 + 3.972 (\ln n_{7,2} - \ln n_s)] \\
& + n_{8,2} [-121.0658 + 3.972 (\ln n_{8,2} - \ln n_s)]
\end{aligned}
$$

(5.1.10')

mit

$$n_s = n_{1,1} + n_{2,2} + n_{3,2} + n_{4,2} + n_{5,2} + n_{6,2} + n_{7,2} + n_{8,2}$$

unter den Nebenbedingungen

$$n_{1,1} \geq 0, \quad n_{2,2} \geq 0, \quad n_{3,2} \geq 0, \ \ldots \ n_{8,2} \geq 0, \qquad (5.1.9')$$

$$
\begin{aligned}
n_{1,2} + n_{5,2} + n_{6,2} &= 5.85, \\
2n_{2,2} + \qquad\qquad 2n_{7,2} &= 11.67, \\
2n_{3,2} + 2n_{5,2} + n_{6,2} + n_{7,2} + 2n_{8,2} &= 4.91, \\
2n_{4,2} \qquad\qquad\qquad + n_{8,2} &= 1.795
\end{aligned}
\qquad (5.1.8')
$$

zum Minimum zu machen.

Als Lösung ergibt sich:

$$n_{1,1} = 0, \quad n_{2,2} = 8.1716, \quad n_{3,2} = 0, \quad n_{4,2} = 1.7950,$$

$$n_{5,2} = 0.47416, \quad n_{6,2} = 5.3754, \quad n_{7,2} = 3.4954, \quad n_{8,2} = 0.$$

5.2. Ein Optimierungsproblem aus der Nachrichtentechnik

5.2.1. Problemstellung

Das im folgenden behandelte Problem wurde der Doktorarbeit [17] von B.
Hein aus dem Institut für Netzwerke und Signaltheorie im Fachbereich Rege-
lungs- und Datentechnik der Technischen Hochschule Darmstadt entnommen.
Bei diesem Problem geht es um die simultane Optimierung des Sende- und
Empfangsfilters eines Pulsamplitudenmodulationssystems. Dieses besteht aus
einer Nachrichtenquelle, einem Sender, einem Kanal, einem Empfangsfilter
und einem Abtaster, die schematisch durch folgendes Bild dargestellt werden:

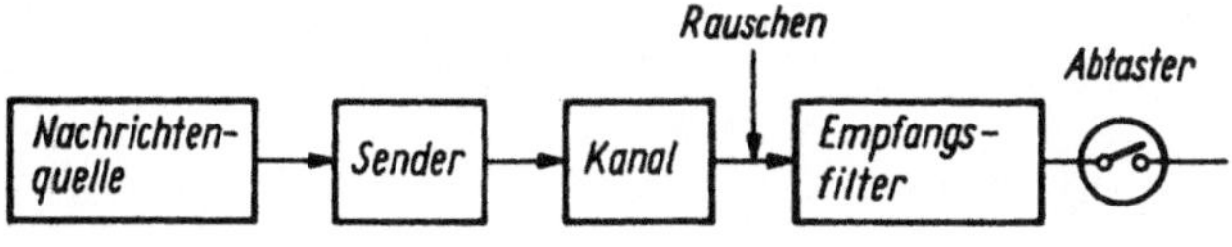

Abbildung 5.1

Die Nachrichtenquelle liefert im Zeitabstand T (> 0) die Nachrichtenwerte $b(i)$, $i = 0, \pm 1, \pm 2, \ldots$, die vom Sender aufgenommen und über den
Kanal zum Empfangsfilter weitergegeben werden. Hinter diesem werden die
ankommenden Signale zu den Zeiten $k \cdot T$ abgetastet. Zwischen dem Kanal und
dem Empfangsfilter findet noch eine Störung in Form eines Rauschens statt.

Ohne Berücksichtigung dieses Rauschens ist der mathematische Zusammenhang zwischen den ankommenden Nachrichtenwerten $b(k)$ und den herauskommenden Signalen $y(t)$ gegeben durch

$$y(t) = T \sum_{k=-\infty}^{\infty} b(k)h(t - k \cdot T).$$

Dabei ist $h(t)$ die sog. <u>Impulsantwort</u> zur Zeit t. Unter Berücksichtigung des Rauschens zwischen Kanal und Empfangsfilter lautet dieser Zusammenhang

$$y(t) = T \sum_{k=-\infty}^{\infty} b(k)h(t - k \cdot T) + \int_{-\infty}^{+\infty} g(s)n(t-s)ds. \qquad (5.2.1)$$

Dabei ist $g(t)$ die Impulsantwort des Empfangsfilters zur Zeit t, und $n(t)$ das Rauschen, welches als stationäre und mittelwertfreie Zufallsvariable angenommen wird. Das Leistungsdichtespektrum des Rauschsignals ist gegeben durch

$$S^n(\omega) = \int_{-\infty}^{+\infty} R_n(\tau)e^{-j\omega\tau}d\tau, \qquad (5.2.2)$$

wobei $j = \sqrt{-1}$,

$$R_n(\tau) = E\{n(t) \cdot n(t+\tau)\}$$

und $E\{z\}$ den Mittelwert der Zufallsvariablen z bezeichnet. Es wird angenommen, daß die Nachrichtenwerte $b(k)$, welche ebenfalls Zufallsvariable sind, und die Störungen $n(t)$ statistisch unabhängig sind, d.h.:

$$E\{b(k) \cdot n(t)\} = E\{b(k)\} E\{n(t)\} \quad \text{für alle } t \text{ und } k. \qquad (5.2.3)$$

Weiter werden die Nachrichtenwerte als stationär angenommen, so daß das Leistungsdichtespektrum gegeben ist durch

$$S^b(\omega) = T \sum_{i=-\infty}^{+\infty} R_b(i \cdot T)e^{-j\omega iT}, \qquad (5.2.4)$$

mit

$$R_b(i \cdot T) = E\{b(k) \cdot b(k+i)\}, \qquad (5.2.5)$$

für alle i und k.

Die Funktion $S^b = S^b(\omega)$ ist periodisch mit der Periode $\frac{2\pi}{T}$, d.h. für alle $\omega \in \mathbb{R}$ gilt:

$$S^b(\omega + \omega_o) = S^b(\omega) \quad \text{mit } \omega_o = \frac{2\pi}{T}. \qquad (5.2.6)$$

Für das Übertragungssystem sollen später vorzugebende Bandgrenzen eingehalten werden. Deshalb werden anstelle der Impulsantworten $h(t)$ des Gesamt-

systems, $a(t)$ des Senders, $c(t)$ des Kanals und $g(t)$ des Empfangsfilters deren Fouriertransformierte

$$H(\omega) = \int\limits_{-\infty}^{+\infty} h(t)e^{-j\omega t}\, dt,$$

$$A(\omega) = \int\limits_{-\infty}^{+\infty} a(t)e^{-j\omega t}\, dt,$$

$$C(\omega) = \int\limits_{-\infty}^{+\infty} c(t)e^{-j\omega t}\, dt, \qquad (5.2.7)$$

$$G(\omega) = \int\limits_{-\infty}^{+\infty} g(t)e^{-j\omega t}\, dt$$

benutzt, für die gilt

$$H(\omega) = A(\omega)\, C(\omega)\, G(\omega), \qquad \omega \in \mathbb{R}. \qquad (5.2.8)$$

Infolge von Laufzeitschwankungen des Übertragungssystems und ungenauer
Synchronisation werden die durch (5.2.1) gegebenen Signale $y(t)$ nicht
zu den exakten Zeitpunkten $k \cdot T$ abgetastet, sondern zu Zeitpunkten
$k \cdot T + \tau_k$, wobei die τ_k Zufallsvariable mit einer Wahrscheinlichkeitsdichte $f = f(\tau_k)$ sind, die als identisch verteilt angenommen werden,
d.h. es gilt $f(\tau_k) = f(\tau)$ für alle k. Die Fouriertransformierte von
$f = f(\tau)$ lautet

$$F(\omega) = \int\limits_{-\infty}^{+\infty} f(t)e^{-j\omega t}\, dt. \qquad (5.2.9)$$

Als Gütekriterium für die Nachrichtenübertragung wird der <u>mittlere quadratische Fehler</u> (MQF) verwendet, der sich aus

$$e^2(\tau) = E\{(b(k) - y(k \cdot T + \tau))^2\} \qquad (5.2.10)$$

mit $y(t)$ nach (5.2.1) durch Mittelung über alle Werte von τ zu

$$\overline{e^2} = \int\limits_{-\infty}^{\infty} e^2(\tau) f(\tau)\, d\tau \qquad (5.2.11)$$

ergibt. Dieser läßt sich in den Frequenzbereich transformieren (vgl. dazu
den Anhang von [17]) und lautet dann

$$\begin{aligned}
\overline{e^2} = R_b(0) &- \frac{1}{2\pi} \int\limits_{-\infty}^{+\infty} S^b(\omega)\, [H(\omega)\overline{F(\omega)} + \overline{H(\omega)}F(\omega) \\
&- \overline{H(\omega)} \sum_{k=-\infty}^{\infty} H(\omega + k\omega_0)\, \overline{F(k\omega_0)}]\, d\omega \qquad (5.2.12) \\
&+ \frac{1}{2\pi} \int\limits_{-\infty}^{\infty} S^n(\omega)G(\omega)\overline{G(\omega)}\, d\omega
\end{aligned}$$

mit $S^b(\omega)$ nach (5.2.4), $H(\omega)$ nach (5.2.7), (5.2.8), $F(\omega)$ nach

(5.2.9), $S^n(\omega)$ nach (5.2.2) und $G(\omega)$ nach (5.2.7). Der Querstrich bezeichnet das konjugiert Komplexe der darunterstehenden Zahl.

Das Problem besteht nun darin, bei fester Wahl der Wahrscheinlichkeitsdichte f in (5.2.9) und der Impulsantwort c des Kanals die Fouriertransformierten $A(\omega)$ und $G(\omega)$, $\omega \in \mathbb{R}$, in (5.2.7) so zu wählen, daß der durch (5.2.12) gegebene MQF mit $H(\omega)$ nach (5.2.8) möglichst klein ausfällt. Dabei wird noch zusätzlich gefordert, daß die mittlere Sendeleistung gleich einer festen Größe P ist, d.h. daß die Nebenbedingung

$$\frac{1}{2\pi} \int\limits_{-\infty}^{+\infty} S^b(\omega)A(\omega)\overline{A(\omega)}d\omega = P \tag{5.2.13}$$

erfüllt ist (mit $S^b(\omega)$ nach (5.2.4)). Diese Nebenbedingung ergibt sich daraus, daß eine Verbesserung der Übertragung durch Erhöhung der Sendeleistung erreicht werden kann, diese also beschränkt werden muß, um die Minimierung des MQF zu einem sinnvollen Problem zu machen.

5.2.2. <u>Ein prinzipieller Lösungsweg im reellen Fall</u>

Wir nehmen an, daß $f = f(t)$ in (5.2.9) und $a = a(t)$, $c = c(t)$, $g = g(t)$ in (5.2.7) gerade Funktionen sind. Dann sind F, A, C und G sowie H nach (5.2.8) reellwertige Funktionen. Wir nehmen weiter an, daß die durch (5.2.2) bzw. (5.2.4) definierten Leistungsdichtespektren S^n bzw. S^b reellwertig, positiv und stetig sind.

Dann ist der durch (5.2.12) gegebene MQF von der Form

$$\overline{e^2} = R_b(0) - \frac{1}{2\pi} \int\limits_{-\infty}^{+\infty} S^b(\omega) \ [2A(\omega)C(\omega)G(\omega)F(\omega)$$

$$- A(\omega)C(\omega)G(\omega) \sum_{k=-\infty}^{\infty} A(\omega + k\omega_0)C(\omega + k\omega_0)G(\omega + k\omega_0)F(k\omega_0)]d\omega$$

$$+ \frac{1}{2\pi} \int\limits_{-\infty}^{+\infty} S^n(\omega)G(\omega)^2 d\omega ,$$

und die Nebenbedingung (5.2.13) lautet

$$\frac{1}{2\pi} \int\limits_{-\infty}^{+\infty} S^b(\omega)A(\omega)^2 d\omega = P. \tag{5.2.13'}$$

Wir nehmen weiterhin an, daß A, C und G eine endliche Bandbreite haben, d.h. außerhalb eines Intervalls $[-K\omega_0, K\omega_0]$ verschwinden, wobei K eine feste natürliche Zahl ist. Definiert man für jedes $k = 0, 1, 2, \ldots$

$$A_k(\omega) = A(\omega + k\omega_0), \quad C_k(\omega) = C(\omega + k\omega_0), \quad G_k(\omega) = G(\omega + k\omega_0),$$

$$F_k(\omega) = F(\omega + k\omega_0), \quad S_k^n(\omega) = S^n(\omega + k\omega_0), \quad \omega \in \mathbb{R}, \tag{5.2.14}$$

so folgt wegen

$$S^b(\omega + k\omega_o) = S^b(\omega) \quad (\text{vgl. } (5.2.6)),$$

daß der MQF sich schreiben läßt als

$$\overline{e^2} = R_b(O) - \frac{1}{2\pi} \int_o^{\omega_o} S^b(\omega) \; [2 \sum_{k=-K}^{K-1} A_k(\omega)C_k(\omega)G_k(\omega)F_k(\omega)$$

$$- \sum_{i=-K}^{K-1} A_i(\omega)C_i(\omega)G_i(\omega) \sum_{l=-K}^{K-1} A_l(\omega)C_l(\omega)G_l(\omega)F((l-i)\omega_o)] \; d\omega$$

$$+ \frac{1}{2\pi} \int_o^{\omega_o} \sum_{k=-K}^{K-1} S_k^n(\omega)G_k(\omega)^2 d\omega,$$

und (5.2.13') lautet

$$\frac{1}{2\pi} \int_o^{\omega_o} \sum_{k=-K}^{K-1} S^b(\omega)A_k(\omega)^2 d\omega = P. \qquad (5.2.13'')$$

Die Minimierung von $\overline{e^2}$ unter dieser Nebenbedingung ist offenbar gleichwertig mit der Maximierung der Funktion

$$\phi(A_{-K}, \ldots, A_{K-1}, \; G_{-K}, \ldots, G_{K-1})$$

$$= \int_o^{\omega_o} S^b(\omega) \; [\sum_{i,l=-K}^{K-1} A_i(\omega)C_i(\omega)G_i(\omega)A_l(\omega)C_l(\omega)G_l(\omega)F((l-i)\omega_o)$$

$$- 2 \sum_{k=-K}^{K-1} A_k(\omega)C_k(\omega)G_k(\omega)F_k(\omega)] + \sum_{k=-K}^{K-1} S_k^n(\omega)G_k(\omega)^2 \; d\omega \qquad (5.2.15)$$

unter der Nebenbedingung (5.2.13'').

Ein Problem dieser Art wurde bisher nicht behandelt und liegt außerhalb des Rahmens dieses Buches. Aus einer allgemeinen Multiplikatorenregel, wie man sie z.B. in dem Buch [28] von Luenberger findet, in Verbindung mit einem Fundamental-Lemma aus der Variationsrechnung erhält man die folgenden notwendigen Bedingungen für eine Lösung $(\hat{A}_{-K}, \ldots, \hat{A}_{K-1}, \hat{G}_{-K}, \ldots, \hat{G}_{K-1})$ dieses Problems: Es gibt einen reellen Multiplikator $\hat{\lambda}$ derart, daß gilt

$$S^b(\omega) \; \{C_i(\omega)\hat{G}_i(\omega) \; [\sum_{k=-K}^{K-1} \hat{A}_l(\omega)C_l(\omega)\hat{G}_l(\omega)F((l-i)\omega_o) - F_i(\omega)]$$

$$+ \hat{\lambda} \, \hat{A}_i(\omega) = O \qquad (5.2.16a)$$

und

$$S^b(\omega)C_i(\omega)\hat{A}_i(\omega) \; [\sum_{k=-K}^{K-1} \hat{A}_1(\omega)C_1(\omega)\hat{G}_1(\omega)F((1-i)\omega_o) - F_i(\omega)]$$

$$+ \; S_i^n(\omega)\hat{G}_i(\omega) \; = \; 0 \qquad\qquad (5.2.16b)$$

für $i = -K,\ldots,K-1$.

Multipliziert man (5.2.16a) mit $\hat{A}_i(\omega)$ und (5.2.16b) mit $\hat{G}_i(\omega)$, so erhält man unter Berücksichtigung von (5.2.8) die folgenden notwendigen Bedingungen:

$$S^b(\omega)\hat{H}_i(\omega) \; [\sum_{1=-K}^{K-1} F((1-i)\omega_o)\hat{H}_1(\omega) - F_i(\omega)] + \hat{\lambda}S^b(\omega)\hat{A}_i(\omega)^2 = 0$$

$$(5.2.17)$$

und

$$S^b(\omega)\hat{H}_i(\omega) \; [\sum_{1=-K}^{K-1} F((1-i)\omega_o)\hat{H}_1(\omega) - F_i(\omega)] + S_i^n(\omega)\hat{G}_i(\omega)^2 = 0 \qquad (5.2.18)$$

für $i = -K,\ldots,K-1$ mit $\hat{H}_i(\omega) = \hat{H}(\omega + i\omega_o)$, aus denen sich notwendig für alle i

$$S_i^n(\omega)\hat{G}_i(\omega)^2 = \hat{\lambda} \; S^b(\omega)\hat{A}_i(\omega)^2 \qquad\qquad (5.2.19)$$

ergibt. Damit erkennt man unmittelbar die Gleichwertigkeit der Aussagen

$$\hat{H}_i(\omega) = 0, \quad \hat{G}_i(\omega) = 0, \quad \hat{A}_i(\omega) = 0.$$

Nun sei $\hat{H}_i(\omega) \neq 0$. Dann ist notwendig auch $C_i(\omega) \neq 0$, und man erhält aus (5.2.19) unter Benutzung von $S_i^n(\omega) > 0$ und $S^b(\omega) > 0$

$$|\hat{G}_i(\omega)| \; = \; (\frac{\hat{\lambda}S^b(\omega)}{S_i^n(\omega)})^{1/2} \; |\hat{A}_i(\omega)|$$

und weiter

$$\hat{G}_i(\omega)^2 = |\hat{G}_i(\omega)|^2 = (\frac{\hat{\lambda}S^b(\omega)}{S_i^n(\omega)\,|C_i(\omega)|^2})^{1/2} \; |\hat{H}_i(\omega)| \qquad\qquad (5.2.20)$$

sowie

$$\hat{A}_i(\omega)^2 = \frac{S_i^n(\omega)}{\hat{\lambda}S^b(\omega)} \; \hat{G}_i(\omega)^2 = (\frac{S_i^n(\omega)}{\hat{\lambda}S^b(\omega)\,|C_i(\omega)|^2})^{1/2} \; |\hat{H}_i(\omega)|. \qquad (5.2.21)$$

Die beiden Bedingungen (5.2.17 und 18) gehen damit über in eine einzige Aussage der Form

$$\sum_{1=-K}^{K-1} F((1-i)\omega_o)\hat{H}_1(\omega) - F_i(\omega) + R_i(\omega) \; \text{sgn} \; \hat{H}_i(\omega) = 0, \qquad (5.2.22)$$

wobei

$$R_i(\omega) = \left(\frac{\lambda S_i^n(\omega)}{S^b(\omega)\,|C_i(\omega)|^2}\right)^{1/2} \qquad (5.2.23)$$

gesetzt wird.

Zur Gewinnung einer optimalen Übertragungsfunktion $\hat{H} = \hat{H}(\omega)$ kann man im Prinzip folgendermaßen vorgehen:

a) Man wählt einen Wert $\lambda_o > 0$ für den unbekannten Multiplikator $\hat{\lambda}$ und ermittelt für jedes $\omega \in [0,\omega_o]$ einen Vektor $\hat{\hat{H}}(\omega) \in \mathbb{R}^{2K}$ mit

$$\hat{H}_i(\omega) = 0 \quad \text{oder} \quad \hat{H}_i(\omega) \quad \text{erfüllt (5.2.22) für} \quad \hat{\lambda} = \lambda_o. \qquad (5.2.24)$$

Auf die Lösung dieser Aufgabe werden wir im nächsten Abschnitt genauer eingehen.

b) Man berechnet für jedes $\omega \in [0,\omega_o]$ die Größen $\hat{A}_i(\omega)^2$ aus (5.2.21) und überprüft die Nebenbedingung (5.2.13"). Ist diese erfüllt, so bricht das Verfahren mit $\hat{H}(\omega)$, $\omega \in [0,\omega_o]$, als Lösung des Problems ab. Andernfalls bestimmt man $\lambda_1 > 0$ so, daß

$$\frac{1}{2\pi} \int_0^{\omega_o} \sum_{k=-K}^{K-1} \left(\frac{S_k^n(\omega) S^b(\omega)}{\lambda_1 |C_k(\omega)|^2}\right)^{1/2} |\hat{H}_k(\omega)|\, d\omega = P \qquad (5.2.25)$$

ist und führt Schritt a) durch mit λ_1 anstelle von λ_o.

5.2.3. Rückführung auf quadratische Optimierung

Wir wollen zeigen, daß die Bestimmung eines Vektors $\hat{\hat{H}}(\omega) \in \mathbb{R}^{2K}$ mit (5.2.24) für ein $\hat{\lambda} > 0$ auf ein Problem der quadratischen Optimierung führt. Zu dem Zweck definieren wir die $2K \times 2K$-Matrix

$$M = \begin{pmatrix} F(0) & F(\omega_o) & \cdots & F((2K-1)\omega_o) \\ F(-\omega_o) & F(0) & & \\ \vdots & & \ddots & \vdots \\ F(-(2K-1)\omega_o) & & & F(0) \end{pmatrix} \qquad (5.2.26)$$

welche wegen $F(-j\omega_o) = F(j\omega_o)$, $j = 0,\ldots,2K-1$, symmetrisch ist. Außerdem ergibt sich aus (5.2.9) auch $F(0) = 1$.

Satz 5.2.1: Die durch (5.2.26) definierte Matrix M ist positiv semidefinit und positiv definit, wenn die Wahrscheinlichkeitsdichte f in

(5.2.9) auf einem Intervall positiv ist.

Beweis: Nach (5.2.9) und der Annahme, daß f eine gerade Funktion ist, gilt für jedes $j = 0, \pm 1, \pm 2, \ldots$

$$F(j\omega_o) = \int_{-\infty}^{+\infty} f(t) \cos j\omega_o t \, dt.$$

Für jeden Vektor $x \in \mathbb{R}^{2K}$ folgt damit

$$x^T M x = \int_{-\infty}^{+\infty} f(t) \sum_{i,l=-K}^{K-1} x_i x_l \cos (l-i)\omega_o t \, dt$$

$$= \int_{-\infty}^{+\infty} f(t) \sum_{i,l=-K}^{K-1} x_i x_l \cos i\omega_o t \cos l\omega_o t \, dt$$

$$= \int_{-\infty}^{+\infty} f(t) \left(\sum_{i=-K}^{K-1} x_i \cos i\omega_o t \right)^2 dt \geq 0.$$

Ist f auf einem Intervall positiv, so trifft das auch für das Integral über das Intervall zu, es sei denn, alle x_i wären gleich Null. Ist das nicht der Fall, so ist also $x^T M x > 0$ und somit M positiv definit.

Wir nehmen für das Folgende an, daß M positiv definit ist. Wir definieren weiterhin die Vektoren

$$\vec{F}(\omega) = (F_{-K}(\omega), \ldots, F_{K-1}(\omega))^T \quad \text{und}$$

$$\vec{R}(\omega) = (R_{-K}(\omega), \ldots, R_{K-1}(\omega))^T \qquad (5.2.27)$$

und betrachten das quadratische Optimierungsproblem, unter den Nebenbedingungen

$$-M\vec{H}(\omega) + \vec{F}(\omega) \geq -\vec{R}(\omega)$$
$$M\vec{H}(\omega) - \vec{F}(\omega) \geq -\vec{R}(\omega) \qquad (5.2.28)$$

die Funktion

$$\phi(\vec{H}(\omega)) = \vec{H}(\omega)^T M \vec{H}(\omega) \qquad (5.2.29)$$

zum Minimum zu machen.

Wir bemerken zunächst, daß die Nebenbedingungen (5.2.28) erfüllbar sind. Zu dem Zweck braucht man nur einen beliebigen Vektor $\vec{u} \in \mathbb{R}^{2K}$ mit $|u_i| \leq R_i(\omega)$, $i = -K, \ldots, K-1$, zu wählen, was wegen $R_i(\omega) \geq 0$ für alle i stets möglich ist, und $\vec{H}(\omega) = M^{-1}(\vec{F}(\omega) + \vec{u})$ zu setzen.
Auf Grund der Betrachtungen in Abschnitt 3.4.1. gibt es daher genau eine Lösung des quadratischen Optimierungsproblems, die wir mit $\hat{\vec{H}}(\omega)$ bezeichnen.

Auf Grund von Satz 3.4.1 ist $\widehat{\vec{H}}(\omega) \in \mathbb{R}^{2K}$ genau dann eine Lösung des Problems, wenn es Vektoren

$$\vec{Y} = \begin{pmatrix} \vec{Y}^1 \\ \vec{Y}^2 \end{pmatrix} \in \mathbb{R}^{4K}, \qquad \vec{U} = \begin{pmatrix} \vec{U}^1 \\ \vec{U}^2 \end{pmatrix} \in \mathbb{R}^{4K}$$

gibt mit

$$\vec{Y}^i \geq \Theta_{2K}, \quad \vec{U}^i \geq \Theta_{2K}, \quad \vec{Y}^{iT}\vec{U}^i = 0 \tag{5.2.30}$$

für $i = 1,2$ und

$$\vec{Y}^1 = -M(\vec{U}^1 - \vec{U}^2) + \vec{F}(\omega) + \vec{R}(\omega),$$
$$\vec{Y}^2 = M(\vec{U}^1 - \vec{U}^2) - \vec{F}(\omega) + \vec{R}(\omega), \tag{5.2.31}$$

$$\widehat{\vec{H}} = \vec{U}^1 - \vec{U}^2. \tag{5.2.32}$$

Aus (5.2.30) und (5.2.32) gewinnt man unmittelbar die Implikationen

$$\widehat{H}_k(\omega) > 0 \implies U_k^1 > 0 \implies Y_k^1 = 0,$$
$$\widehat{H}_k(\omega) < 0 \implies U_k^2 > 0 \implies Y_k^2 = 0,$$

woraus mit (5.2.31) folgt, daß

$$(M\widehat{\vec{H}}(\omega))_k - F_k(\omega) + R_k(\omega)\, \text{sgn}\, \widehat{H}_k(\omega) = 0$$

ist, falls $H_k(\omega) \neq 0$ ist. Unter Berücksichtigung von

$$(M\widehat{\vec{H}}(\omega))_k = \sum_{l=-K}^{K-1} F((l-k)\omega_0)\widehat{H}_l(\omega)$$

ist das aber gerade die Aussage (5.2.22), falls $H_k(\omega) \neq 0$ ist. Um einen Vektor $\widehat{\vec{H}}(\omega) \in \mathbb{R}^{2K}$ mit (5.2.24) für ein $\widehat{\lambda} > 0$ zu bestimmen, kann man daher den eindeutigen Minimalpunkt von $\phi(\vec{H}(\omega))$ nach (5.2.29) unter den Nebenbedingungen (5.2.28) ermitteln, d.h. das obige quadratische Optimierungsproblem lösen. Dieses läßt sich wie folgt durch ein äquivalentes Problem ersetzen. Dazu definieren wir für jeden Vektor $\vec{H}(\omega) \in \mathbb{R}^{2K}$ den Vektor $\vec{V}(\omega) \in \mathbb{R}^{2K}$ durch

$$\vec{V}(\omega) = M\vec{H}(\omega) - \vec{F}(\omega) \tag{5.2.33}$$

und betrachten das Problem, unter den Nebenbedingungen

$$\begin{aligned} -V_i(\omega) &\geq -R_i(\omega) \\ V_i(\omega) &\geq -R_i(\omega) \end{aligned}, \quad i = -K,\ldots,K-1, \tag{5.2.34}$$

die quadratische Funktion

$$\chi(\vec{\hat{V}}(\omega)) = (\vec{V}(\omega) + \vec{F}(\omega))M^{-1}(\vec{V}(\omega) + \vec{F}(\omega)) \qquad (5.2.35)$$

zum Minimum zu machen.

Offenbar ist $\vec{\hat{V}}(\omega) \in \mathbb{R}^{2K}$ genau dann eine Lösung dieses Problems, wenn

$$\vec{\hat{H}}(\omega) = M^{-1}(\vec{\hat{V}}(\omega) + \vec{F}(\omega)) \qquad (5.2.36)$$

das obige quadratische Optimierungsproblem löst. Überdies gilt

$$\chi(\vec{V}(\bar{\omega})) = \phi(\vec{H}(\omega))$$

für alle $\vec{V}(\omega)$, $\vec{H}(\omega) \in \mathbb{R}^{2K}$ mit (5.2.33).

Auf die Minimierung von $\chi(\vec{V}(\omega))$ unter den Nebenbedingungen (5.2.34) läßt sich die in Abschnitt 3.3.2.1. beschriebene Methode des steilsten Abstiegs sehr bequem anwenden, was hier noch einmal kurz beschrieben werden soll. Beginnend mit dem Vektor $\vec{V}^{0}(\omega) = R(\omega)$ (der (5.2.34) befriedigt), wird wie folgt eine Folge von Vektoren $\vec{V}^{k}(\omega) \in \mathbb{R}^{2K}$ definiert, die (5.2.34) erfüllen: Zu $\vec{V}^{k}(\omega)$, der (5.2.34) erfüllt, wird ein Vektor $\vec{W}^{k} \in \mathbb{R}^{2K}$ bestimmt, der

$$\text{grad } \chi(\vec{V}^{k}(\omega))^{T}\vec{W}^{k} = 2(\vec{V}^{k}(\omega) + \vec{F}(\omega))^{T}M^{-1}\vec{W}^{k}$$

zum Minimum macht unter den Nebenbedingungen

$$W^{k}_{j} \leq 0 \quad \text{für} \quad V^{k}_{j}(\omega) = R_{j}(\omega),$$

$$W^{k}_{j} \geq 0 \quad \text{für} \quad V^{k}_{j}(\omega) = -R_{j}(\omega),$$

$$-1 \leq W^{k}_{j} \leq +1 \quad \text{für} \quad j = -K,\ldots,K-1.$$

Setzt man

$$\vec{H}^{k}(\omega) = M^{-1}(\vec{V}^{k}(\omega) + \vec{F}(\omega)),$$

so lautet eine Lösung dieser Aufgabe

$$W^{k}_{j} = \begin{cases} 0, & \text{falls } H^{k}_{j}(\omega) = 0, \\ -\text{sgn } H^{k}_{j}(\omega), & \text{falls } H^{k}_{j}(\omega) \neq 0 \text{ und } |V^{k}_{j}(\omega)| < R_{j}(\omega), \\ \min\{0, -\text{sgn } H^{k}_{j}(\omega)\}, & \text{falls } H^{k}_{j} \neq 0 \text{ und } V^{k}_{j}(\omega) = R_{j}(\omega), \\ \max\{0, -\text{sgn } H^{k}_{j}(\omega)\}, & \text{falls } H^{k}_{j} \neq 0 \text{ und } V^{k}_{j}(\omega) = -R_{j}(\omega). \end{cases}$$

Ist

$$\vec{H}^{k}(\omega)^{T}\vec{W}^{k} = 0,$$

so bricht das Verfahren mit $\vec{\hat{V}}(\omega) = \vec{V}^{k}(\omega)$ als Minimalpunkt von $\chi(\vec{V}(\omega))$ unter den Nebenbedingungen (5.2.34) ab. Ist

$$\vec{H}^k(\omega)^T \vec{W}^k < 0,$$

so definieren wir

$$\lambda_k^* = \min \{\lambda_{k1}^*, \ \lambda_{k2}^*\}$$

mit

$$\lambda_{k1}^* = \min \{\frac{R_j(\omega) - V_j^k(\omega)}{W_j^k} \Big| \ W_j^k > 0\},$$

$$\lambda_{k2}^* = \min \{\frac{R_j(\omega) + V_j^k(\omega)}{-W_j^k} \Big| \ W_j^k < 0\}.$$

Auf Grund der Definition der W_j^k folgt $\lambda_k^* > 0$. Weiterhin ist λ_k^* maximal mit der Eigenschaft

$$-V_j^k - \lambda W_j^k \geq -R_j(\omega),$$

$$V_j^k + \lambda W_j^k \geq -R_j(\omega)$$

für alle $j = -K, \ldots, K-1$ und alle $\lambda \in [0, \lambda_k^*]$.

Definiert man

$$\hat{\lambda}_k = \min \{\lambda_k^*, \ \frac{-\vec{H}^k(\omega)^T \vec{W}^k}{\vec{W}^k{}_M^{-1}{}_W^k}\} \ ,$$

so ist $\hat{\lambda}_k > 0$, und es läßt sich zeigen, daß gilt

$$\chi(\vec{V}^k(\omega) + \hat{\lambda}_k \vec{W}^k) = \min \{\chi(\vec{V}^k(\omega) + \lambda \vec{W}^k) \Big| \ \lambda \in [0, \lambda_k^*]\}.$$

Setzt man

$$\vec{V}^{k+1}(\omega) = \vec{V}^k + \hat{\lambda}_k \vec{W}^k,$$

so genügt $\vec{V}^{k+1}(\omega)$ den Nebenbedingungen (5.2.34), und es ist

$$\chi(\vec{V}^{k+1}(\omega)) < \chi(\vec{V}^k(\omega)).$$

Das Verfahren wird jetzt mit $\vec{V}^{k+1}(\omega)$ anstelle von $\vec{V}^k(\omega)$ fortgesetzt.

5.2.4. <u>Ein numerisches Beispiel</u>

Als Wahrscheinlichkeitsverteilung für den Abtastfehler wählen wir die Gleichverteilung im Abtastintervall, d.h. für ein $\alpha > 0$ sei

$$f(t) = \begin{cases} \dfrac{1}{\alpha T} & \text{für} \quad t \in [-\alpha \frac{T}{2}, \; \alpha \frac{T}{2}], \\[2ex] 0 & \text{für} \quad t \notin [-\alpha \frac{T}{2}, \; \alpha \frac{T}{2}]. \end{cases} \qquad (5.2.37)$$

Dann ergibt sich aus (5.2.9)

$$F(\omega) = \int_{-\alpha T/2}^{\alpha T/2} \frac{1}{\alpha T} \cos \omega t \, dt = \frac{\sin \omega \alpha \frac{T}{2}}{\omega \alpha \frac{T}{2}} , \qquad \omega \in \mathbb{R}. \qquad (5.2.38)$$

Zur näherungsweisen Bestimmung des unbekannten Multiplikators $\hat{\lambda}$ nach der Methode am Ende von Abschnitt 5.2.2. benötigt man einen Startwert λ_0. Dazu orientieren wir uns an der Problemstellung ohne Rauschen, d.h. wir nehmen an, daß das durch (5.2.2) gegebene Leistungsdichtespektrum $S^n(\omega) = 0$ ist für alle $\omega \in \mathbb{R}$.

Für den MQF (5.2.12) erhalten wir dann unter den Annahmen zu Beginn von Abschnitt 5.2.2.

$$\overline{e^2} = R_b(0) - \frac{1}{2\pi} \int_0^{\omega_0} S^b(\omega) \, [2 \sum_{k=-K}^{K-1} H_k(\omega) F_k(\omega)$$

$$- \sum_{i,l=-K}^{K-1} H_i(\omega) F((l-i)\omega_0) \, H_l(\omega)] \, d\omega,$$

wobei gilt

$$H_k(\omega) = H(\omega + k\omega_0) \quad \text{für alle} \quad \omega \in \mathbb{R} \quad \text{und} \quad k = -K, \ldots, K-1 \qquad (5.2.39)$$

und $H(\omega)$ durch (5.2.7), (5.2.8) gegeben ist.
Unter Verwendung von

$$\vec{H}(\omega) = (H_{-K}(\omega), \ldots, H_{K-1}(\omega))^T \qquad (5.2.40)$$

und der Definitionen (5.2.26), (5.2.27) kann man auch schreiben

$$\overline{e^2} = R_b(0) - \frac{1}{2\pi} \int_0^{\omega_0} S^b(\omega) \, [2\vec{F}(\omega)^T \vec{H}(\omega) - \vec{H}(\omega)^T M \vec{H}(\omega)] \, d\omega.$$

Läßt man die Nebenbedingung (5.2.13) fallen, so ist auf Grund der Betrachtungen in Abschnitt 2.2.2. der einzige Vektor $\vec{H}^0(\omega) \in \mathbb{R}^{2K}$, der $\overline{e^2}$ zum Minimum macht, gegeben durch

$$\vec{H}^0(\omega) = M^{-1} \vec{F}(\omega), \qquad \omega \in [0, \omega_0], \qquad (5.2.41)$$

und der zugehörige MQF lautet

$$\overline{e_o^2} = R_b(0) - \frac{1}{2\pi} \int_0^{\omega_o} S^b(\omega)\vec{F}(\omega)^T\vec{H}^o(\omega)d\omega$$

$$= R_b(0) - \frac{1}{2\pi} \int_{-K\omega_o}^{K\omega_o} S^b(\omega)F(\omega)H^o(\omega)d\omega,$$

wobei $H^o = H^o(\omega)$ die aus $\vec{H}^o(\omega)$ gebildete Funktion nach (5.2.39), (5.2.40) ist.

Setzt man diese in den MQF nach (5.2.12) für $H(\omega)$ ein, so ergibt sich

$$\overline{e^2} = R_b(0) - \frac{1}{2\pi} \int_{-K\omega_o}^{K\omega_o} S^b(\omega)F(\omega)H^o(\omega)d\omega + \frac{1}{2\pi} \int_{-K\omega_o}^{K\omega_o} S^n(\omega)G(\omega)^2 d\omega. \quad (5.2.42)$$

Anstelle der Minimierung von MQF nach (5.2.12) unter der Nebenbedingung (5.2.13) wird jetzt das Problem betrachtet, den durch (5.2.42) definierten MQF unter der Nebenbedingung

$$\frac{1}{2\pi} \int_{-K\omega_o}^{K\omega_o} S^b(\omega) \frac{H^o(\omega)^2}{C(\omega)^2 G(\omega)^2} d\omega = P \quad (5.2.43)$$

zu minimieren. Dabei erhält man (5.2.43) aus (5.2.13) durch

$$H^o(\omega) = A(\omega)C(\omega)G(\omega)$$

(vgl. (5.2.8)).

Für jede Funktion $G^o = G^o(\omega)$, $\omega \in [-B,B]$, $B = K\omega_o$, welche $\overline{e^2}$ nach (5.2.42) unter der Nebenbedingung (5.2.43) für $G = G^o$ minimiert, gibt es auf Grund der Multiplikatorenregel, die wir auch schon in Abschnitt 5.2.1. benutzt haben, einen Multiplikator $\lambda_o \in \mathbb{R}$ derart, daß für alle $\omega \in [-B,B]$ gilt

$$S^n(\omega)G^o(\omega) - \lambda_o S^b(\omega) \frac{H^o(\omega)^2}{C(\omega)^2 G^o(\omega)^3} = 0,$$

woraus sich

$$G_o(\omega)^2 = \sqrt{\lambda_o \frac{S^b(\omega)}{S^n(\omega)C(\omega)^2}} \; H^o(\omega) \quad (5.2.44)$$

berechnet (vgl. (5.2.20)). Einsetzen in (5.2.43) ergibt

$$\lambda_o = \frac{1}{4\pi^2 P^2} \left(\int_{-B}^{B} \sqrt{S^n(\omega)S^b(\omega)} \; \frac{H^o(\omega)}{C(\omega)} d\omega \right)^2. \quad (5.2.45)$$

Dieser Wert kann als Schätzwert für den unbekannten Multiplikator $\hat{\lambda}$ in

(5.2.23) verwendet und nach dem am Ende von Abschnitt 5.2.2, beschriebenen Verfahren iterativ verbessert werden.

Um diesen Abschnitt mit numerischen Ergebnissen zu beenden, wählen wir die Wahrscheinlichkeitsverteilung für den Abtastfehler nach (5.2.3)) mit $\alpha = 0.1$. Weiter wählen wir die Übertragungsfunktion des Kanals als

$$C(\omega) = \frac{0.3}{\sqrt{1 + 4(\frac{\omega}{\omega_o})^2}} \ .$$

Das Leistungsdichtespektrum für das Rauschen geben wir uns vor als

$$S^n(\omega) = \beta \cdot T \ [\text{Volt}^2 \cdot \text{sec}]$$

mit geeignetem konstanten Wert β. Die Nachrichtenwerte werden als unkorreliert angenommen, so daß das Leistungsdichtespektrum $S^b(\omega)$ (5.2.4) gegeben ist durch

$$S^b(\omega) = T \cdot R_b(0) \ [\text{Volt}^2 \cdot \text{sec}].$$

Die vorgeschriebene mittlere Sendeleistung in (5.2.13) sei $P = 0.5$ [Volt^2], und die Bandbreite sei gleich $2\omega_o$, d.h. es sei $B = \omega_o$. Damit ist λ_o nach (5.2.4 5) gegeben als

$$\lambda_o = \frac{1}{\pi^2} \ (\int_{-\omega_o}^{\omega_o} T \ \sqrt{\beta \ R_b(0)} \cdot \frac{1}{0.3} \ H^o(\omega) \ \sqrt{1 + 4(\frac{\omega}{\omega_o})} \, d\omega)^2 .$$

Aus (5.2.38) ergibt sich wegen $\omega_o = \frac{2\pi}{T}$ für jedes $s \in \mathbb{R}$

$$F(s\omega_o) = \frac{\sin s\pi\alpha}{s\pi\alpha} = F_*(s).$$

Insbesondere für jedes $j = 0, \pm 1, \pm 2, \ \ldots$ erhält man

$$F(j\omega_o) = \frac{\sin j\pi\alpha}{j\pi\alpha} \ .$$

Damit hängt die durch (5.2.26) gegebene Matrix M nicht von ω_o ab. Weiter erhält man für $\vec{H}^o_*(s) = \vec{H}^o(s\omega_o)$ und $\vec{F}_*(s) = \vec{F}(s\omega_o)$ aus (5.2.41)

$$\vec{H}^o_*(s) = M^{-1}\vec{F}_*(s), \quad s \in [-1,+1].$$

Ist $H^o_* = H^o_*(s)$ die nach (5.2.39), (5.2.40) aus $\vec{H}^o_* = \vec{H}^o_*(s)$ gebildete Funktion, so kann man mit Hilfe der Variablensubstitution $\omega = s\omega_o$ den Multiplikator λ_o auch folgendermaßen ausdrücken:

$$\lambda_o = \frac{4}{0.3^2} \ \beta R_b(0) \ (\int_{-1}^{+1} H^o_*(s) \ \sqrt{1 + 4s} \ ds)^2 .$$

Auf ähnliche Weise kann man sich bei der Durchführung des am Ende von Abschnitt 5.2.2. beschriebenen Iterationsverfahrens in den Formeln (5.2.22), (5.2.23), (5.2.25) von T und ω_o befreien, indem man ω durch $s\omega_o$ ersetzt.

Für die numerische Rechnung sei im folgenden $R_b(O) = 10^{-5}$ [Volt^2]. Für β betrachten wir drei Fälle:

1. $\beta = 10^{-6}$ [Volt^2]. Dann erhält man $\lambda_o = 7.111 \cdot 10^{-10}$, und die Iteration kommt nach dem ersten Schritt zum Stehen, d.h. es ist $\hat{\lambda} = \lambda_o$ in (5.2.23). Durch Lösung von (5.2.22) erhält man für $H_*(s) = H(s\omega_o)$ die folgenden Werte $H_*(s) = H_*(-s)$:

s	0.0	0.1	0.2	0.3	0.4	0.5
$H_*(s)$	0.99997	0.90197	0.80246	0.70260	0.60243	0.50204

s	0.6	0.7	0.8	0.9	1.0
$H_*(s)$	0.40147	0.30081	0.20012	0.09947	0.00000

2. $\beta = 10^{-4}$ [Volt^2]. Dann erhält man $\lambda_o = 7.111 \cdot 10^{-8}$, und die Iteration kommt nach dem zweiten Schritt zum Stehen mit $\hat{\lambda} = \lambda_1 = 6.635 \cdot 10^{-8}$ in (5.2.23). Durch Lösung von (5.2.22) erhält man die folgenden Werte:

s	0.0	0.1	0.2	0.3	0.4	0.5
$H_*(s)$	0.99728	0.98519	0.86692	0.74614	0.62361	0.50012

s	0.6	0.7	0.8	0.9	1.0
$H_*(s)$	0.37645	0.25336	0.13165	0.01208	0.00000

3. $\beta = 10^{-3}$ [Volt^2]. Dann erhält man $\lambda_o = 7.111 \cdot 10^{-7}$, und die Iteration kommt nach dem zweiten Schritt zum Stehen mit $\hat{\lambda} = \lambda_2 = 5.629 \cdot 10^{-7}$ in (5.2.23). Durch Lösung von (5.2.22) erhält man die folgenden Werte:

s	0.0	0.1	0.2	0.3	0.4	0.5
$H_*(s)$	0.97499	0.97433	0.97241	0.96935	0.79928	0.48423

s	0.6	0.7	0.8	0.9	1.0
$H_*(s)$	0.16882	0.00000	0.00000	0.00000	0.00000

5.3. Optimaler Entwurf von I-Trägern

5.3.1. Problemstellung

Das im folgenden behandelte Problem wurde dem Buch [25] von Z.K. Leśniak
entnommen. Es handelt sich dabei um die optimale Auslegung eines I-Trägers
mit folgendem Querschnitt:

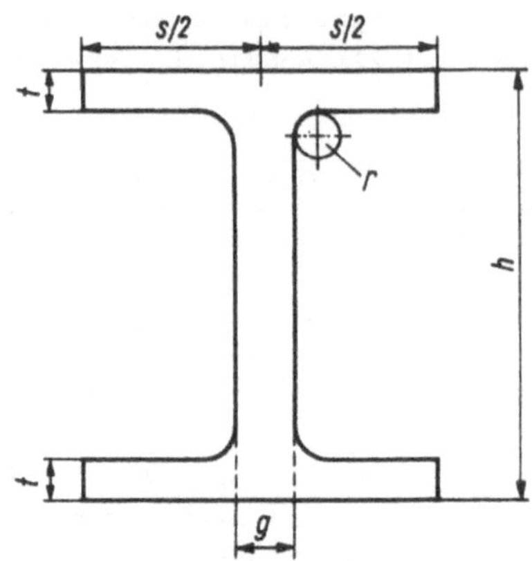

Abbildung 5.2

Die Querschnittsfläche des Trägers ist gegeben durch

$$Q(t,s,g,r,h) = h \cdot g + 4 \underbrace{\frac{s-g}{2} \, t}_{\approx 0.2146} + 4(1 - \frac{\pi}{4}) r^2 . \qquad (5.3.1)$$

Die Höhe h und der Radius r werden fest und die anderen Abmessungen
variabel gewählt und wie folgt umbenannt

$$t = x_1, \quad s = x_2 \quad \text{und} \quad g = x_3 .$$

Diese Variablen sollen unter geeigneten Restriktionen so gewählt werden,
daß die durch (5.3.1) gegebene Querschnittsfläche $Q(x_1,x_2,x_3,r,h)$ oder,
was gleichwertig ist, die Funktion

$$f(x_1,x_2,x_3) = hx_3 + 2(x_2 - x_3)x_1 \qquad (5.3.2)$$

minimal ausfällt.
Natürlich sind x_1,x_2,x_3 positiv zu wählen, was sich übrigens aus den
folgenden geometrischen Restriktionen automatisch ergibt:

$$g_1(x_1,x_2,x_3) = g_d - x_3 \le 0,$$

$$g_2(x_1,x_2,x_3) = 6.6 - x_2/x_1 \le 0,$$

$$g_3(x_1,x_2,x_3) = x_2/x_1 - 20.5 \le 0,$$

$$g_4(x_1,x_2,x_3) = 1.3 - x_1/x_3 \le 0,$$

$$g_5(x_1,x_2,x_3) = x_1/x_3 - 2.0x_3 \le 0,$$

$$g_6(x_1,x_2,x_3) = 0.6 - x_1/r \le 0,$$

$$g_7(x_1,x_2,x_3) = x_1/r - 2.1 \le 0,$$

$$g_8(x_1,x_2,x_3) = 10.3 - x_2/x_3 \le 0,$$ (5.3.3)

$$g_9(x_1,x_2,x_3) = x_2/x_3 - 22.5 \le 0,$$

$$g_{10}(x_1,x_2,x_3) = 7.1 - x_2/r \le 0,$$

$$g_{11}(x_1,x_2,x_3) = x_2/r - 22.7 \le 0,$$

$$g_{12}(x_1,x_2,x_3) = 1.0 - h/x_2 \le 0,$$

$$g_{13}(x_1,x_2,x_3) = h/x_2 - 3.8 \le 0,$$

$$g_{14}(x_1,x_2,x_3) = 13.6 - h/x_1 \le 0,$$

$$g_{15}(x_1,x_2,x_3) = h/x_1 - 43.0 \le 0.$$

Die in diesen Restriktionen auftretende Mindeststegdicke g_d wird im folgenden, ebenso wie die feste Profilhöhe h und der feste Ausrundungshalbmesser r, als geeignet zu wählender Parameter behandelt. Zu den geometrischen Restriktionen kommen noch die folgenden technischen Restriktionen hinzu:

$$g_{16}(x_1,x_2,x_3) = W_{xd} - W_x(x_1,x_2,x_3) \le 0,$$

$$g_{17}(x_1,x_2,x_3) = W_{yd} - W_y(x_1,x_2,x_3) \le 0,$$ (5.3.4)

$$g_{18}(x_1,x_2,x_3) = i_d - i_y(x_1,x_2,x_3) \le 0,$$

wobei

$$W_x(x_1,x_2,x_3) = \frac{2}{h}\{\frac{h^3}{12} x_3 + (x_2 - x_3) \frac{x_1^3}{6} + x_1(x_2 - x_3) \frac{(h - x_1)^2}{2}$$

$$+ 4[0.0075r^4 + 0.2146r^2 (\frac{h}{2} - x_1 - 0.2234r)^2]\},$$

$$W_y(x_1,x_2,x_3) = 2I_y(x_1,x_2,x_3)/x_2,$$

$$I_y(x_1,x_2,x_3) = \frac{h}{12} x_3^3 + 4 \{\frac{x_1}{12} (\frac{x_2 - x_3}{2})^3$$

$$+ x_1 \frac{x_2 - x_3}{2} [(\frac{x_2 - x_3}{2} + x_3)/2]^2\}$$

$$+ 4[0.0075r^4 + 0.2146r^2 (\frac{x_3}{2} + 0.2234r)^2]$$

$$i_y(x_1,x_2,x_3) = \sqrt{I_y(x_1,x_2,x_3)/[hx_3 + 2(x_2-x_3)x_1 + 4\cdot 0.2146r^2]}.$$

Die in (5.3.4) auftretenden Größen W_{xd}, W_{yd} und i_d werden ebenfalls als geeignet zu wählende Parameter behandelt.

Die Minimierung von f (5.3.2) auf der Menge
$X = \{(x_1,x_2,x_3)^T \in \mathbb{R}^3 \mid x_1 > 0,\ x_2 > 0,\ x_3 > 0\}$ unter den Nebenbedingungen
(5.3.3) und (5.3.4) ist genau ein Problem von der Art, wie es in Abschnitt
4.3.1. eingeführt wurde.

5.3.2. Zur Lösung mit Hilfe der Barriere-Methode

Zur Lösung des im vorigen Abschnitt formulierten Problems wurde die Variante der Barriere-Methode benutzt, die am Ende von Abschnitt 4.5.2. beschrieben wurde. Anstelle der Barriere-Funktionen B_j nach (4.5.19), die
wegen der Eigenschaft (4.5.18) zu numerischen Instabilitäten führen, wurden solche gewählt, die bei Annäherung an den Rand von S_o zwar groS werden, aber trotzdem beschränkt bleiben. Speziell wurde gesetzt

$$B_j(x) = \begin{cases} 0 & \text{für}\quad g_j(x) \le -1, \\ -\ln|g_j(x)| & \text{für}\quad -1 < g_j(x) < -e^{-a}, \\ e^a\,|g_j(x)| + a - 1 & \text{für}\quad -e^{-a} \le g_j(x) \le 0, \end{cases} \qquad (5.3.5)$$

$j = 1,\dots,18$. Dabei ist $a > 1$ eine geeignet gewählte (große) Konstante.
Offenbar gilt für jedes $x_o \in \overline{S}_o \setminus S_o$

$$\lim_{x \to x_o} B_j(x) = a-1 \quad \text{für mindestens ein}\quad j.$$

Da die Bestimmung eines Minimalpunktes von $q(\cdot,\mu_1,\dots,\mu_{18})$ nach (4.5.21)
(zu vorgegebenen Zahlen $\mu_1 > 0,\ \dots,\mu_{18} > 0$) auf S_o kompliziert ist,
wird versucht, ein $x^\mu \in \mathbb{R}^3$ zu bestimmen mit

$$q(x^\mu,\mu_1,\dots,\mu_{18}) \le q(x,\mu_1,\dots,\mu_{18}) \quad \text{für alle}\quad x \in \mathbb{R}^3.$$

Ist das nicht möglich, so werden alle μ_j, $j = 1,\dots,18$, durch kleinere
positive Zahlen ersetzt und der Versuch wiederholt. Findet man ein solches
$x^\mu \in \mathbb{R}^3$ und ist $x^\mu \notin S$, so werden alle μ_j durch kleinere positive
Zahlen ersetzt, für die $g_j(x^\mu) \ge -e^{-a}$ ist. Darüber hinaus wird auch
noch überprüft, ob sich der Zielfunktionswert $f(x^\mu)$ verkleinert, wenn
die μ_j verkleinert werden.

Im Einzelnen verläuft die Methode numerisch, wie folgt: Zu Beginn wählt
man Konstanten $\alpha \in (0,1)$, $\mu_1 > 0,\ \dots,\ \mu_{18} > 0$, $\varepsilon > 0$, setzt $k = 0$,
$\mu_j^k = \mu_j$ für $j = 1,\dots,18$, $f_k = +\infty$ (d.h. sehr groß) und geht zu

<u>Schritt 1</u>: Man versucht, ein $x^{\mu^k} \in \mathbb{R}^{18}$ zu bestimmen mit

$$q(x^{\mu^k}, \mu_1^k, \ldots, \mu_{18}^k) = \inf \{q(x, \mu_1^k, \ldots, \mu_{18}^k) \mid x \in \mathbb{R}^3\}. \qquad (5.3.6)$$

Ist das nicht möglich, so setzt man

$$\mu_j^{k+1} = \alpha \mu_j^k \quad \text{für alle} \quad j = 1, \ldots, 18,$$

ersetzt k durch k+1, setzt $f_{k+1} = f_k$ und geht zu Schritt 1. Findet
man ein $x^{\mu^k} \in \mathbb{R}^3$ mit (5.3.6), so geht man zu

<u>Schritt 2</u>: Ist $x^{\mu^k} \notin S$, so setzt man

$$\mu_j^{k+1} = \alpha \mu_j^k \quad \text{für alle} \quad j \quad \text{mit} \quad g_j(x^{\mu^k}) \geq -e^{-a},$$

ersetzt k durch k+1, setzt $f_{k+1} = f_k$ und geht zu Schritt 1. Ist
$x^{\mu^k} \in S$ und $f(x^{\mu^k}) \leq f_k$, so prüft man, ob

$$\frac{f_k - f(x^{\mu^k})}{|f_k|} \leq \epsilon$$

ist. Ist das der Fall, so bricht das Verfahren mit $x^{\mu^k} \in S$ als näherungsweisen Minimalpunkt von f auf S ab.

Ist das nicht der Fall, so setzt man

$$\mu_j^{k+1} = \alpha \mu_j^k \quad \text{für alle} \quad j = 1, \ldots, 18,$$

ersetzt k durch k+1, setzt $f_{k+1} = f(x^{\mu^k})$ und geht zu Schritt 1.
Ist $x^{\mu^k} \in S$ und $f(x^{\mu^k}) > f_k$, so setzt man ebenfalls

$$\mu_j^{k+1} = \alpha \mu_j^k \quad \text{für alle} \quad j = 1, \ldots, 18,$$

ersetzt k durch k+1, setzt $f_{k+1} = f_k$ und geht zu Schritt 1.

5.3.3. <u>Numerische Ergebnisse</u>

Die Werte der Parameter h, r, g_d, W_{xd}, W_{yd}, i_d in (5.3.3) und (5.3.4),
mit denen die Rechnungen durchgeführt wurden, finden sich in der folgenden Tabelle:

h	r	g_d	W_{xd}	W_{yd}	i_d
[mm]	[mm]	[mm]	[cm^3]	[cm^3]	[cm]
80	5	3.8	20.0	3.69	1.05
100	7	4.0	34.2	5.79	1.24
120	7	4.0	52.96*	8.65	1.45
140	7	4.0	77.3	12.3	1.65
160	9	4.0	108.66*	16.7	1.84
180	9	5.1	146.0	22.2	2.05
200	12	5.2	194.0	28.5	2.24
220	12	5.4	251.99*	37.3	2.48
240	15	5.6	324.0	47.3	2.69
270	15	6.0	428.88*	62.2	3.02
300	15	6.5	557.0	80.5	3.35
330	18	7.0	713.0	98.5	3.55
360	18	7.5	903.65*	123.0	3.79
400	21	8.0	1156.42*	146.0	3.95
450	21	8.6	1499.69*	176.0	4.12
500	21	9.3	1927.94*	214.0	4.31
550	24	10.3	2440.0	254.0	4.45
600	24	10.8	3069.45*	308.0	4.66

Die W_{xd}-, W_{yd}- und i_d-Werte entstammen tatsächlich gewalzten I-Trägern und sind der Tafel 2 auf S. 90/91 des Buches [25] von Leśniak entnommen[+], wo sie in Klammern angegeben sind. Die g_d-Werte sind der Tafel 1 (Spalte 2) auf S. 88 a.a.O. entnommen und sind bis auf den ersten kleiner als die der tatsächlich gewalzten I-Träger, die in der genannten Tafel 2 ebenfalls in Klammern angegeben werden. Als Startwerte x_1^o, x_2^o, x_3^o für die Barriere-Methode wurden die Abmessungen t,s,g der gewalzten I-Träger gewählt, die in der genannten Tafel 2 (in den Spalten 3-5) in Klammern angegeben sind. Sie werden noch einmal in der folgenden Tabelle mit den zugehörigen $Q(t,s,g,r,h)$-Werten (nach (5.3.1)) zusammengestellt.

x_1^o = t[mm]	x_2^o = s[mm]	x_3^o = g[mm]	$Q(t,s,g,r,h)$ [mm^2]
5.2	46	3.8	764.34
5.7	55	4.1	1032.32
6.3	64	4.4	1321.02
6.9	73	4.7	1642.60
7.4	82	5.0	2009.13
8.0	91	5.3	2394.73
8.5	100	5.6	2848.41

[+] Die mit einem Stern versehenen wurden wegen Rundungsfehlern neu berechnet.

$x_1^o = t[mm]$	$x_2^o = s[mm]$	$x_3^o = g[mm]$	$Q(t,s,g,r,h)$ $[mm^2]$
9.2	110	5.9	3337.05
9.8	120	6.2	3911.62
10.2	135	6.6	4594.50
10.7	150	7.1	5381.20
11.5	160	7.5	6260.62
12.7	170	8.0	7272.92
13.5	180	8.6	8446.35
14.6	190	9.4	9882.07
16.0	200	10.2	11552.15
17.2	210	11.1	13441.60
19.0	220	12.0	15598.44

Die mit Hilfe der Barriere-Methode erhaltenen Ergebnisse finden sich in der folgenden Tabelle:

h	r	$x_1 = t$	$x_2 = s$	$x_3 = g$	$Q(t,s,g,r,h)$
80	5	5.20	46.00	3.80	764.34[*]
100	7	5.54	56.54	4.00	1024.50
120	7	6.70	64.00	4.40	1321.02[*]
140	7	5.62	89.32	4.00	1561.64
160	9	7.40	82.00	5.00	2009.13[*]
180	9	7.01	102.36	5.10	2351.37
200	12	7.72	109.80	5.22	2782.35
220	12	9.20	110.00	5.90	3337.05[*]
240	15	9.48	125.50	5.61	3813.68
270	15	10.20	135.00	6.60	4594.50[*]
300	15	11.14	146.97	6.54	5283.52
330	18	11.87	157.60	7.01	6166.97
360	18	12.70	170.00	8.00	7272.92[*]
400	21	13.50	180.00	8.60	8446.35[*]
450	21	14.60	190.00	9.40	9882.07[*]
500	21	16.00	200.00	10.20	11552.15[*]
550	24	16.99	215.99	10.31	13153.01
600	24	19.00	220.00	12.00	15598.44[*]

Der Stern an den Q-Werten deutet darauf hin, daß die Ausgangswerte nicht mehr verbessert werden konnten. Ein Vergleich mit den Ergebnissen im Buch [25] von Z.K. Leśniak, die dort mit einer anderen Methode gewonnen wurden, zeigt aber, daß in diesen Fällen die Startwerte noch nicht optimal sind. Zum Teil wurden die dortigen Ergebnisse allerdings auch etwas verbessert.

5.4. Optimaler Entwurf eines Transportbandes

5.4.1. Problemstellung

Das hier behandelte Problem entstammt der Studienarbeit [4] von E. Böhm
und E. Most am Lehrstuhl für Maschinenelemente und Konstruktionslehre im
Fachbereich Maschinenbau der Technischen Hochschule Darmstadt.
Es geht dabei um eine optimale Dimensionierung eines Transportbandes, das
in der folgenden Figur schematisch dargestellt ist.

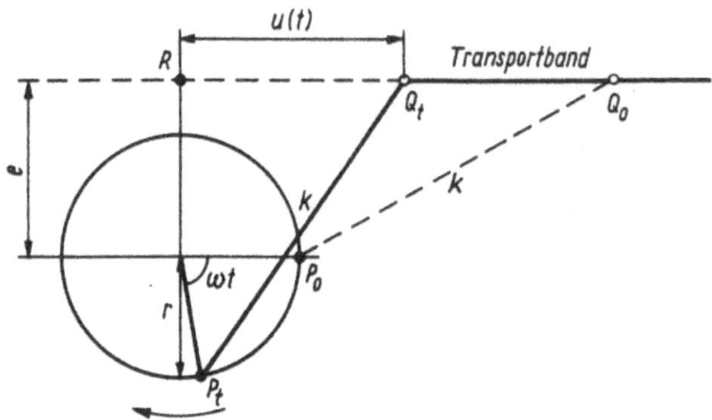

Abbildung 5.3

Das Transportband ist durch eine Stange der Länge k gelenkig mit einer
im Uhrzeigersinn rotierenden Scheibe verbunden, die durch einen Motor an-
getrieben wird. Zum Zeitpunkt $t = 0$ befindet sich die Stange in der Lage
zwischen den beiden Punkten P_o und Q_o. Die Scheibe rotiert mit konstanter Winkelgeschwindigkeit ω und bewegt das Transportband hin und
her. Der Abstand u(t) des linken Endes Q_t des Transportbandes vom
Punkte R senkrecht über dem Mittelpunkt der Scheibe auf der Höhe des
Transportbandes ist gegeben durch

$$u(t) = r \cos \omega t + \sqrt{k^2 - (e + r \sin \omega t)^2} \qquad (5.4.1)$$

Sein maximaler Wert ist gegeben durch

$$u(t_o^1) = \sqrt{(k+r)^2 - e^2} = (k+r) \cos \omega t_o^1$$

zu einem Zeitpunkt $t_o^1 < 0$, der sich aus der Gleichung

$$\sin \omega t_o^1 = \frac{-e}{r+k}$$

ergibt, welche wiederum eine Folge von $\dot{u}(t_o^1) = 0$ ist. Vom Zeitpunkt t_o^1
ab wird u(t) zunächst verkleinert, wobei $\dot{u}(t) < 0$ ist und über einen

negativen Minimalwert zum Wert Null zurückkehrt zu einem Zeitpunkt $t_o^2 \in (0, t_o^1 + \frac{\pi}{\omega})$, der sich aus der Gleichung

$$\sin \omega t_o^2 = \frac{e}{k-r}$$

(als weitere Folge aus der Gleichung $\dot{u}(t_o^2) = 0$) ergibt und zu der notwendigen Bedingung $k-r \geq e$ führt. Zwischen den Zeitpunkten t_o^1 und t_o^2 wird das Transportband zunächst beschleunigt und dann verzögert nach links, zwischen den Zeitpunkten t_o^2 und $t_o^1 + \frac{2\pi}{\omega}$ nach rechts bewegt. Danach wiederholt sich der Vorgang.

Das Ziel der Konstruktion besteht nun darin, während der Zeit der Beschleunigung des Transportbandes nach links gewisse Gegenstände auf diesem ins Rutschen zu versetzen, so daß sie sich dabei "im Mittel möglichst weit" nach rechts bewegen, was noch präzisiert werden soll.

Dabei wird davon ausgegangen, daß eine Haftreibung von der Größe $\mu_o g$ mit einem gewissen Reibungskoeffizienten $\mu_o \in (0,1)$ und der Erdbeschleunigung g zu überwinden ist. Da die Beschleunigung, die das Transportband erfährt, negativ ist, muß der Wert $-\mu_o g$ zu einem gewissen Zeitpunkt t_1 erreicht werden, damit der Rutschvorgang ausgelöst wird; es muß also

$$\ddot{u}(t_1) = -\mu_o g \tag{5.4.2}$$

gelten. Die Geschwindigkeit, mit der die Gegenstände dann rutschen, ist gegeben durch

$$v(t) = \dot{u}(t_1) - \mu g(t - t_1),$$

wobei μg für ein $\mu \in (0, \mu_o)$ die Verzögerung infolge der gleitenden Reibung ist. Der Rutschvorgang endet zu einem Zeitpunkt $t_2 > t_1$, wenn die Geschwindigkeit der rutschenden Gegenstände wieder mit der des Bandes übereinstimmt, d.h. wenn $v(t_2) = \dot{u}(t_2)$ ist, woraus sich die Bedingung

$$\dot{u}(t_2) = \dot{u}(t_1) - \mu g(t_2 - t_1) \tag{5.4.3}$$

ergibt. Qualitativ haben Geschwindigkeit und Beschleunigung den folgenden Verlauf (siehe Abbildung 5.4 auf der nächsten Seite):

Der von den Gegenständen im Zeitintervall $[t_1, t_2]$ insgesamt zurückgelegte sog. Gleitweg berechnet sich zu

$$s = \underbrace{u(t_1) - u(t_2)}_{\text{Weg des Bandes}} + \underbrace{\dot{u}(t_1)(t_2 - t_1) - \frac{\mu g}{2}(t_2 - t_1)^2}_{\text{Weg relativ zum Band}}. \tag{5.4.4}$$

Wir betrachten den Vorgang im Periodenintervall $[0,T]$, wobei $T = \frac{2\pi}{\omega}$ ist. Aus der Forderung, daß ein Rutschen nur in den Zeitintervallen $[t_1 + kT, t_2 + kT]$, $k = 0, \pm1, \pm2, \ldots$ möglich sein soll, ergibt sich dann

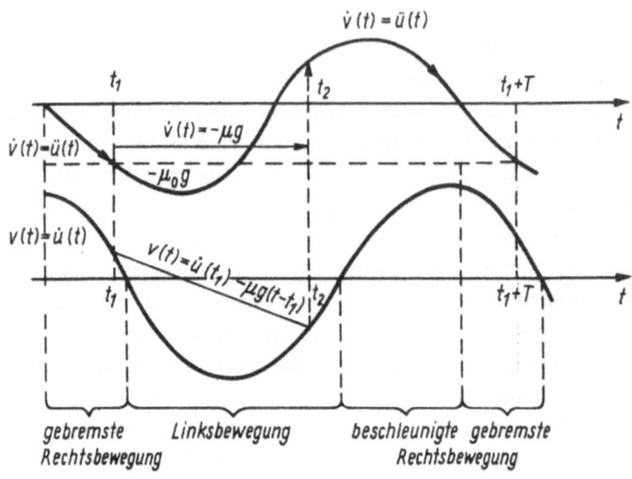

Abbildung 5.4

die Bedingung

$$-\mu_0 g < \ddot{u}(t) < \mu_0 g \quad \text{für alle} \quad t \notin \begin{cases} [t_1,t_2], & \text{falls} \quad t_1 \geq 0, \\ [0,t_2] \cup [t_1+T,T], & \text{falls} \quad t_1 < 0. \end{cases}$$

$$(5.4.5)$$

In (5.4.2) – (5.4.5) ist $u(t)$ nach (5.4.1) und sind $\dot{u}(t)$, $\ddot{u}(t)$ nach den Formeln

$$\dot{u}(t) = -r\omega \left[\sin \omega t + \frac{(e + r \sin \omega t) \cos \omega t}{\sqrt{k^2 - (e + r \sin \omega t)^2}} \right],$$

$$\ddot{u}(t) = -r\omega^2 \left[\cos \omega t + \frac{r \cos 2\omega t - e \sin \omega t}{\sqrt{k^2 - (e + r \sin \omega t)^2}} \right. \qquad (5.4.6)$$

$$\left. + \frac{r(e + r \sin \omega t)^2 (\cos \omega t)^2}{(\sqrt{k^2 - (e + r \sin \omega t)^2})^3} \right]$$

zu berechnen. Die in (5.4.6) auftretenden Nenner sind wohldefiniert und von Null verschieden, wenn die Bedingung

$$k-r > e \qquad (5.4.7)$$

erfüllt ist, welche sich unter Einbeziehung der Gleichheit oben schon als notwendig herausgestellt hat.

Das zu lösende Problem besteht nun darin, die Größen $r > 0$, $k > 0$, $\omega > 0$
und $e \geq 0$ so zu wählen, daß unter den Nebenbedingungen (5.4.2), (5.4.3),
(5.4.5), (5.4.7) mit $\dot{u}(t)$ und $\ddot{u}(t)$ nach (5.4.6) der sog. mittlere
Gleitweg

$$s_{mittl.} = \frac{\omega}{2\pi}\, s \tag{5.4.8}$$

mit s nach (5.4.4) und $u(t)$ nach (5.4.1) möglichst groß ausfällt.
Dieses Problem fällt aus dem Rahmen dieses Buches heraus; denn es enthält
in (5.4.5) unendlich viele Nebenbedingungen, deren "Anzahl" von t_1 und
t_2 abhängt, die wiederum über (5.4.2) und (5.4.3) von den Variablen
r, k, ω und e abhängen.

5.4.2. <u>Rückführung auf die Minimierung unter Nebenbedingungen in Form von Gleichungen und Ungleichungen</u>

Der in Abbildung 5.4 dargestellte Verlauf von Geschwindigkeit und Beschleunigung ist charakteristisch (wie Proberechnungen gezeigt haben) und
zeigt, daß die linke Ungleichung in (5.4.5) entbehrlich ist. Um uns von
den unbekannten Zeiten t_1 und t_2 für Anfang und Ende des Rutschvor-
gangs zu befreien, ersetzen wir (5.4.5) durch die Forderung

$$\ddot{u}(t) < \mu_0 g \quad \text{für alle}\ t \in [0,T] \tag{5.4.9}$$

mit $T = \frac{2\pi}{\omega}$, die dann wegen der Periodizität des Vorganges für alle $t \in \mathbb{R}$
erfüllt ist und offenbar an der Lösung des Problems nichts ändert.
Da wir mit den Methoden dieses Buches unendlich viele Nebenbedingungen
nicht erfassen können, verlangen wir für ein vorgegebenes $\varepsilon > 0$ und endlich viele t-Werte in $[0,T]$, daß

$$\ddot{u}(t_i^*) \leq \mu_0 g - \varepsilon \quad \text{für}\ i = 1,\ldots,n, \tag{5.4.9$_n^\varepsilon$}$$

erfüllt ist, wobei etwa

$$t_i^* = i \cdot \frac{T}{n}, \quad i = 1,\ldots,n, \tag{5.4.10}$$

gesetzt werden kann.

Wählt man n genügend groß und ε genügend klein, so kann man erwarten,
daß man einer Lösung des obigen Problems nahekommt, wenn man (5.4.5) durch
(5.4.9)$_n^\varepsilon$ ersetzt. Es empfiehlt sich außerdem noch, t_1 und t_2 als zusätzliche Variable mit $t_2 < T + t_1$ einzuführen, obwohl sie vermöge
(5.4.2) und (5.4.3) von r, k, ω und e abhängen.

Wir erhalten dann das <u>Ersatzproblem</u>, den durch (5.4.8), (5.4.4), (5.4.1)
definierten mittleren Gleitweg $s_{mittl.}$ durch Wahl von $r > 0$, $k > 0$,
$\omega > 0$, $e \geq 0$ und $t_1 + \frac{2\pi}{\omega} > t_2 > 0$ unter den Gleichheitsnebenbedingungen

(5.4.2), (5.4.3) und den Ungleichheitsnebenbedingungen (5.4.7), (5.4.8)$_n^\varepsilon$ zum Maximum zu machen.

Definiert man

$$X = \{ (r,k,\omega,e,t_1,t_2)^T \in \mathbb{R}^6 \; \Big| \; \begin{array}{l} r > 0, \; k > 0, \; \omega > 0 \\ k-r > e, \quad t_1 + \frac{2\pi}{\omega} > t_2 > 0 \end{array} \},$$

$$g_1(r,k,\omega,e,t_1,t_2) = \ddot{u}(t_1) + \mu_o g,$$

$$g_2(r,k,\omega,e,t_1,t_2) = \dot{u}(t_2) - \dot{u}(t_1) + \mu g(t_2 - t_1),$$

$$g_{i+2}(r,k,\omega,e,t_1,t_s) = \ddot{u}(t_i^*) - \mu_o g + \varepsilon$$

$$\text{für} \quad i = 1,\ldots,n, \quad g_{n+4}(r,k,\omega,e,t_1,t_2) = -e,$$

$$f(r,k,\omega,e,t_1,t_2) = - \frac{\omega}{2\pi}\left[(u(t_1) - u(t_2) + \dot{u}(t_1)(t_2 - t_1) - \frac{\mu g}{2}(t_2 - t_1)^2\right],$$

so liegt ein Problem vor wie in Abschnitt 4.6.1. Dieses Problem wurde mit der in Abschnitt 4.6.3. beschriebenen Methode behandelt, allerdings mit einer Modifikation, für die auf die Arbeit [32] von D.Q. Mayne und E. Polak verwiesen wird.

Als Ausgangswerte wurden nach Angaben von E. Böhm und E. Most die folgenden Größen zugrundegelegt: $r^o = 98[mm]$, $k^o = 220[mm]$, $e^o = 0.01[mm]$, $\omega^o = 6.74[sec^{-1}]$, aus denen sich vermöge (5.4.2) und (5.4.3) die Zeiten t_2^o und $t_1^o + \frac{2\pi}{\omega^o}$ berechnen zu $t_2^o = 0.282[sec]$ und $t_1^o + \frac{2\pi}{\omega^o} = 0.814[sec]$. Anstelle von $T = \frac{2\pi}{\omega}$ wurde außerdem noch die feste Zeit $T = 0.8$ zugrundegelegt, da davon ausgegangen werden konnte, daß ω^o bereits in der Nähe des Optimums liegt. Weiterhin wurde $n = 8$ gewählt. Schließlich wurden noch die Reibungskoeffizienten $\mu = 0.3$, $\mu_o = 0.33$ und für die Erdbeschleunigung g der Wert $g = 9807 \, [mm/sec^2]$ zugrundegelegt. Als Ergebnis des oben genannten Verfahrens wurde erhalten: $r = 98.4543[mm]$, $k = 220.421[mm]$, $e = 0.557849[mm]$, $\omega = 6.74237[sec^{-1}]$, $t_2 = 0.2782067[sec]$, $t_1 + \frac{2\pi}{\omega} = 0.814369[sec]$.

Literaturverzeichnis

[1] Avriel, M.: Nonlinear Programming. Prentice-Hall, Inc., Englewood Cliffs, New Jersey 1976.

[2] Bazaraa, M.S.; Shetty, C.M.: Nonlinear Programming. John Wiley and Sons, New York 1979.

[3] Blum, E.; Oettli, W.: Mathematische Optimierung. Springer-Verlag, Berlin, Heidelberg, New York 1975.

[4] Böhm, E.; Most, E.: Konstruktiver Entwurf eines Schwingförderers. Studienarbeit, Darmstadt 1981.

[5] Bojarinow, A.J.; Kafarow, W.W.: Optimierungsmethoden in der chemischen Technologie. Verlag Chemie 1972.

[6] Bol, G.: Lineare Optimierung. Athenäum-Verlag 1980.

[7] Boot, J.C.G.: Quadratic Programming. North-Holland Publ. Comp., Amsterdam 1964.

[8] Bracken, J.; McCormick, G.P.: Selected Applications of Nonlinear Programming. John Wiley and Sons, New York 1968.

[9] Collatz, L.; Wetterling, W.: Optimierungsaufgaben. Springer-Verlag, Berlin, Heidelberg, New York 1966.

[10] Dixon, L.C.W.: Nonlinear Optimization. The English University Press, London 1972.

[11] Elster, K.H.: Nichtlineare Optimierung. BSB B.G. Teubner Verlagsgesellschaft, Leipzig 1980.

[12] Elster, K.H.; Reinhardt, R.; Schäuble, M.; Donath, G.: Einführung in die nichtlineare Optimierung. BSB B.G. Teubner Verlagsgesellschaft, Leipzig 1977.

[13] Fiacco, A.V.; McCormick, G.P.: Nonlinear Programming: Sequential Unconstrained Minimization Techniques. John Wiley and Sons, New York 1968.

[14] Großmann, Ch.; Kaplan, A.A.: Strafmethoden und modifizierte Lagrangefunktionen in der nichtlinearen Optimierung. BSB B.G. Teubner Verlagsgesellschaft, Leipzig 1979.

[15] Großmann, Ch.; Kleinmichel, H.: Verfahren der nichtlinearen Optimierung. BSB B.G. Teubner Verlagsgesellschaft, Leipzig 1976.

[16] Hadley, G.: Nichtlineare und dynamische Programmierung (Übers. a.d. Engl.). Verlag Die Wirtschaft, Berlin 1969.

[17] Hein, B.: Ein Beitrag zur Optimierung von Pulsamplitudenmodulationssystemen unter Berücksichtigung statistischer Abtastschwankungen. Dissertation, Darmstadt 1982.

[18] Himmelblau, D.M.: Applied Nonlinear Programming. McGraw-Hill, New York 1972.

[19] Horst, R.: Nichtlineare Optimierung. Carl Hanser Verlag, München,
      Wien 1979.

[20] Kall, P.: Mathematische Methoden des Operations Research. Teubner
      Verlag, Stuttgart 1976.

[21] Kowalik, J.; Osborne, M.R.: Methods for Unconstrained Optimization
      Problems. American Elsevier, New York 1968.

[22] Krekó, B.: Optimierung nichtlinearer Modelle. VEB Deutscher Verlag
      der Wissenschaften, Berlin 1974.

[23] Künzi, H.P.; Krelle, W.; von Randow, R.: Nichtlineare Programmierung.
      Springer-Verlag, Berlin, Heidelberg, New York 1979, zweite Aufl.

[24] Lawson, Ch. L.; Hanson, R.J.: Solving Least Squares Problems. Pren-
      tice-Hall Inc., Englewood Cliffs, New Jersey 1974.

[25] Leśniak, Z.K.: Methoden der Optimierung von Konstruktionen unter Be-
      nutzung von Rechenautomaten. Verlag von Wilhelm Ernst und Sohn, Ber-
      lin, München, Düsseldorf 1970.

[26] Linnik, J.W.: Die Methode der kleinsten Quadrate in moderner Dar-
      stellung. VEB Deutscher Verlag der Wissenschaften, Berlin 1961.

[27] Ludwig, R.: Methoden der Fehler- und Ausgleichsrechnung. Verlag Vie-
      weg, Braunschweig 1969.

[28] Luenberger, D.G.: Optimization by Vector Space Methods. John Wiley
      and Sons, New York 1969.

[29] Luenberger, D.G.: Introduction to Linear and Nonlinear Programming.
      Addison-Wesley, Reading, Massachusetts 1973.

[30] Mangasarian, O.L.: Nonlinear Programming. McGraw-Hill, New York 1969

[31] Martos, B.: Nonlinear Programming: Theory and Methods. North Holland
      Publ. Comp., Amsterdam, and American Elsevier Publ. Comp., New York
      1975.

[32] Mayné, D.Q.; Polak, E.: Feasible Direction Algorithms for Optimiza-
      tion Problems with Equality and Inequality Constraints. Mathematical
      Programming 11, 67-80, 1976.

[33] Murray, M. (Editor): Numerical Methods for Unconstrained Optimiza-
      tion. Academic Press, London 1972.

[34] Polak, E.: Computational Methods in Optimization. Academic Press,
      New York 1971.

[35] Prager, W.: Lineare Ungleichungen in der Baustatik. Schweizer Bau-
      zeitung 80, 315-320, 1962.

[36] Seiffart, E.; Manteuffel, K.: Lineare Optimierung. BSB B.G. Teubner
      Verlagsgesellschaft, Leipzig 1974.

[37] Zangwill, W.J.: Nonlinear Programming. Prentice-Hall, Inc., Engle-
      wood Cliffs, New Jersey 1969.

[38] Zoutendijk, G.: Methods of Feasible Directions. Elsevier Publ. Comp.
      Amsterdam, and D. Van Nostrand, Princeton, N.J. 1960.

[39] Zoutendijk, G.: Mathematical Programming Methods. North Holland
      Publ. Comp., Amsterdam 1976.